全国监理工程师执业资格考试辅导与实战训练

建设工程监理概论（含信息管理）

（2012年版）

孙玉保　主编
谢立功　副主编

中国建筑工业出版社

图书在版编目(CIP)数据

建设工程监理概论(含信息管理)(2012年版)/孙玉保主编.
北京：中国建筑工业出版社，2012.1
(全国监理工程师执业资格考试辅导与实战训练)
ISBN 978-7-112-12768-9

Ⅰ.①建… Ⅱ.①孙… Ⅲ.①建筑工程—监督管理—工程技术人员—资格考核—自学参考资料 Ⅳ.①TU712

中国版本图书馆 CIP 数据核字(2010)第 254947 号

本书是《全国监理工程师执业资格考试辅导与实战训练》(2012年版)丛书之一，根据全国监理工程师执业资格考试大纲和教材编写而成，对考纲进行详细分解，精选典型考生答疑，依考试难点、重点进行例题解析，每章均提供大量实战练习题，书后附有模拟试卷，全书注重考试辅导和实战训练的双重功效，可作为监理工程师考试考生的应试参考。

* * *

责任编辑：封 毅 岳建光
责任校对：刘 钰

全国监理工程师执业资格考试辅导与实战训练
建设工程监理概论(含信息管理)
(2012年版)
孙玉保 主编
谢立功 副主编

*

中国建筑工业出版社出版、发行(北京西郊百万庄)
各地新华书店、建筑书店经销
北京天成排版公司制版
世界知识印刷厂印刷

*

开本：787×1092 毫米 1/16 印张：16 字数：390 千字
2011 年 1 月第一版 2011 年 12 月第二次印刷
定价：40.00 元
ISBN 978-7-112-12768-9
(21698)

版权所有 翻印必究
如有印装质量问题，可寄本社退换
(邮政编码 100037)

本书编委会

主　　　编：孙玉保

副　主　编：谢立功

编委会成员：王双增　王清祥　孙玉保　柏立岗　贾彦芳
　　　　　　付庆红　刘秉禄　张文英　赵海江　郝彬彬
　　　　　　陈宝华　孙国宏　冀景武　张南妹　王炳福
　　　　　　张福建　王自宇　耿文慧　贾彦格　申玉辰
　　　　　　乔玉辉　游杜平　何云涛　郭　涛　郑海滨
　　　　　　邱密桓　李　丹　韩　猛　来　茜　刘　鑫

前　言

随着我国通过投资拉动内需政策的实施,固定资产投资亦呈现快速增长趋势,工程监理人员的需求量也越来越大。

建设工程监理考试相对来说难度不算很大,但是要求从业人员素质高。考试的四个科目综合考核了应考人员对建设工程监理基本概念、基本原理、基本程序和基本方法的掌握程度,检验应考人员灵活应用所学知识解决监理工作实际问题的能力。特别要求应考人员具有综合分析、推理判断等能力。

考试虽然分为四个科目,但是考试用的教材却分为六本,其中案例考试没有考试用书,需要我们自己对其他科目总结归纳。为方便大家有针对性的学习,本套辅导书共有六册,分别对应《建设工程监理概论》(含《建设工程信息管理》)、《建设工程合同管理》、《建设工程质量管理》、《建设工程投资管理》、《建设工程进度管理》、《建设工程监理案例分析》。这样设置,方便了大家针对不同知识点学习,尤其是有了案例分析专册,更是有利于仅仅考一门案例的考生学习。

本辅导书的编写思想是:站在考生的立场上,面向广大工程技术人员,力争通俗易懂、说理透彻、理清原理、灵活应用、便于记忆。本套书不仅理清了每章每节思路,还对考试大纲进行了细化,并具体到将每个知识点的把握程度、相互关联解释清楚,以应对考试难题。

在本书编写过程中,我们认真分析考生的复习过程发现,大部分考生的问题总是产生在学习的过程中的。开始看书时不会有过多的疑问,即使有,也是肤浅的,大多数疑问很快就会在下面的学习里得到解决。但是,随着知识的进一步把握,就会有新的问题产生,这些问题往往就显得比较综合,这些问题如果得不到解决就会影响到理解和记忆,并进一步妨碍考生应用知识解决问题的能力,严重的还会使考生的知识体系处于一种逻辑混乱状态。而考试,往往是以考察对知识的综合掌握和应用为目的的。考过其他注册考试的同志都有类似的感觉,某些选项,好像对,又好像不对,在犹豫间时间过去了。在案例考试中,这一现象尤其突出,看到题,似曾相识,又不知从何答起。有时即使答出来,往往还是不对。这也是有些同志出了考场,自我感觉良好,等成绩出来却大失所望的原因。

通过辅导和与学员的交流,我们意识到,答疑解惑是很重要的环节,本辅导书在理清原理思路,对考试大纲进行细化,并具体到知识点的把握程度的基础上,还兼具另一个特点,那就是:答疑解惑!我们总结了在之前几年的辅导过程中考生提出问题较多的地方,针对典型的问题进行详细的解答,力争使考生在学习和复习的过程中所遇到的大多数问题都能在辅导书里得到解释,在典型问题解释中,力争用通俗易懂的事例说明教材中较专业的晦涩难懂的说法,使学生能够既知其然,也知其所以然,达到理解记忆的目的,更好地应对考试。在本书中有些答疑的内容超出了教材,有的也不是特别严密,主要是出于帮助大家理解的思路上作出的,希望大家不要深究。

对于教材的学习，建议大家对各类方法、公式，要从以下几个方面入手：

1. 做法、特点、优缺点、适用条件、不适用场合；
2. 原理和不同角度的含义；
3. 计算公式，包括单位、系数的取值范围、字母所代表概念的准确含义；
4. 结果判断标准和方法。做法、特点和原理决定了优缺点及其适用范围的同时也决定了结果的判断。

最后，我想告诉大家"机会永远是给有准备的人准备的"。希望大家做好准备工作，从广度和深度上把握大纲和教材。学习也是有三个层次，按照武侠小说作家金庸大师所说的，先要做到"手中有剑"然后升华到"心中有剑"，最后是炉火纯青，达到"心中无剑"的地步。希望我们大家到考试的时候，都能到达炉火纯青、"心中无剑"的地步并顺利地通过考试。

本套辅导书在编辑过程里参考了许多资料，在这里一并向原作者致谢。

由于作者水平有限，本书中难免会有疏漏和不当之处，希望读者给予原谅，也请读者不吝赐教，予以指正，在这里预先表示感谢。联系邮箱：ZXGCS@163.com。

最后，预祝大家都能顺利通过考试！

目　录

第一章　建设工程监理制度 1
 考纲分解 1
 答疑解析 6
 例题解析 11
 实战练习题 22
 实战练习题答案 27

第二章　监理工程师和工程监理企业 29
 考纲分解 29
 答疑解析 35
 例题解析 37
 实战练习题 41
 实战练习题答案 48

第三章　建设工程目标控制 49
 考纲分解 49
 答疑解析 56
 例题解析 60
 实战练习题 74
 实战练习题答案 79

第四章　建设工程风险管理 80
 考纲分解 80
 答疑解析 87
 例题解析 88
 实战练习题 98
 实战练习题答案 104

第五章　建设工程监理组织 105
 考纲分解 105
 答疑解析 112
 例题解析 114
 实战练习题 125

  实战练习题答案 ··· 131

第六章　建设工程监理规划 ··· 132
  考纲分解 ··· 132
  答疑解析 ··· 136
  例题解析 ··· 137
  实战练习题 ··· 143
  实战练习题答案 ··· 145

第七章　国外工程项目管理相关情况介绍 ··· 146
  考纲分解 ··· 146
  答疑解析 ··· 150
  例题解析 ··· 152
  实战练习题 ··· 160
  实战练习题答案 ··· 164

第八章　建设工程信息管理 ··· 165
  考纲分解 ··· 165
  答疑解析 ··· 172
  例题解析 ··· 173
  实战练习题 ··· 183
  实战练习题答案 ··· 188

第九章　相关法规 ··· 189
  考纲分解 ··· 189
  答疑解析 ··· 189
  例题解析 ··· 190
  实战练习题 ··· 209
  实战练习题答案 ··· 216

模拟试题（一） ··· 217
  参考答案 ··· 226

模拟试题（二） ··· 227
  参考答案 ··· 236

模拟试题（三） ··· 237
  参考答案 ··· 246

第一章 建设工程监理制度

📖 **考纲分解**

一、建设工程监理制产生的背景（了解）

	新中国成立至20世纪80年代	20世纪80年代以后	1988年	1997年
固定资产投资	国家统一安排计划，统一财政拨款	重大改革措施：投资有偿使用（即"拨改贷"）、投资包干责任制、投资主体多元化、工程招标投标制等	建设部发布"关于开展建设监理工作的通知"，明确提出要建立建设监理制度。建设工程监理制于1988年开始试点，5年后逐步推开	《中华人民共和国建筑法》以法律制度的形式作出规定，国家推行建设工程监理制度
一般建设工程	建设单位自己组成筹建机构，自行管理			
重大建设工程	抽调人员组成工程建设指挥部			

二、建设工程监理相关知识（熟悉）

定义	建设工程监理是指具有相应资质的工程监理企业，接受建设单位的委托，承担其项目管理工作，并代表建设单位对承建单位的建设行为进行监督管理的专业化服务活动		
要点	建设单位拥有确定建设工程规模、标准、功能以及选择勘察、设计、施工、监理单位等重大问题的决定权		
	行为主体	建设工程监理的行为主体是工程监理企业	建设工程监理不同于建设行政主管部门的监督管理。后者的行为主体是政府部门，它具有明显的强制性，是行政性的监督管理，它的任务、职责、内容不同于建设工程监理。同样，总承包单位对分包单位的监督管理也不能视为建设工程监理
	实施前提	建设工程监理的实施需要建设单位的委托和授权	只有与建设单位订立书面委托监理合同，明确了监理的范围、内容、权利、义务、责任等，工程监理企业才能在规定的范围内行使管理权，合法地开展建设工程监理。 工程监理企业在委托监理的工程中拥有一定的管理权限，能够开展管理活动，是建设单位授权的结果。 承建单位接受并配合监理是其履行合同的一种行为
监理依据	工程建设文件、有关的法律、法规、规章和标准、规范，建设工程委托监理合同和有关的建设工程合同		
监理范围	工程范围	国家重点建设工程	依据《国家重点建设项目管理办法》所确定的对国民经济和社会发展有重大影响的骨干项目
		大中型公用事业工程	项目总投资额在3000万元以上的下列工程项目：供水、供电、供气、供热等市政工程项目；科技、教育、文化等项目；体育、旅游、商业等项目；卫生、社会福利等项目；其他公用事业项目
		成片开发建设的住宅小区工程	建筑面积在5万m^2以上的住宅建设工程必须实行监理；5万m^2以下的住宅建设工程，可以实行监理。 为了保证住宅质量，对高层住宅及地基、结构复杂的多层住宅应当实行监理

监理范围	工程范围	利用外国政府或者国际组织贷款、援助资金的工程	使用世界银行、亚洲开发银行等国际组织贷款资金的项目；使用国外政府及其机构贷款资金的项目；使用国际组织或者国外政府援助资金的项目
		国家规定必须实行监理的其他工程	(1) 项目总投资额在3000万元以上关系社会公共利益、公众安全的下列基础设施项目：煤炭、石油、化工、天然气、电力、新能源等项目；铁路、公路、管道、水运、民航以及其他交通运输业等项目；邮政、电信枢纽、通信、信息网络等项目；防洪、灌溉、排涝、发电、引(供)水、滩涂治理、水资源保护、水土保持等水利建设项目；道路、桥梁、地铁和轻轨交通、污水排放及处理、垃圾处理、地下管道、公共停车场等城市基础设施项目；生态环境保护项目；其他基础设施项目
			(2) 学校、影剧院、体育场馆项目
	阶段范围	可适用于投资决策阶段和实施阶段，但目前主要是施工阶段	在施工阶段委托监理，其目的是更有效地发挥监理的规划、控制、协调作用，为在计划目标内建成工程提供最好的管理
理论基础	我国的建设工程监理是专业化、社会化的建设单位项目管理，所依据的基本理论和方法来自建设项目管理学。 在我国建设工程监理制中也吸收了FIDIC合同条件对工程监理企业和监理工程师独立、公正的要求，以保证在维护建设单位利益的同时，不损害承建单位的合法权益。同时，强调了对承建单位施工过程和施工工序的监督、检查和验收		

三、建设工程监理的性质（掌握）

服务性	建设工程监理具有服务性，是从它的业务性质方面定性的	主要方法	规划、控制、协调	管理服务的内涵
		主要任务	控制建设工程的投资、进度和质量	
		基本目的	协助建设单位在计划的目标内将建设工程建成投入使用	
		服务对象是建设单位。工程监理企业不能完全取代建设单位的管理活动		
科学性	科学性是由建设工程监理要达到的基本目的决定的	工程监理企业应当由组织管理能力强、工程建设经验丰富的人员担任领导		
		应当有足够数量的、有丰富的管理经验和应变能力的监理工程师组成的骨干队伍		
		要有一套健全的管理制度		
		要有现代化的管理手段		
		要掌握先进的管理理论、方法和手段		
		要积累足够的技术、经济资料和数据		
		要有科学的工作态度和严谨的工作作风，要实事求是、创造性地开展工作		
独立性	《建筑法》明确指出；《工程建设监理规定》和《建设工程监理规范》要求	工程监理单位应当严格地按照有关法律、法规、规章、工程建设文件、工程建设技术标准、建设工程委托监理合同、有关的建设工程合同等的规定实施监理		
		在委托监理的工程中，与承建单位不得有隶属关系和其他利害关系		
		在开展工程监理的过程中，必须建立自己的组织，按照自己的工作计划、程序、流程、方法、手段，根据自己的判断，独立地开展工作		
公正性	公正性是社会公认的职业道德准则，是监理行业能够长期生存和发展的基本职业道德准则	在开展建设工程监理的过程中，工程监理企业应当排除各种干扰，客观、公正地对待监理的委托单位和承建单位		
		特别是当两方发生利益冲突或矛盾时，应以事实为依据，以法律和有关合同为准绳，在维护建设单位的合法权益时，不损害承建单位的合法权益		

四、建设工程监理的作用(掌握)

1. 有利于提高建设工程投资决策科学化水平	工程监理企业参与或承担项目决策阶段的监理工作,有利于提高项目投资决策的科学化水平,避免项目投资决策失误,也为实现建设工程投资综合效益最大化打下了良好的基础
2. 有利于规范工程建设参与各方的建设行为	规范各承建单位的建设行为,最大限度地避免不当建设行为的发生,或最大限度地减少其不良后果;避免发生建设单位的不当建设行为
3. 有利于促使承建单位保证建设工程质量和使用安全	在加强承建单位自身对工程质量管理的基础上,由工程监理企业介入建设工程生产过程的管理,对保证建设工程质量和使用安全有着重要作用
4. 有利于实现建设工程投资效益最大化	(1) 在满足建设工程预定功能和质量标准的前提下,建设投资额最少
	(2) 在满足建设工程预定功能和质量标准的前提下,建设工程寿命周期费用(或全寿命费用)最少
	(3) 建设工程本身的投资效益与环境、社会效益的综合效益最大化

五、现阶段建设工程监理的特点(掌握)

1. 建设工程监理的服务对象具有单一性	国际上	为建设单位服务、为承建单位服务
	我国	只为建设单位服务
2. 建设工程监理属于强制推行的制度		我国的建设工程监理是靠行政手段和法律手段在全国推行的
3. 建设工程监理具有监督功能		强调对承建单位施工过程和施工工序的监督、检查和验收,而且还提出了旁站监理的规定。在质量控制方面的工作所达到的深度和细度,远远超过国际上
4. 市场准入的双重控制		我国对建设工程监理的市场准入采取了企业资质和人员资格的双重控制

六、建设工程法律法规体系(了解)

建设工程法律法规体系是指根据《中华人民共和国立法法》的规定,制定和公布施行的有关建设工程的各项法律、行政法规、地方性法规、自治条例、单行条例、部门规章和地方政府规章的总称。

	制定机构	签署	名称	效力	举例
法律	由全国人民代表大会及其常务委员会通过的规范工程建设活动的法律规范	国家主席签署主席令	法	高	《建筑法》、《合同法》、《招标投标法》等
行政法规	由国务院根据宪法和法律制定的规范工程建设活动的各项法规	总理签署国务院令	条例	中	《建设工程质量管理条例》等
部门规章	建设部按照国务院规定的职权范围,独立或同国务院有关部门联合根据法律和国务院的行政法规、决定、命令,制定的规范工程建设活动的各项规章	属于建设部制定的由部长签署建设部令	规定、办法	低	《注册监理工程师管理规定》等

《建设工程监理规范》虽然不属于建设工程法律法规规章体系,但对建设工程监理工作有重要的作用。

七、建设工程安全监理的主要工作内容(熟悉)

施工准备阶段	(1) 根据要求,编制包括安全监理内容的项目监理规划,明确安全监理的范围、内容、工作程序和制度措施,以及人员配备计划和职责等
	(2) 对中型及以上项目和《建设工程安全生产管理条例》规定的危险性较大的分部分项工程,监理单位应当编制监理实施细则。实施细则应当明确安全监理的方法、措施和控制要点,以及对施工单位安全技术措施的检查方案
	(3) 审查施工单位编制的施工组织设计中的安全技术措施和危险性较大的分部分项工程安全专项施工方案是否符合工程建设强制性标准要求。审查的主要内容包括:施工单位编制的地下管线保护措施方案;分部分项工程的专项施工方案;施工现场临时用电施工组织设计或者安全用电技术措施和电气防火措施;冬期、雨期等季节性施工方案的制定;施工总平面布置图,临时设施设置以及排水、防火措施
	(4) 检查施工单位在工程项目上的安全生产规章制度和安全监管机构的建立、健全及专职安全生产管理人员配备情况,督促施工单位检查各分包单位的安全生产规章制度的建立情况
	(5) 审查施工单位资质和安全生产许可证是否合法有效
	(6) 审查项目经理和专职安全生产管理人员是否具备合法资格,是否与投标文件相一致
	(7) 审核特种作业人员的特种作业操作资格证书是否合法有效
	(8) 审核施工单位应急救援预案和安全防护措施费用使用计划
施工阶段	(1) 监督施工单位按照施工组织设计中的安全技术措施和专项施工方案组织施工,及时制止违规施工作业
	(2) 定期巡视检查施工过程中的危险性较大工程作业情况
	(3) 检查施工现场自升式架设设施和安全设施的验收手续
	(4) 检查施工现场各种安全标志和安全防护措施是否符合强制性标准要求,并检查安全生产费用的使用情况
	(5) 督促施工单位进行安全自查工作,并对施工单位自查情况进行抽查,参加建设单位组织的安全生产专项检查

八、建设工程安全监理的工作程序(熟悉)

1. 监理单位编制含有安全监理内容的监理规划和监理实施细则	
2. 施工准备阶段	监理单位审查核验施工单位提交的有关技术文件及资料,并由项目总监在有关技术文件报审表上签署意见
3. 施工阶段	监理单位应对施工现场安全生产情况进行巡视检查,对发现的各类安全事故隐患,应书面通知施工单位,并督促其立即整改;情况严重的,监理单位应及时下达工程暂停令,要求施工单位停工整改,并同时报告建设单位。安全事故隐患消除后,监理单位应检查整改结果,签署复查或复工意见。施工单位拒不整改或不停工整改的,监理单位应当及时向工程所在地建设主管部门或工程项目的行业主管部门报告,以电话形式报告的,应当有通话记录,并及时补充书面报告。检查、整改、复查、报告等情况应记载在监理日志、监理月报中。 监理单位应核查施工单位提交的施工起重机械、整体提升脚手架、模板等自升式架设设施和安全设施等验收记录,并由安全监理人员签收备案
4. 工程竣工后	监理单位应将验收记录、监理规划等按规定立卷归档

九、建设工程安全生产的监理责任(掌握)

为切实落实监理单位的安全生产监理责任,应做好3个方面工作:

(1) 健全监理单位安全监理责任制;

(2) 完善监理单位安全生产管理制度;

（3）建立监理人员安全生产教育培训制度；

十、建设程序（熟悉）

建设程序的概念	所谓建设程序是指一项建设工程从设想、提出到决策，经过设计、施工，直至投产或交付使用的整个过程中，应当遵循的内在规律	
	目前我国的建设程序与计划经济时期相比较，关键性的变化是实行了项目决策咨询评估制度、工程招标投标制度、建设工程监理制度、项目法人责任制度	
建设工程各阶段工作内容	项目建议书阶段	批准的项目建议书不是项目的最终决策。 对于企业不使用政府资金投资建设的项目，政府不再进行投资决策性质的审批，项目实行核准制或登记备案制，企业不需要编制项目建议书而可直接编制项目可行性研究报告
	可行性研究阶段	可行性研究的主要作用是为建设项目投资决策提供依据，同时也为建设项目设计、银行贷款、申请开工建设、建设项目实施、项目评估、科学实验、设备制造等提供依据。 凡经可行性研究未通过的项目，不得进行下一步工作
	设计阶段	设计是组织施工的依据，是建设工程的决定性环节 如果初步设计提出的总概算超过可行性研究报告总投资的10%以上，或者其他主要指标需要变更时，应重新向原审批单位报批
	建设准备阶段	组建项目法人；征地、拆迁和平整场地；做到水通、电通、路通；组织设备、材料订货；建设工程报建；委托工程监理；组织施工招标投标，优选施工单位；办理施工许可证等
	施工安装阶段	做好图纸会审工作，参加设计交底，了解设计意图，明确质量要求；选择合适的材料供应商；做好人员培训；合理组织施工；建立并落实技术管理、质量管理体系和质量保证体系；严格把好中间质量验收和竣工验收环节
	生产准备阶段	组建管理机构，制定有关制度和规定；招聘并培训生产管理人员，组织有关人员参加设备安装、调试、工程验收；签订供货及运输协议；进行工具、器具、备品、备件等的制造或订货；其他需要做好的有关工作
	竣工验收阶段	竣工验收是考核建设成果、检验设计和施工质量的关键步骤，是由投资成果转入生产或使用的标志
坚持建设程序的意义	(1)依法管理工程建设，保证正常建设秩序；(2)科学决策，保证投资效果；(3)顺利实施建设工程，保证工程质量；(4)顺利开展建设工程监理	
建设程序与建设工程监理的关系	(1)建设程序为建设工程监理提出了规范化的建设行为标准；(2)建设程序为建设工程监理提出了监理的任务和内容；(3)建设程序明确了工程监理企业在工程建设中的重要地位；(4)坚持建设程序是监理人员的基本职业准则；(5)严格执行我国建设程序是结合中国国情推行建设工程监理制的具体体现	

项目投资决策审批制度

方式		审批、核准、备案	备注
政府投资项目	审批制	采用直接投资和资本金注入方式：政府需要从投资决策角度审批项目建议书和可行性研究报告，除特殊情况外不再审批开工报告，同时还要严格审批其初步设计和概算	一般要经过咨询中介机构的评估论证，特别重大的项目还应实行专家评议制度。国家将逐步实行政府投资项目公示制度
		采用投资补助、转贷和贷款贴息方式：只审批资金申请报告	

续表

方式		审批、核准、备案	备注
非政府投资项目	核准制	企业投资建设《政府核准的投资项目目录》中的项目时，只需向政府提交项目申请报告，不再经过批准项目建议书、可行性研究报告和开工报告的程序。政府对企业提交的项目申请报告，主要从维护经济安全、合理开发利用资源、保护生态环境、优化重大布局、保障公共利益、防止出现垄断等方面进行核准。对于外商投资项目，还要从市场准入、资本项目管理等方面进行核准	特大型企业集团投资《政府核准的投资项目目录》中的项目，可按项目单独申报核准，也可编制中长期发展建设规划，规划经国务院或国务院投资主管部门批准后，规划中属于《目录》中的项目不再另行申报核准，只需办理备案手续
	备案制	《政府核准的投资项目目录》以外项目，由企业按照属地原则向地方政府投资主管部门备案。国务院投资主管部门进行指导和监督，防止以备案的名义变相审批	

十一、建设工程主要管理制度（熟悉）

项目法人责任制	项目法人责任制，即由项目法人对项目的策划、资金筹措、建设实施、生产经营、债务偿还和资产的保值增值，实行全过程负责的制度		
	项目建议书被批准后及时组建项目法人筹备组。项目可行性报告经批准后，正式成立项目法人		
		董事会职权	筹措建设资金；提出项目开工报告；提出项目竣工验收申请报告；按时偿还债务；审核……；解决……
		总经理职权	组织……
	项目法人责任制与建设工程监理制的关系	项目法人责任制是实行建设工程监理制的必要条件	
		建设工程监理制是实行项目法人责任制的基本保障	
工程招标投标制	《招标投标法》		
建设工程监理制	"关于开展建设监理工作的通知"；《建筑法》		
合同管理制	合同管理制的实施对建设工程监理开展合同管理工作提供了法律上的支持		

📖 答疑解析

1. 请解释一下什么是投资有偿使用（即"拨改贷"）？

答：投资有偿使用（即"拨改贷"）是我国在特定历史背景下出现的现象。在计划经济时期，国有企业补充资本金由国家财政直接拨款解决，企业利润全部上缴财政。20世纪80年代初，国家为了提高国有资金使用效率，将原来的财政直接拨款方式改为通过银行转贷给企业使用的方式。后来在国有企业改革过程中，国家陆续出台了一些将"拨改贷"资金直接转为国有企业资本金的政策。

2. 请解释一下什么是投资包干责任制？

答：1983年国家计委、经委、劳动人事部和建设银行联名下发《基本建设项目包干经济责任制试行办法》规定，建设项目投资包干责任制是指建设单位对国家计划确定的建设项目按建设规模、投资总额、建设工期、工程质量和材料消耗包干，实行责、权、利相结合的经营管理责任制，是基本建设管理的一项重大改革。建设项目的总承包单位一般应对以下几方面的主要内容进行包干：(1)包投资；(2)包工期；(3)包质量；(4)包主要材料用量；(5)包形成综合生产能力。

3. 80年代我国进入了改革开放的新时期有4项重大改革措施，我国的建设程序与计划经济时期相比较有4项关键性的变化，建设工程主要的管理制度有4项，这些之间有何联系，如何对比记忆？

答：其相互关系如下表所示：

80年代我国进入了改革开放的新时期，一些重大改革措施	投资有偿使用（即"拨改贷"）	投资包干责任制	投资主体多元化	工程招标投标制
目前我国的建设程序与计划经济时期相比较，关键性的变化	项目决策咨询评估制度	建设工程监理制度	项目法人责任制度	
建设工程主要的管理制度	合同管理制			

4. 建设工程施工阶段和实施阶段有何不同？

答：建设项目周期大致分为决策阶段、实施准备阶段、实施阶段、投产竣工阶段、生产运营阶段。其中，实施阶段主要工作内容包括设备供应、施工安装和生产准备。生产准备贯穿在实施准备阶段、实施阶段和投产竣工阶段，主要工作在实施阶段完成。施工安装（即施工阶段）是把建设项目从设计图纸变成实物的环节，在施工准备工作完成后，提出开工报告，经主管部门批准，才能动工兴建。

建设意图产生	项目决策 ↓			项目投用 ↓	项目废除
决策阶段	实施准备阶段	实施阶段	投产竣工阶段	生产运营阶段	
	建设项目的建设周期（项目建设周期）				
建设项目周期（建设项目全寿命周期）					

5. 国家规定必须实行监理的其他工程：项目总投资额在3000万元以上关系社会公共利益、公众安全的交通运输、水利建设、城市基础设施、生态环境保护、信息产业、能源等基础设施项目；学校、影剧院、体育场馆项目。请问：学校、影剧院、体育场馆项目有无总投资额度限制？

答：按《建设工程监理范围和规模标准规定》，国家规定必须实行监理的其他工程是指：

(1) 项目总投资额在3000万元以上关系社会公共利益、公众安全的下列基础设施项目：1)煤炭、石油、化工、天然气、电力、新能源等项目；2)铁路、公路、管道、水运、民航以及其他交通运输业等项目；3)邮政、电信枢纽、通信、信息网络等项目；4)防洪、灌溉、排涝、发电、引(供)水、滩涂治理、水资源保护、水土保持等水利建设项目；5)道路、桥梁、地铁和轻轨交通、污水排放及处理、垃圾处理、地下管道、公共停车场等城市基础设施项目；6)生态环境保护项目；7)其他基础设施项目。

(2) 学校、影剧院、体育场馆项目。

按教材，项目总投资额在 3000 万元以上的基础设施项目和学校、影剧院、体育场馆项目之间是分号间隔，即：学校、影剧院、体育场馆项目即使总投资额在 3000 万元以下，也必须实行监理。

6. 当建设单位和承建单位两方发生利益冲突或者相互矛盾时，监理工程师如何处理？

答：此问题在教材上有 4 处不同的表述，含义基本相同，请仔细辨别。具体内容见下表：

P5	公正性是社会公认的职业道德准则，是监理行业能够长期生存和发展的基本职业道德准则。在开展建设工程监理的过程中，工程监理企业应当排除各种干扰，客观、公正地对待监理的委托单位和承建单位。特别是当两方发生利益冲突或矛盾时，应以事实为依据，以法律和有关合同为准绳，在维护建设单位的合法利益时，不损害承建单位的合法权益
P7	在我国建设工程监理制中也吸收了 FIDIC 合同条件对工程监理企业和监理工程师独立、公正的要求，以保证在维护建设单位利益的同时，不损害承建单位的合法权益。同时，强调了对承建单位施工过程和施工工序的监督、检查和验收
P20	监理单位应公正、独立、自主地开展监理工作，维护建设单位和承包单位的合法权益
P37	工程监理工作的特点之一是要体现公正原则。监理工程师在执业过程中不能损害工程建设任何一方的利益

7. 建设工程监理制可有效地规范各承建单位的建设行为，避免发生建设单位的不当建设行为。为何两者不同时使用"规范"一词？

答：建设工程监理的服务对象是建设单位。工程监理企业在委托监理的工程中拥有一定的管理权限，能够开展管理活动，是建设单位授权的结果。监理工程师在执行监理业务时应尊重业主，业主的指令必须执行。对业主提出的某些不适当的要求，只要不属于原则问题，都可先执行，然后利用适当时机、适当方式加以说明或解释；对于原则性问题，可采取书面报告等方式说明原委，尽量避免发生误解。所以，工程监理单位只能是向建设单位提出适当的建议，避免发生建设单位的不当建设行为，而不能规范建设单位的建设行为。

承建单位接受并配合监理是其履行合同的一种行为。所以，建设工程监理制可有效地规范各承建单位的建设行为，最大限度地避免不当建设行为的发生，或最大限度地减少其不良后果。

8. 在满足建设工程预定功能和质量标准的前提下，建设工程寿命周期费用（或全寿命费用）最少。请问什么是建设工程寿命周期？和建设周期有何不同？

答：建设项目全寿命周期，也称为建设项目周期，是指从建设意图产生到项目废除的全过程，通常分为决策期、实施期和生产运营期。建设项目的决策期指从建设意图形成到项目评估决策这一时期，是项目的研究决策时期。建设项目的实施期指项目决策后，从项目实施准备到项目竣工验收移交这一时期。建设项目的生产运营期指项目交付使用直到项目废除这一时期，项目进行生产运营活动，收回投资，以实现预期投资目标，对非生产经营性项目，如住宅等，则表现为项目的使用。

在建设项目管理中，经常用到"建设周期"的概念。建设项目的建设周期是指建设项目的决策期和实施期。

9. 实行监理的建设工程，可直接委托该工程的设计单位进行监理吗？

答：直接委托该工程的设计单位进行监理须具备以下条件：（1）该工程的设计单位具

有工程监理相应资质等级；（2）与被监理工程的施工承包单位没有隶属关系或者其他利害关系；（3）按《招标投标法》不属于必须进行招标的范围。

10. 相关法规对建设单位压缩工期是如何规定的？什么是合理工期？

答：《建设工程安全生产管理条例》第七条　建设单位不得对勘察、设计、施工、工程监理等单位提出不符合建设工程安全生产法律、法规和强制性标准规定的要求，不得压缩合同约定的工期。

《建设工程质量管理条例》第十条　建设工程发包单位不得迫使承包方以低于成本的价格竞标，不得任意压缩合理工期。

按费用最低的原则安排进度计划，整个工程需要的建设时间应为合理工期，只是相对于加快进度情况下的工期而言，显得工期较长。

11."按现行规定，我国一般大中型及限额以上项目的建设程序中，将建设活动分成以下几个阶段"，一般大中型及限额以上项目是如何界定的？

答：按《基本建设项目和大中型划分标准》，基本建设大、中、小型项目是按项目的建设总规模或总投资来确定的。新建项目按一个项目的全部设计能力或所需的全部投资（总概算）计算，扩建项目按扩建新增的设计能力或扩建所需投资（扩建总概算）计算，不包括扩建前原有的生产能力。

凡是产品为全国服务，或者对生产新产品、采用新技术等具有重大意义的项目，以及边远的、经济基础比较薄弱的省、区和少数民族地区，对发展地区经济有重大作用的建设项目，其设计规模或总投资虽不够规定的标准，经国家计委批准，也可以按大中型建设项目管理。

非工业建设项目的大、中型划分标准（节选）		
农、林、水利、水产建设	水库（大型）	库容 1 亿 m³ 以上（含，下同）
	灌溉工程	受益面积 50 万亩以上
	其他水利工程	总投资 2000 万元以上
	渔业基地	容纳渔轮 50 艘以上（含 50 艘）的渔业基地
	水产冷库	冷藏并制冰能力各 5000t 以上的水产冷库（或冷藏 1 万吨以上）
	其他农、林、水产建设	总投资 1000 万元以上
交通、邮电建设	铁路	新建的干线、支线、地下铁道和总投资 1500 万元以上的原有干线、枢纽的重大技术改造工程。地方铁路长度 100km 以上，货运量 50 万 t 以上的项目
	公路	新建、扩建长度 200km 以上的国防、边防公路和跨省区的重要干线以及长度 1000m 以上的独立公路大桥
	港口	年吞吐量 100 万 t 以上的新建、扩建沿海港口；年吞吐量 200 万 t 以上新建、扩建的内河港口；总投资 3000 万元以上的修船厂（指有船坞、滑道的）
	邮电	长度在 500km 以上的跨省区长途电信电缆；长度在 1000km 以上的跨省区长途通信微波或总投资 1000 万元以上的其他邮电建设
	民航	总投资 2000 万元以上的新建、改建机场

12. 什么是投资项目核准制？什么是投资项目备案制？

答：核准制是指对企业投资建设不使用政府性资金的重大项目和限制类项目不再由政府进行审批。政府只是从维护经济安全、合理开发利用资源、保护生态环境、优化重大布局、保障公共利益、防止出现垄断等方面进行核准。项目的市场前景、经济效益、资金来源和产品技术方案等均由企业自主决策、自担风险，但要依法办理环境保护、土地使用、资源利用、安全生产、城市规划等许可手续。实行核准制的范围和权限，由《政府核准的投资项目目录》作出规定。

备案制是指企业投资建设不使用政府性资金的非重大项目和非限制类项目，由企业按照属地原则向地方政府投资主管部门备案后，依法办理环境保护、土地使用、资金利用、安全生产、城市规划等许可手续。其后，企业即可自行组织建设。企业报送备案的项目，除不符合法律法规有关规定、产业政策禁止发展、需报政府核准或审批的之外，地方政府投资主管部门应当予以备案。

13. 核准制与审批制有何不同？

答：核准制与审批制的区别主要体现在以下方面：

	审批制	核准制
适用范围不同	只适用于政府投资项目和使用政府性资金的企业投资项目	适用于企业不使用政府性资金投资建设的重大项目、限制类项目
审核内容不同	政府既从社会管理者角度又从投资所有者的角度审核企业的投资项目	政府只是从社会和经济公共管理的角度审核企业的投资项目，而不再代替投资者对项目的市场前景、经济效益、资金来源和产品技术方案等进行审核
审核程序不同	一般要经过批准"项目建议书"、"可行性研究报告"和"开工报告"三个环节	只有"项目申请报告"一个环节

14. 项目申请报告与项目可行性研究报告有何不同？

答：项目申请报告是项目核准机关对投资项目进行审核的依据之一。项目申请报告主要内容包括：项目单位基本情况、拟建项目情况、建设用地与相关规划、资源利用、生态环境影响等，与以往审批可行性研究报告不同的是，项目申请报告不再强调产品市场前景、经济效益、资金来源、技术方案等内容。报送省发改委的申请报告要由相应资质的工程咨询机构编写，报国家的由甲级工程咨询资质的机构编写。

15. 学习建设工程各阶段工作内容应主要掌握哪些内容？

答：首先应掌握项目投资决策审批制度的相关内容，其次，是关于建设准备阶段和生产准备阶段的主要工作（见下表），一定要能够区分清楚，近几年几乎每年都有此部分内容的考题出现。

建设工程各阶段	主要工作内容
建设准备阶段	组建项目法人；征地、拆迁和平整场地；做到水通、电通、路通；组织设备、材料订货；建设工程报监；委托工程监理；组织施工招标投标，优选施工单位；办理施工许可证等
生产准备阶段	组建管理机构，制定有关制度和规定；招聘并培训生产管理人员，组织有关人员参加设备安装、调试、工程验收；签订供货及运输协议；进行工具、器具、备品、备件等的制造或订货；其他需要做好的有关工作

16. "标底"与"招标控制价"有何不同？

答：标底是指招标人根据招标项目的具体情况，由招标单位自行编制或委托具有编制标底资格和能力的中介机构编制，并按规定报经审定的招标工程的预期价格，是招标人对建设工程的期望价格。标底主要有两个作用：一是招标人发包工程的期望值，二是评定标价的参考值，设有标底的招标工程，在评标时应当参考标底。按2000年实施的《招标投标法》，标底必须保密。

2003年实施工程量清单计价后，基本取消了中标价不得低于标底多少的规定，实际工作中出现了过度的低价竞争，也出现了所有报价均高于标底，即使其中最低的报价招标人也不能接受的情况，但招标人在此种情况下不接受投标又产生了招标的合法性问题。为解决此问题，在《建设工程工程量清单计价规范》(GB 50500—2008)修订中，为避免与《招标投标法》关于标底必须保密的规定相违背，采用了"招标控制价"的概念。

招标控制价是指招标人根据国家或省级、行业建设主管部门颁发的有关计价依据和办法，按设计施工图纸计算的，对招标工程限定的最高工程造价。招标控制价应在招标时公布，不应上调或下浮，招标人应将招标控制价及有关资料报送工程所在地工程造价管理机构备查。招标控制价超过批准的概算时，招标人应将其报原概算审批部门审核。投标人的投标报价高于招标控制价的，其投标应予拒绝。

例题解析

1. 在开展工程监理的过程中，当建设单位与承建单位发生利益冲突时，监理单位应以事实为依据，以法律和有关合同为准绳，在维护建设单位的合法权益的同时，不损害承建单位的合法权益。这表明建设工程监理具有(　　)。

　　A. 公平性　　　　B. 自主性　　　　C. 独立性　　　　D. 公正性

答案：D

【解析】　公正性是社会公认的职业道德准则，是监理行业能够长期生存和发展的基本职业道德准则。在开展建设工程监理的过程中，工程监理企业应当排除各种干扰，客观、公正地对待监理的委托单位和承建单位。特别是当两方发生利益冲突或矛盾时，应以事实为依据，以法律和有关合同为准绳，在维护建设单位的合法利益时，不损害承建单位的合法权益。

2. 建设工程监理的作用是(　　)。

　　A. 促使承建单位保证建设工程质量和使用安全

　　B. 有利于实现建设工程社会效益最大化

　　C. 依靠自律机制规范工程建设参与各方的建设行为

　　D. 从产品生产者的角度对建设生产过程实施管理

答案：A

【解析】　建设工程监理的作用：(1)有利于提高建设工程投资决策科学化水平；(2)有利于规范工程建设参与各方的建设行为；(3)有利于促使承建单位保证建设工程质量和使用安全；(4)有利于实现建设工程投资效益最大化。

3. 监理实施细则中应当明确安全生产监理的方法、措施和控制要点，以及（　　）。
   A. 对建设单位工程概算中安全施工费项目的审核责任
   B. 对设计单位预防生产安全事故措施建议的审核方法
   C. 对施工单位安全技术措施的检查方案
   D. 对工程机械设备提供单位安全管理制度的检查内容
   答案：C

【解析】 建设工程安全监理的主要工作内容（施工准备阶段）：
（1）根据要求，编制包括安全监理内容的项目监理规划，明确安全监理的范围、内容、工作程序和制度措施，以及人员配备计划和职责等。
（2）对中型及以上项目和《建设工程安全生产管理条例》规定的危险性较大的分部分项工程，监理单位应当编制监理实施细则。实施细则应当明确安全监理的方法、措施和控制要点，以及对施工单位安全技术措施的检查方案。

4. 建设单位招聘并培训生产管理人员，组织相关人员参加设备安装、调试等工作是（　　）阶段的工作。
   A. 建设准备　　B. 施工安装　　C. 生产准备　　D. 竣工验收
   答案：C

【解析】 生产准备阶段主要工作有：组建管理机构，制定有关制度和规定；招聘并培训生产管理人员，组织有关人员参加设备安装、调试、工程验收；签订供货及运输协议；进行工具、器具、备品、备件等的制造或订货；其他需要做好的有关工作。

5. 实行项目法人责任制的工程项目中，项目法人单位总经理的职权是（　　）。
   A. 筹措建设资金　　　　　　　B. 审定偿还债务计划
   C. 审核上报项目初步设计文件　D. 组织工程设计、施工的招标工作
   答案：D

【解析】 总经理职权有：组织编制项目初步设计文件，对项目工艺流程等提出意见，提交董事会审查；组织工程设计、工程监理、工程施工和材料设备采购招标工作，编制和确定招标方案、标底和评标标准，评选和确定投、中标单位等。

6. 下列关于建设工程监理工作与建设行政主管部门监督管理工作的表述中，正确的是（　　）。
   A. 建设工程监理工作与建设行政主管部门的监督管理工作都不具有强制性
   B. 建设工程监理工作与建设行政主管部门的监督管理工作都具有委托性
   C. 建设工程监理工作具有强制性，建设行政主管部门的监督管理工作具有委托性
   D. 建设工程监理工作具有委托性，建设行政主管部门的监督管理工作具有强制性
   答案：D

【解析】 实施监理的建设工程，由建设单位委托具有相应资质条件的工程监理企业实施监理。建设工程监理的行为主体是工程监理企业。
建设工程监理不同于建设行政主管部门的监督管理。后者的行为主体是政府部门，它具有明显的强制性，是行政性的监督管理，它的任务、职责、内容不同于建设工程监理。

同样，总承包单位对分包单位的监督管理也不能视为建设工程监理。

7. 协助建设单位在计划的目标内将建设工程建成投入使用是建设工程监理的( )。
   A. 基本目的　　　B. 基本内涵　　　C. 主要方式　　　D. 主要方法
   答案：A
   【解析】 建设工程监理具有服务性，是从它的业务性质方面定性的。建设工程监理的主要方法是规划、控制、协调，主要任务是控制建设工程的投资、进度和质量，最终应当达到的基本目的是协助建设单位在计划的目标内将建设工程建成投入使用。这就是建设工程监理的管理服务的内涵。

8. 监理单位发现施工现场存在严重安全隐患，应及时下达工程暂停令，并报告建设单位。施工单位拒不停工整改，监理单位应及时向工程所在地建设行政主管部门报告，( )。
   A. 以口头形式报告的，应当记入监理日记
   B. 以电话形式报告的，应当有通话记录
   C. 以电话形式报告的，应当有通话记录，并及时补充书面报告
   D. 以电话形式报告，有通话记录的，可不再书面报告
   答案：C
   【解析】 在施工阶段，监理单位应对施工现场安全生产情况进行巡视检查，对发现的各类安全事故隐患，应书面通知施工单位，并督促其立即整改；情况严重的，监理单位应及时下达工程暂停令，要求施工单位停工整改，并同时报告建设单位。安全事故隐患消除后，监理单位应检查整改结果，签署复查或复工意见。施工单位拒不整改或不停工整改的，监理单位应当及时向工程所在地建设主管部门或工程项目的行业主管部门报告，以电话形式报告的，应当有通话记录，并及时补充书面报告。检查、整改、复查、报告等情况应记载在监理日志、监理月报中。

9. 下列法律文件中，与建设工程监理有关的行政法规是( )。
   A.《中华人民共和国建筑法》　　　B.《建设工程安全生产管理条例》
   C.《注册监理工程师管理规定》　　　D.《建筑工程施工许可管理办法》
   答案：B
   【解析】

	签 署	名称	效力	举 例
法律	国家主席签署主席令	法	高	《建筑法》、《合同法》、《招标投标法》等
行政法规	总理签署国务院令	条例	中	《建设工程质量管理条例》等
部门规章	属于建设部制定的由部长签署建设部令	规定、办法	低	《注册监理工程师管理规定》等

10. 项目法人通过招标确定监理单位，委托监理单位实施监理是实行( )的基本保障。
    A. 招标投标制　　　　　　　　　B. 合同管理制
    C. 建设工程监理制　　　　　　　D. 项目法人责任制

答案：D

【解析】 项目法人责任制与建设工程监理制的关系：(1)项目法人责任制是实行建设工程监理制的必要条件。(2)建设工程监理制是实行项目法人责任制的基本保障。

11. 我国的建设工程监理是指具有相应资质的工程监理企业，接受建设单位的委托并代表建设单位对承建单位的(　　)。

    A. 建设行为进行监控的专业化服务活动
    B. 工程质量进行严格的检验与验收
    C. 建设活动进行全过程、全方位的系统控制
    D. 施工过程进行监督与管理

答案：A

【解析】 建设工程监理指具有相应资质的工程监理企业，接受建设单位的委托，承担其项目监理工作，并代表建设单位对承建单位的建设行为进行监控的专业化服务活动。

12. 如果监理工程师与建设单位或施工企业串通，弄虚作假、降低工程质量，从而引发安全事故，则(　　)。

    A. 监理工程师承担责任，质量、安全事故责任主体不承担责任
    B. 监理工程师不承担责任，质量、安全事故责任主体承担责任
    C. 监理工程师应当与质量、安全事故责任主体平均分担责任
    D. 监理工程师应当与质量、安全事故责任主体承担连带责任

答案：D

【解析】 如果监理工程师与建设单位或施工企业串通，弄虚作假、降低工程质量，从而引发安全事故，则监理工程师应当与质量、安全事故责任主体承担连带责任。

13. 下列关于建设程序与建设工程监理关系的表述中，正确的是(　　)。

    A. 建设工程监理为建设程序的规范化创造了条件
    B. 建设程序为建设工程监理提出了监理的任务和内容
    C. 建设工程监理可以保证建设程序的科学性
    D. 建设程序规定了监理工作的程序

答案：B

【解析】 建设程序与建设工程监理有如下的关系：(1)建设程序为建设工程监理提出了规范化的建设行为标准；(2)建设程序为建设工程监理提出了监理的任务和内容；(3)建设程序明确了工程监理企业在工程建设中的重要地位；(4)坚持建设程序是监理人员的基本职业准则；(5)严格执行我国的建设程序是结合中国国情推行建设工程监理制的具体体现。

14. 实施建设工程监理的基本目的是(　　)。

    A. 对建设工程的实施进行规划、控制、协调
    B. 控制建设工程的投资、进度和质量
    C. 保证在计划的目标内将建设工程建成投入使用
    D. 协助建设单位在计划的目标内将建设工程建成投入使用

答案：D

【解析】 建设工程监理的基本目的是协助业主(建设单位)在计划的目标内将建设工程建成投入使用。

15. 在工程监理行业，能承担全过程、全方位监理任务的综合性监理企业与能承担某一专业监理任务的监理企业应当协调发展，这体现的是建设工程监理(　　)的发展趋势。
    A. 适应市场需求，优化工程监理企业结构
    B. 以市场需求为导向，向全方位、全过程监理转化
    C. 与国际惯例接轨
    D. 加强培训工作，不断提高从业人员素质
    答案：A

【解析】 适应市场需求，优化工程监理企业结构的发展趋势指：通过市场机制和必要的行业政策引导，在工程监理行业逐步建立起综合性监理企业(综合资质)和专业性监理企业(专业资质，事务所资质)相结合、大中小型监理企业相结合的合理的企业结构，能承担全过程、全方位监理任务的综合性监理企业与能承担某一专业监理任务的监理企业应当协调发展。

16. 实施建设工程监理(　　)。
    A. 有利于避免发生承建单位的不当建设行为，但不能避免发生建设单位的不当建设行为
    B. 有利于避免发生建设单位的不当建设行为，但不能避免发生承建单位的不当建设行为
    C. 既有利于避免发生承建单位的不当建设行为，又有利于避免发生建设单位的不当建设行为
    D. 既不能避免发生承建单位的不当建设行为，又不能避免发生建设单位的不当建设行为
    答案：C

【解析】 实施建设工程监理，既有利于避免发生承建单位的不当建设行为，又有利于避免发生建设单位的不当建设行为。

17. 在工程建设程序中，建设单位进行工具、器具、备品、备件等的制造或订货是(　　)阶段的工作。
    A. 建设准备　　B. 施工安装　　C. 生产准备　　D. 竣工验收
    答案：C

【解析】 生产准备阶段是由建设阶段转入生产经营阶段的重要衔接阶段，包括：(1)组建管理机构，制定有关制度和规定；(2)招聘并培训生产管理人员，组织有关人员参加设备安装、调试、工程验收；(3)签订供货及运输协议；(4)进行工具、器具、备品、备件等的制造或订货等。

18. 依据《建设工程监理范围和规模标准规定》，下列工程项目必须实行监理的是(　　)。
    A. 总投资额为2亿元的电视机厂改建项目
    B. 建筑面积4万 m^2 的住宅建设项目
    C. 总投资额为300万美元的联合国粮农组织的援助项目
    D. 总投资额为2000万元的科技项目

答案：C

【解析】 必须实行监理范围包括：(1)国家重点建设工程；(2)大中型公用事业工程：总投资在3000万元以上的供水、供电等市政工程；文、教、科、卫、体、旅游、商业等项目，卫生社会福利等项目；(3)成片开发的住宅小区工程：建筑面积在5万 m² 以上的住宅建设工程；(4)利用外国政府或者国际组织贷款、援助资金的工程；(5)其他工程：总投资在3000万元以上关系社会公共利益、公众安全的交通运输、水利、城市基础设施、生态环境保护、信息产业、能源等基础设施项目；学校、影剧院、体育场馆项目。

19. 我国目前的建设程序与计划经济时期的建设程序相比，发生了一些关键性变化，下列不属于建设工程管理制度体系的是( )。

   A. 项目决策咨询评估制度　　　　B. 工程招标投标制度
   C. 建设工程监理制度　　　　　　D. 项目法人责任制度

答案：A

【解析】 不同时期建设程序对比见下表：

80年代我国进入了改革开放的新时期，一些重大改革措施	投资有偿使用（即"拨改贷"）	投资包干责任制	投资主体多元化	工程招标投标制
目前我国的建设程序与计划经济时期相比较，关键性的变化	项目决策咨询评估制度	建设工程监理制度	项目法人责任制度	
建设工程主要的管理制度	合同管理制			

20. 工程监理企业应当拥有足够数量的、管理经验丰富和应变能力较强的监理工程师骨干队伍，这是建设工程监理( )的表现。

   A. 服务性　　B. 科学性　　C. 独立性　　D. 公正性

答案：B

【解析】 建设工程监理具有科学性，表现为：(1)工程监理企业应当由组织管理能力强、工程建设经验丰富的人员担任领导；(2)应当有足够数量的、有丰富管理经验和应变能力的监理工程师组成的骨干队伍；(3)健全的管理制度；(4)现代化的管理手段；(5)要掌握先进的管理理论、方法和手段；(6)要积累足够的技术、经济资料和数据；(7)要有科学的工作态度和严谨的工作作风。

21. 我国建设工程监理的特点为( )。

   A. 服务对象具有单一性　　　　B. 市场准入采用双重控制
   C. 只提供施工阶段的服务　　　D. 不具有监督功能
   E. 属强制推行的制度

答案：A、B、E

【解析】 现阶段建设工程监理的特点：(1)建设工程监理的服务对象具有单一性；(2)建设工程监理属于强制推行的制度；(3)建设工程监理具有监督功能；(4)市场准入的双重控制。

22. 在施工准备阶段，监理单位安全生产监理工作的内容包括( )。

   A. 编制含有安全生产监理内容的监理规划

B. 对施工现场安全生产情况进行巡视检查
C. 核查施工现场施工起重机械、安全设施的验收手续
D. 审查施工单位资质和安全生产许可证是否合法有效
E. 审查施工单位编制的地下管线保护措施方案是否符合强制性标准要求

答案：A、D、E

【解析】 建设工程安全监理的主要工作内容(施工准备阶段)：

(1) 根据要求，编制包括安全监理内容的项目监理规划，明确安全监理的范围、内容、工作程序和制度措施，以及人员配备计划和职责等。

(2) 对中型及以上项目和《建设工程安全生产管理条例》规定的危险性较大的分部分项工程，监理单位应当编制监理实施细则。

(3) 审查施工单位编制的施工组织设计中的安全技术措施和危险性较大的分部分项工程安全专项施工方案是否符合工程建设强制性标准要求。审查的主要内容包括：施工单位编制的地下管线保护措施方案；分部分项工程的专项施工方案；施工现场临时用电施工组织设计或者安全用电技术措施和电气防火措施；冬期、雨期等季节性施工方案的制定；施工总平面布置图，临时设施设置以及排水、防火措施。

(4) 检查施工单位在工程项目上的安全生产规章制度和安全监管机构的建立、健全及专职安全生产管理人员配备情况，督促施工单位检查各分包单位的安全生产规章制度的建立情况。

(5) 审查施工单位资质和安全生产许可证是否合法有效。

(6) 审查项目经理和专职安全生产管理人员是否具备合法资格，是否与投标文件相一致。

(7) 审核特种作业人员的特种作业操作资格证书是否合法有效。

(8) 审核施工单位应急救援预案和安全防护措施费用使用计划。

23. 依据《国务院关于投资体制改革的决定》，对于采用直接投资和资本金注入方式的政府投资项目，政府需要从投资决策的角度审批(   )。

A. 项目建议书　　　　　　B. 可行性研究报告
C. 开工报告　　　　　　　D. 初步设计
E. 资金申请报告

答案：A、B、D

【解析】 政府投资项目审批见下表分析：

方式	审批、核准、备案	备注
政府投资项目	审批制	采用直接投资和资本金注入方式：政府需要从投资决策角度审批项目建议书和可行性研究报告，除特殊情况外不再审批开工报告，同时还要严格审查其初步设计和概算	一般要经过咨询中介机构的评估论证，特别重大的项目还应实行专家评议制度。国家将逐步实行政府投资项目公示制度
		采用投资补助、转贷和贷款贴息方式：只审批资金申请报告	

24. 实行建设监理制度对提高工程项目的经济效益发挥了重要作用，其主要表现有(   )。

A. 有利于提高建设工程投资决策科学化水平

B. 有利于规范工程建设参与各方的建设行为
　　C. 避免了工程施工过程中的质量事故
　　D. 在满足建设工程预定功能和质量标准的前提下，投资额最少
　　E. 在满足建设工程预定功能和质量标准的前提下，全寿命费用最少
　答案：A、B、D、E
　【解析】 建设工程监理的作用：(1)有利于提高建设工程投资决策科学化水平；(2)有利于规范工程建设参与各方的建设行为；(3)有利于促使承建单位保证建设工程质量和使用安全；(4)有利于实现建设工程投资效益最大化。
　　建设工程投资效益最大化有以下3种不同表现：(1)在满足建设工程预定功能和质量标准的前提下，建设投资额最少；(2)在满足建设工程预定功能和质量标准的前提下，建设工程寿命周期费用(或全寿命费用)最少；(3)建设工程本身的投资效益与环境、社会效益的综合效益最大化。

25. 项目监理规划中应包括的安全监理内容有（　　）。
　　A. 安全监理的范围和内容　　　B. 安全监理的工作程序
　　C. 安全监理的制度措施　　　　D. 施工安全技术措施
　　E. 安全监理人员配备计划和职责
　答案：A、B、C、E
　【解析】 施工准备阶段：根据要求，编制包括安全监理内容的项目监理规划，明确安全监理的范围、内容、工作程序和制度措施，以及人员配备计划和职责等。

26. 企业投资建设列入《政府核准的投资项目目录》中的项目时，政府要核准的内容包括（　　）。
　　A. 合理开发利用资源　　　　　B. 优化重大布局
　　C. 项目建议书　　　　　　　　D. 设计概算
　　E. 保障公共利益
　答案：A、B、E
　【解析】 企业投资建设《政府核准的投资项目目录》中的项目时，只需向政府提交项目申请报告，不再经过批准项目建议书、可行性研究报告和开工报告的程序。政府对企业提交的项目申请报告，主要从维护经济安全、合理开发利用资源、保护生态环境、优化重大布局、保障公共利益、防止出现垄断等方面进行核准。对于外商投资项目，还要从市场准入、资本项目管理等方面进行核准。

27. 实行项目法人责任制的前提下，属于项目总经理职权的是（　　）。
　　A. 负责提出项目竣工验收申请报告　　B. 编制项目财务预算、决算
　　C. 组织工程建设实施　　　　　　　　D. 审核初步设计和概算文件
　　E. 拟订生产经营计划
　答案：B、C、E
　【解析】 实行建设项目法人责任制的情况下，"审核初步设计和概算文件，负责提出项目竣工验收申请报告"属于建设项目董事会职权。实行建设项目法人责任制的情况下，项目总经理的职权包括：(1)编制项目财务预算、决算；(2)组织工程建设实施；(3)在批准的概算范围内对单项工程的设计进行局部调整；(4)负责生产准备工作和培训人

员；(5)拟定生产经营计划、企业内部机构设置、劳动定员方案及工资福利方案等。

28. 下列内容中，属于建设程序中生产准备阶段的工作是( )。
    A. 组建项目法人   B. 组建管理机构，制定有关制度和规定
    C. 招聘并培训生产管理人员   D. 组织设备、材料订货
    E. 进行工具、器具、备品、备件等的制造或订货
    答案：B、C、E

【解析】 生产准备阶段是由建设阶段转入生产经营阶段的重要衔接阶段，主要工作包括：组建管理机构，制定有关制度和规定；招聘并培训生产管理人员，组织有关人员参加设备安装、调试、工程验收；签订供货及运输协议；进行工具、器具、备品、备件等的制造或订货等。

29. 为了能够依据合同，公平合理地处理建设单位与施工单位之间的争议，工程监理单位必须( )。
    A. 采用科学的方案、方法和手段   B. 坚持实事求是
    C. 熟悉有关建设工程合同条款   D. 提高专业技术能力
    E. 提高综合分析判断问题的能力
    答案：B、C、D、E

【解析】 公正，是指工程监理企业在监理活动中既要维护业主的利益，又不损害承包商的合法利益，并依据合同公平合理地处理建设单位与施工单位之间的争议。要做到公正，工程监理单位必须做到：(1)具有良好的职业道德；(2)坚持实事求是；(3)熟悉有关建设工程合同条款；(4)提高专业技术能力；(5)提高综合分析判断问题的能力。

30. 建设工程监理的作用在于( )。
    A. 有利于政府对工程建设参与各方的建设行为进行监督管理
    B. 可以对承包单位的建设行为进行监督管理
    C. 可以对建设单位的建设行为进行监督管理
    D. 尽可能避免发生承包单位的不当建设行为
    E. 尽可能避免发生建设单位的不当建设行为
    答案：B、D、E

【解析】 建设工程监理制是一种社会约束机制，专业化的监督管理服务可规范承建单位和建设单位的行为；但是，最基本的约束是政府的监督管理。其中，监理单位采用事前、事中和事后控制相结合的方式，有效地规范各承建单位的建设行为，最大限度地避免不当建设行为的发生，是该约束机制的根本目的。另一方面，工程监理单位可以向建设单位提出适当的建议，从而避免发生建设单位的不当建设行为，对规范建设单位的建设行为也可起到一定的约束作用。

31. 工程监理企业从事建设工程监理活动，应当遵循"守法、诚信、公正、科学"的准则，其中"守法"的具体要求为( )。
    A. 在核定的业务范围内开展经营活动
    B. 不伪造、涂改、出租、出借、转让、出卖《资质等级证书》
    C. 按照合同的约定认真履行其义务
    D. 离开原住所地承接监理业务，要主动向监理工程所在地省级建设行政主管部

门备案登记,接受其指导和监督

E. 建立健全内部管理规章制度

答案:A、B、C、D

【解析】 "守法"体现在:(1)在核定的业务范围内开展经营活动;(2)工程监理企业不得伪造、涂改、出租、出借、转让、出卖《资质等级证书》;(3)监理企业应认真履行合同,不得无故或故意违背自己的承诺;(4)监理企业在原驻地之外接受业务,应自觉遵守当地法律法规,主动到工程所在地的省、自治区、直辖市建设行政主管部门备案登记;(5)遵守国家关于企业法人的其他法律法规的规定等。

32. 我国现阶段强制推行建设工程监理制度的手段包括( )。

  A. 经济手段 B. 技术手段 C. 行政手段 D. 金融手段

  E. 法律手段

答案:C、E

【解析】 我国建设工程监理制度属于强制推行的制度,在《建筑法》等法律、法规中有明文规定,主要依靠行政手段和法律手段强制推行。

33. 实施建设项目法人责任制的情况下,项目总经理的职权包括( )。

  A. 负责筹措建设资金

  B. 组织工程建设实施

  C. 负责组织项目试生产和单项工程预验收

  D. 负责提出项目竣工验收申请报告

  E. 编制并组织实施归还贷款和其他债务计划

答案:B、C、E

【解析】 实施建设项目法人责任制的情况下,"负责筹措建设资金,负责提出项目竣工验收申请报告"属于建设项目董事会的职权。

34. 我国建设领域改革实行了多项配套制度,其中项目法人责任制与建设工程监理制之间的关系是( )。

  A. 项目法人责任制是实行建设工程监理制的必要条件

  B. 项目法人责任制是实行建设工程监理制的基本保障

  C. 项目法人责任制是实行建设工程监理制的经济基础

  D. 建设工程监理制是实行项目法人责任制的约束机制

  E. 建设工程监理制是实行项目法人责任制的基本保障

答案:A、E

【解析】 项目法人责任制是实行建设工程监理制的必要条件,建设工程监理制是实行项目法人责任制的基本保障。

35. 按照建设程序的要求,投资建设一项工程应当( )。

  A. 实行项目法人责任制度

  B. 经过投资决策、建设实施和交付使用三个发展时期

  C. 坚持"先勘察,后设计,再施工"的原则

  D. 严格投资、进度、质量目标控制

  E. 突出优化决策、竞争择优、委托监理的原则

答案：B、C、E

【解析】 按照建设程序的要求，投资建设一项工程应当：(1)依法管理工程建设，经过投资决策、建设实施和交付使用3个发展时期，保证正常建设程序；(2)突出优化决策、竞争择优、委托监理的原则，保证投资效果；(3)强调先勘察、后设计、再施工，顺利实施工程，保证工程质量。

36. 坚持建设程序在(　　)等方面具有重要的意义。
    A. 明确工程建设参与各方职责，保证责任到位
    B. 科学决策，保证投资效果
    C. 顺利实施建设工程，保证工程质量
    D. 合理组织工作搭接，保证工作进度
    E. 依法管理工程建设，保证正常建设秩序
    答案：B、C、E

【解析】 坚持建设程序具有重要意义：(1)依法管理工程建设，保证正常建设程序；(2)科学决策，保证投资效果；(3)顺利实施建设工程，保证工程质量；(4)顺利开展建设工程监理。

37. 建设工程监理实施全过程、全方位监理与施工阶段的监理相比，在(　　)等方面的作用更为突出。
    A. 提高建设工程投资决策科学化水平
    B. 促使施工单位保证建设工程使用安全
    C. 促使施工单位保证建设工程质量和使用安全
    D. 为实现建设工程投资综合效益最大化打下良好的基础
    E. 工程建设目标的控制
    答案：A、D

【解析】 建设工程监理从现阶段以施工阶段质量监理为主，向全过程、全方位监理发展，才能更好地发挥建设工程监理的作用。建设工程监理的作用包括：(1)有利于提高建设工程投资决策科学化水平；(2)有利于规范工程建设参与各方的建设行为；(3)有利于促使承建单位保证建设工程质量和使用安全；(4)有利于实现建设工程投资综合效益最大化。

38. 服务性是建设工程监理的一项重要性质，其管理服务的内涵表现为(　　)。
    A. 监理工程师具有丰富的管理经验和应变能力
    B. 主要方法是规划、控制、协调
    C. 建设工程投资、进度和质量控制为主要任务
    D. 与承建单位没有利害关系为原则
    E. 基本目的是协助建设单位在计划的目标内将建设工程建成投入使用
    答案：B、C、E

【解析】 建设工程监理具有服务性是从其业务性质方面定性的。监理单位按照委托监理合同为建设单位提供管理服务，内涵：(1)主要方法是规划、控制、协调；(2)主要任务是投资、进度和质量控制；(3)基本目的是协助建设单位在计划的目标内将建设工程建成投入使用。

39. 生产准备阶段建设单位的主要工作有(　　)。

A. 组建项目法人 B. 组织设备、材料订货
C. 培训生产管理人员 D. 组织有关人员参加工程验收
E. 签订供货及运输协议

答案：C、D、E

【解析】 生产准备阶段是由建设阶段转入生产经营阶段的重要衔接阶段，建设单位的主要工作包括：组建管理机构，制定有关制度和规定；招聘并培训生产管理人员，组织有关人员参加设备安装、调试、工程验收；签订供货及运输协议；进行工具、器具、备品、备件等的制造或订货等。

实战练习题

一、单项选择题

1. 从管理理论和方法的角度来看，我国的建设工程监理与国际上通称的建设项目管理是一致的。我国的建设工程监理是( )。
   A. 建设项目管理 B. 建设单位项目管理
   C. 建设单位或承建单位项目管理 D. 专业化、社会化的建设单位项目管理

2. 建设工程监理的服务对象是( )。
   A. 工程施工项目 B. 施工单位 C. 设计单位 D. 建设单位

3. 监理工程师应当按照( )的要求，采用旁站、巡视和平行检验等形式，对建设工程实施监理。
   A. 工程监理合同 B. 工程监理规范 C. 工程施工合同 D. 监理规划

4. 建设工程质量监督管理主体为( )。
   A. 工程监理单位
   B. 建设单位
   C. 县级以上人民政府建设行政主管部门
   D. 设计单位

5. 未经( )签字，建筑材料、构配件和设备不得在工程上使用或安装，施工单位不得进行下一道工序。
   A. 监理工程师 B. 专业监理工程师
   C. 项目业主 D. 总监理工程师

6. 《建设工程质量管理条例》规定( )。
   A. 设计单位不得指定生产厂和供应商
   B. 除特殊要求外，设计单位不得指定生产厂和供应商
   C. 设计单位可以指定生产厂和供应商
   D. 除特殊要求外，设计单位可以指定生产厂和供应商

7. 工程监理企业对哪些单位的哪些建设行为实施监理，要根据有关建设工程合同的规定，例如，仅委托施工阶段监理的工程，工程监理企业只能根据( )对施工行为实行监理。
   A. 勘察合同和施工合同 B. 设计合同和施工合同

C. 委托监理合同和施工合同 　　　　D. 委托监理合同和设计合同

8. ( )可以规定实行强制性监理的工程范围。
   A. 国务院　　　　　　　　　　　　B. 质量监督管理部门
   C. 建设行政主管部门　　　　　　　D. 投资控制主管部门

9. 工程监理人员发现工程设计不符合建筑工程质量标准或者合同约定的质量要求的，( )。
   A. 有权要求设计单位改正　　　　　B. 有权自行改正后通知设计单位
   C. 应当报告建设单位后自行改正　　D. 应当报告建设单位要求设计单位改正

10. 由全国人民代表大会及其常务委员会通过的规范工程建设活动的法规规范为( )。
    A. 建设工程行政法规　　　　　　　B. 建设工程部门规章
    C. 建设工程法律　　　　　　　　　D. 建设工程单行条例

11. 对中型及以上项目和《建设工程安全生产管理条例》第二十六条规定的危险性较大的分部分项工程，监理单位应当编制( )。
    A. 监理大纲　　　　　　　　　　　B. 监理实施细则
    C. 监理规划　　　　　　　　　　　D. 监理规范

12. 建设单位在工程建设中拥有确定建设工程规模、标准、功能以及选择勘察、设计、施工、监理单位等工程建设中重大问题的( )。
    A. 建议权　　B. 监督权　　C. 选择权　　D. 决定权

13. 建设工程监理制是实行( )的基本保障。
    A. 招标投标制　　B. 合同管理制　　C. 科学决策机制　　D. 项目法人责任制

14. 建设工程监理的服务对象具有( )。
    A. 全面性　　B. 多样性　　C. 单一性　　D. 公开性

15. 建设工程监理的实施需要建设单位的( )。
    A. 委托和授权　　B. 申请和审核　　C. 赞助和帮助　　D. 管理和控制

16. 现阶段建设工程监理主要发生在( )。
    A. 项目建设的准备阶段　　　　　　B. 项目建设的实施阶段
    C. 项目建设立项阶段　　　　　　　D. 项目建设的调研阶段

17. 建设工程监理范围包括项目总投资额在( )元以上的供水、供电、供气、供热等市政工程项目。
    A. 3000万　　B. 5000万　　C. 2000万　　D. 7000万

18. 工程监理企业在委托监理的工程中拥有一定的管理权限，能够开展管理活动，这是建设单位( )的结果。
    A. 授权　　B. 监督　　C. 控制　　D. 认可

19. 监理的服务性指监理人员用自己的知识、技能和经验、信息以及必要的试验、检测手段为建设单位提供( )。
    A. 监督服务　　B. 技能服务　　C. 管理服务　　D. 信息服务

20. 建设工程法律是指由全国人民代表大会及其常务委员会通过的规范工程建设活动的法律规范，由( )予以公布。
    A. 建设工程行政主管部门　　　　　B. 国家主席签署主席令

C. 国务院 D. 国家贸易主管部门

21. ( )是由国务院根据宪法和法律制定的规范工程建设活动的法规,由国务院总理签署国务院令予以公布,属于建设工程行政法规。
   A.《中华人民共和国建筑法》 B.《建设工程质量管理条例》
   C.《工程监理企业资质管理规定》 D.《中华人民共和国城市规划法》

22. ( )是社会公认的职业道德准则,是监理行业能够长期生存和发展的基本职业道德准则。
   A. 服务性 B. 科学性 C. 独立性 D. 公正性

23. 根据《房屋建筑工程施工旁站监理管理办法(试行)》,旁站监理是指监理人员在工程施工阶段监理中,对( )的施工质量实施全过程现场跟班的监督活动。
   A. 隐蔽工程 B. 地下工程
   C. 关键线路上的工作 D. 关键部位、关键工序

24. 根据我国现行规定,大中型及限额以上项目在提出项目建议书阶段之后的工作应是( )。
   A. 进行投资决策 B. 编制设计文件
   C. 组织施工 D. 编制可行性研究报告

25. 工程监理单位应当审查施工组织设计中的安全技术措施或者专项施工方案是否符合工程建设( )标准。
   A. 国家性 B. 安全性 C. 可靠性 D. 强制性

26. 凡经( )未通过的项目,不得进行下一步工作。
   A. 项目建议书 B. 效益评估 C. 项目审核 D. 可行性研究报告

27. 在施工阶段,监理单位应对施工现场安全生产情况进行( ),对发现的各类安全事故隐患,应书面通知施工单位,并督促其立即整改。
   A. 巡视检查 B. 旁站监督 C. 跟踪检查 D. 平行检查

28. 在建设工程监理的性质中,( )是由建设工程监理要达到的基本目的决定的。
   A. 科学性 B. 公正性 C. 独立性 D. 服务性

29. 建设工程法律、行政法规、部门规章的效力由低到高依次为( )。
   A. 法律、行政法规、部门规章 B. 法律、部门规章、行政法规
   C. 行政法规、法律、部门规章 D. 部门规章、行政法规、法律

30. ( )是建设工程监理所依据的基本理论与方法。
   A. 建设项目管理学 B. 建设企业管理学
   C. 施工项目管理学 D. 组织行为学

31. 如果初步设计提出的总概算超过可行性研究报告总投资的( )以上,或者其他主要指标需要变更时,应重新向原审批单位报批。
   A. 10% B. 20% C. 30% D. 40%

32. 开展建设工程监理的依据包括行政法规,以下属于建设行政法规的是( )。
   A.《中华人民共和国建筑法》 B.《建设工程质量管理条例》
   C.《建设工程监理范围和规模标准规定》 D.《建设工程监理企业资质管理规定》

33. 国务院建设主管部门以部长令形式发布的规范性文件属于( )。

A. 法律　　　　　　B. 行政法规　　　　　C. 国家标准　　　　　D. 部门规章

34. 实行建设项目法人责任制的工程项目，属于项目董事会职权的是（　　）。
    A. 编制项目财务预算、决算　　　　　B. 确定中标单位
    C. 提出项目开工报告　　　　　　　　D. 组织项目试生产和单项工程预验收

二、多项选择题

1. 建设工程安全监理的主要工作包括审查施工单位编制的施工组织设计中的安全技术措施和危险性较大的分部分项工程安全专项施工方案是否符合工程建设强制性标准要求。审查的主要内容应当包括：（　　）。
    A. 施工单位资质和安全生产许可证是否合法有效
    B. 基坑支护与降水、土方开挖与边坡防护、模板、起重吊装、脚手架、拆除、爆破等分部分项工程的专项施工方案是否符合强制性标准要求
    C. 施工现场临时用电施工组织设计或者安全用电技术措施和电气防火措施是否符合强制性标准要求
    D. 冬期、雨期等季节性施工方案的制定是否符合强制性标准要求
    E. 施工平面布置图是否符合安全生产的要求，办公、宿舍、食堂、道路等临时设施设置以及排水、防火措施是否符合强制性标准要求

2. 为了切实落实监理单位的安全生产监理责任，应做好以下3个方面的工作，即（　　）。
    A. 健全监理单位安全监理责任制
    B. 完善监理单位安全生产管理制度
    C. 建立监理人员安全生产教育培训制度
    D. 健全监理单位旁站管理办法
    E. 理顺监管工作程序

3. 目前我国的建设程序与计划经济时期相比较，发生了重要变化，其主要是实行了（　　）。
    A. 项目决策咨询评估制　　　　　　　B. 投资包干责任制
    C. 工程招标投标制　　　　　　　　　D. 建设工程监理制
    E. 项目法人责任制

4. 对于某些危险性较大的分部分项工程编制的专项施工方案，给施工单位技术负责、总监理工程师签字后实施，由专职安全生产管理人员进行现场监督，这些项目包括（　　）。
    A. 市政工程　　　　B. 降水工程　　　　C. 模板工程　　　　D. 脚手架工程
    E. 爆破工程

5. 建设工程主要管理制度有（　　）。
    A. 项目法人责任制　　　　　　　　　B. 工程招标投标制
    C. 建设工程监理制　　　　　　　　　D. 合同管理制
    E. 信息管理制

6. 关于项目法人责任制与建设工程监理的关系，下列叙述正确的是（　　）。
    A. 建设工程监理制是实行项目法人责任制的必要条件
    B. 项目法人责任制是实行建设工程监理制的必要条件

C. 项目法人责任制是实行建设工程监理制的基本保障
D. 建设工程监理制是实行项目法人责任制的基本保障
E. 建设工程监理制与项目法人责任制没有必然联系

7. 根据《国务院关于投资体制改革的决定》,政府投资项目和非政府投资项目分别实行( )。

　　A. 报送制　　　　B. 审批制　　　　C. 核准制　　　　D. 推荐制
　　E. 备案制

8. 根据我国现行规定,下列必须实行监理的项目有( )。
　　A. 学校、影剧院、体育馆项目
　　B. 卫生、社会福利等项目
　　C. 建筑面积3万 m^2 的住宅建设工程
　　D. 项目投资总额在3000万元以上的(供水)市政工程项目
　　E. 利用国际组织贷款的工程

9. 旁站监理人员的工作内容和职责有( )。
　　A. 确定工程的开工时间和结束时间
　　B. 检查施工企业现场质检人员到岗
　　C. 核查进场建筑材料、建筑构配件
　　D. 在现场跟班监督关键部位、关键工序的施工执行施工方案
　　E. 做好旁站监理记录和监理日志,保存旁站监理原始资料

10. 建设工程生产准备阶段的主要工作有( )。
　　A. 招聘并培训生产管理人员　　　　B. 组建管理机构
　　C. 组建项目法人　　　　　　　　　D. 选择合适的供应商
　　E. 认真做好图纸会审

11. 在建设工程中,建设项目董事会的职权主要有( )。
　　A. 负责筹措建设资金　　　　　　　B. 编制项目财务预决算
　　C. 组织项目后评估　　　　　　　　D. 提出项目开工报告
　　E. 负责提出项目竣工验收申请报告

12. 建设工程投资效益最大化的表现主要有( )。
　　A. 在满足建设工程预定功能和质量标准的前提下,建设投资额较少
　　B. 在满足建设工程预定功能和质量标准的前提下,建设工程寿命周期费用较少
　　C. 在满足建设工程预定功能和质量标准的前提下,建设投资额最少
　　D. 在满足建设工程预定功能和质量标准的前提下,建设工程寿命周期费用最少
　　E. 建设工程本身的投资效益与环境、社会效益的综合效益最大化

13. 建设工程监理的作用主要表现在( )。
　　A. 有利于促进我国国民经济的发展
　　B. 有利于促使承建单位保证建设工程质量和使用安全
　　C. 有利于规范工程建设参与各方的建设行为
　　D. 有利于实现建设工程投资效益最大化
　　E. 有利于提高建设工程投资决策科学化水平

14. 建设工程监理的依据包括（　　）。
    A. 咨询师的资质水平　　　　　　B. 工程建设文件
    C. 有关的法律、法规　　　　　　D. 建设工程委托监理合同
    E. 其他有关建设工程合同

15. 建设工程监理的性质有（　　）。
    A. 服务性　　B. 科学性　　C. 美观性　　D. 公正性
    E. 独立性

16. 建设工程监理管理服务的内涵包括它的（　　）。
    A. 主要方法　　B. 主要任务　　C. 主要过程　　D. 基本目的
    E. 主要对象

17. 我国现阶段建设工程监理表现出的特点是（　　）。
    A. 服务对象具有单一性　　　　　B. 属于国家强制推行的制度
    C. 具有监督功能　　　　　　　　D. 市场准入采用双重控制
    E. 以建设项目管理学作为理论基础

18. 建设工程监理的主要任务是控制建设工程的（　　）。
    A. 投资　　B. 流程　　C. 进度　　D. 资金
    E. 质量

19. 《建设工程质量管理条例》规定的质量责任主体，包括（　　）。
    A. 县级以上建设行政主管部门　　B. 建设单位
    C. 勘察、设计单位　　　　　　　D. 施工单位
    E. 工程监理单位

20. 建设工程监理的主要方法有（　　）。
    A. 监督　　B. 控制　　C. 检查　　D. 协调
    E. 规划

21. 下列关于项目法人责任制的表述中，正确的有（　　）。
    A. 所有的大中型建设工程都必须在建设阶段组建项目法人
    B. 项目法人可设立有限责任公司
    C. 项目可行性研究报告被批准后，正式成立项目法人
    D. 项目法人可设立股份有限公司
    E. 项目法人只对项目的决策和实施负责

实战练习题答案

一、单项选择题

1. D； 2. D； 3. B； 4. C； 5. A； 6. B； 7. C； 8. A； 9. D； 10. C；
11. B； 12. D； 13. D； 14. C； 15. A； 16. B； 17. A； 18. A； 19. C； 20. B；
21. B； 22. D； 23. D； 24. D； 25. D； 26. D； 27. A； 28. A； 29. D； 30. A；
31. A； 32. B； 33. D； 34. C

二、多项选择题

1. B、C、D；
2. A、B、C；
3. A、C、D、E；
4. B、C、D、E；
5. A、B、C、D；
6. B、D；
7. B、C、E；
8. A、B、D、E；
9. B、C、D、E；
10. A、B；
11. A、D、E；
12. C、D、E；
13. B、C、D、E；
14. B、C、D、E；
15. A、B、D、E；
16. A、B、D；
17. A、B、C、D；
18. A、C、E；
19. B、C、D、E；
20. B、D、E；
21. B、C、D

第二章 监理工程师和工程监理企业

📖 考纲分解

一、监理工程师的执业特点（了解）

1. 执业范围广泛	监理工程类别、监理过程
2. 执业内容复杂	监理工程师执业内容的基础是合同管理，主要工作内容是建设工程目标控制和协调管理，执业方式包括监督管理和咨询服务
3. 执业技能全面	监理工程师应具备复合型的知识结构
4. 执业责任重大	一是国家法律法规赋予的行政责任；二是委托监理合同约定的监理人义务，体现为监理工程师的合同民事责任

二、监理工程师的素质（熟悉）

1. 较高的专业学历和复合型的知识结构	至少应掌握一种专业理论知识；至少应具有工程类大专以上学历；并应了解或掌握一定的工程建设经济、法律和组织管理等方面的理论知识
2. 丰富的工程建设实践经验	工程建设中出现的失误，少数原因是责任心不强，多数原因是缺乏实践经验
3. 良好的品德	(1) 热爱本职工作。 (2) 具有科学的工作态度。 (3) 具有廉洁奉公、为人正直、办事公道的高尚情操。 (4) 能够听取不同方面的意见，冷静分析问题
4. 健康的体魄和充沛的精力	对年满 65 周岁的监理工程师不再进行注册

三、FIDIC 道德准则（熟悉）

对社会和职业的责任	(1) 接受对社会的职业责任。 (2) 寻求与确认的发展原则相适应的解决办法。 (3) 在任何时候，维护职业尊严、名誉和荣誉
能力	(4) 保持其知识和技能与技术、法规、管理的发展相一致的水平，对于委托人要求的服务采用相应的技能，并尽心尽力。 (5) 仅在有能力从事服务时方才进行
正直性	(6) 在任何时候均为委托人的合法权益行使其职责，并且正直和忠诚地进行职业服务

公正性	(7) 在提供职业咨询、评审或决策时不偏不倚。 (8) 通知委托人在行使其委托权时可能引起的任何潜在的利益冲突。 (9) 不接受可能导致判断不公的报酬
对他人的公正	(10) 加强"按照能力进行选择"的观念。 (11) 不得故意或无意地做出损害他人名誉或事务的事情。 (12) 不得直接或间接取代某一特定工作中已经任命的其他咨询工程师的位置。 (13) 通知该咨询工程师并且接到委托人终止其先前任命的建议前不得取代该咨询工程师的工作。 (14) 在被要求对其他咨询工程师的工作进行审查的情况下，要以适当的职业行为和礼节进行

四、监理工程师的职业道德、法律地位（掌握）

权 利	义 务	职业道德
(1) 使用注册监理工程师称谓	(1) 遵守法律、法规和有关管理规定 (2) 履行管理职责，执行技术标准、规范和规程	(1) 维护国家的荣誉和利益，按照"守法、诚信、公正、科学"的准则执业 (2) 执行有关工程建设的法律、法规、标准、规范、规程和制度，履行监理合同规定的义务和职责
(2) 在规定范围内从事执业活动	(9) 在规定的执业范围和聘用单位业务范围内从事执业活动	(4) 不以个人名义承揽监理业务
(3) 依据本人能力从事相应的执业活动	(3) 保证执业活动成果的质量，并承担相应责任	(6) 不为所监理项目指定承包商、建筑构配件、设备、材料生产厂家和施工方法
(4) 保管和使用本人的注册证书和执业印章	(5) 在本人执业活动所形成的工程监理文件上签字、加盖执业印章	
	(6) 保守在执业中知悉的国家秘密和他人的商业、技术秘密	(8) 不泄露所监理工程各方认为需要保密的事项
(5) 对本人执业活动进行解释和辩护	(7) 不得涂改、倒卖、出租、出借或者以其他形式非法转让注册证书或者执业印章	(7) 不收受被监理单位的任何礼金
(6) 接受继续教育	(4) 接受继续教育，不断提高业务水平	(3) 努力学习专业技术和建设监理知识，不断提高业务能力和监理水平
(7) 获得相应劳动报酬	(8) 不得同时在两个或者两个以上单位受聘或者执业	(5) 不同时在两个或两个以上监理单位注册和从事监理活动，不在政府部门和施工、材料设备的生产供应等单位兼职
(8) 对侵犯本人权利的行为进行申诉	(10) 协助注册管理机构完成相关工作	(9) 坚持独立自主地开展工作

五、监理工程师的法律责任（掌握）

监理工程师的法律责任主要来源于法律法规的规定和委托监理合同的约定	《建筑法》	给建设单位造成损失的，应当承担相应的赔偿责任
	《建设工程质量管理条例》	对施工质量承担监理责任
	《建设工程安全生产管理条例》	对建设工程安全生产承担监理责任

	如果监理工程师出现工作过错，其行为将被视为监理企业违约。由监理工程师个人过失引起的合同违约行为，监理工程师必然要与监理企业承担一定的连带责任	
监理责任	未对施工组织设计中的安全技术措施或专项施工方案进行审查	
	发现安全事故隐患未及时要求施工单位整改或暂时停止施工	
	施工单位拒不整改或者不停止施工，未及时向有关主管部门报告	
	未依照法律、法规和工程建设强制性标准实施监理	
与质量、安全事故责任主体承担连带责任	违章指挥或者发出错误指令，引发安全事故的	
	将不合格的建设工程、建筑材料、建筑构配件和设备按照合格签字，造成工程质量事故，由此引发安全事故的	
	与建设单位或施工企业串通，弄虚作假，降低工程质量，从而引发安全事故的	

六、注册监理工程师的注册程序（掌握）

初始注册	程序	(1) 申请人向聘用单位提出申请。 (2) 聘用单位同意后，连同资料由聘用企业向所在省级建设行政主管部门提出申请。 (3) 省级建设行政主管部门初审合格后，报国务院建设行政主管部门。 (4) 国务院建设行政主管部门对初审意见进行审核，对符合条件者准予注册，并颁布《监理工程师注册证书》和执业印章。执业印章由监理工程师本人保管。 (5) 国务院建设行政主管部门对监理工程师初始注册随时受理审批，并实行公示、公告制度，符合条件的进行网上公示，经公示未提出异议的予以批准确认
	有效期	3年
延续注册	延续注册的有效期同样为3年，从准予延续注册之日起计算	
变更注册	监理工程师注册后，如果注册内容发生变更，如变更执业单位、注册专业等，应当向原注册管理机构办理变更注册。变更注册延续原有效期	
不予注册	不具备完全民事行为能力；刑事处罚尚未执行完毕或因从事工程监理或者相关业务受到刑事处罚，自刑事处罚执行完毕之日起至申请注册之日止不满2年；未达到监理工程师继续教育要求；在两个或者两个以上单位申请注册；以虚假的职称证书参加考试并取得资格证书；年龄超过65周岁；法律、法规规定不予注册的其他情形	
自动失效	聘用单位破产、被吊销营业执照、被吊销相应资质证书；已与聘用单位解除劳动关系；注册有效期满且未延续注册；年龄超过65周岁；死亡或丧失行为能力；其他导致注册失效的情形	
注销注册	不具备完全民事行为能力；申请注销注册；注册证书和执业印章已失效；依法被撤销注册；依法被吊销注册证书；受到刑事处罚；法律、法规规定应当注销注册的其他情形	

七、公司制监理企业的特征（熟悉）

我国公司制监理企业的特征	(1) 必须是依照《中华人民共和国公司法》的规定设立的社会经济组织
	(2) 必须是以盈利为目的的独立企业法人
	(3) 自负盈亏，独立承担民事责任
	(4) 是完整纳税的经济实体
	(5) 采用规范的成本会计和财务会计制度

我国监理公司的种类有两种，即监理有限责任公司和监理股份有限公司。

监理有限责任公司	监理股份有限公司
由 50 个以下的股东共同出资，股东以其所认缴的出资额对公司行为承担有限责任，公司以其全部资产对其债务承担责任的企业法人	全部资本由等额股份构成，并通过发行股票筹集资本，股东以其所认购股份对公司承担责任，公司以其全部资产对公司债务承担责任的企业法人。 设立监理股份有限公司可以采取发起设立或者募集设立方式。发起设立，是指由发起人认购公司应发行的全部股份而设立公司。募集设立，是指由发起人认购公司应发行股份的一部分，其余部分向社会公开募集而设立公司
(1) 公司不对外发行股票，股东的出资额由股东协商确定	(1) 公司资本总额分为金额相等的股份。股东以其所认购的股份对公司承担有限责任
(2) 股东交付股金后，公司出具股权证书，作为股东在公司中拥有的权益凭证，这种凭证不同于股票，不能自由流通，必须在其他股东同意的条件下才能转让，且要优先转让给公司原有股东	(2) 公司以其全部资产对公司债务承担责任。公司作为独立的法人，有自己独立的财产，公司在对外经营业务时，以其独立的财产承担公司债务
(3) 公司股东所负责任仅以其出资额为限，即把股东投入公司的财产与其个人的其他财产脱钩，公司破产或解散时，只以公司所有的资产偿还债务	(3) 公司可以公开向社会发行股票
(4) 公司具有法人地位	(4) 公司股东的数量有最低限制，应当有 5 个以上发起人，其中必须有过半数的发起人在中国境内有住所
(5) 在公司名称中必须注明有限责任公司字样	(5) 股东以其所持有的股份享受权利和承担义务
	(6) 在公司名称中必须标明股份有限公司字样
(6) 公司账目可以不公开，尤其是公司的资产负债表一般不公开	(7) 公司账目必须公开，便于股东全面掌握公司情况
(7) 公司股东可以作为雇员参与公司经营管理。通常公司管理者也是公司的所有者	(8) 公司管理实行两权分离。董事会接受股东大会委托，监督公司财产的保值增值，行使公司财产所有者职权；经理由董事会聘任，掌握公司经营权

八、中外合资经营监理企业与中外合作经营监理企业（了解）

区　别	中外合资经营监理企业	中外合作经营监理企业
概念	以中国的企业或其他经济组织为一方，以外国的公司、企业、其他经济组织或个人为另一方，在平等互利的基础上，根据中外合资经营企业法，签订合同、制定章程，经中国政府批准，在中国境内共同投资、共同经营、共同管理、共同分享利润、共同承担风险，主要从事工程监理业务的监理企业	中国的企业或其他经济组织同国外企业、其他经济组织或者个人，按照平等互利的原则和我国的法律规定，用合同约定双方的权利义务，在中国境内共同举办的、主要从事工程监理业务的经济实体
组织形式不同	组织形式为有限责任公司，具有法人资格	可以是法人型企业，也可以是不具有法人资格的合伙企业，法人型企业独立对外承担责任，合作企业由合作各方对外承担连带责任
组织机构不同	合营双方共同经营管理，实行单一的董事会领导下的总经理负责制	可以采取董事会负责制，也可以采取联合管理制，既可由双方组织联合管理机构管理，也可以由一方管理，还可以委托第三方管理

续表

区　别	中外合资经营监理企业	中外合作经营监理企业
出资方式不同	一般以货币形式计算各方的投资比例。在合营企业的注册资本中，外国合营者的投资比例一般不得低于25%	以合同规定投资或者提供合作条件，以非现金投资作为合作条件，可不以货币形式作价，不计算投资比例
分配利润和分担风险的依据不同	按各方注册资本比例分配利润和分担风险	按合同约定分配收益或产品和分担风险
回收投资的期限不同	合营期内不得减少其注册资本	允许外国合作者在合作期限内先行收回投资，合作期满时，企业的全部固定资产归中国合作者所有

九、我国工程监理企业管理体制和经营机制的改革（了解）

国有工程监理企业改制为有限责任公司的基本步骤（简记为："瞅纹身，骨戒指，脚蹬子"）：

1. 确定发起人并成立筹委会→2. 形成公司文件→3. 提出改制申请→4. 资产评估→5. 产权界定→6. 股权设置→7. 认缴出资额→8. 申请设立登记→9. 签发出资证明书

十、工程监理企业经营活动基本准则（掌握）

守法	（1）工程监理企业只能在核定的业务范围内开展经营活动
	（2）工程监理企业不得伪造、涂改、出租、出借、转让、出卖《资质等级证书》
	（3）建设工程监理合同一经双方签订，即具有法律约束力，工程监理企业应按照合同的约定认真履行，不得无故或故意违背自己的承诺
	（4）工程监理企业离开原住所地承接监理业务，要自觉遵守当地人民政府颁发的监理法规和有关规定，主动向监理工程所在地的省、自治区、直辖市建设行政主管部门备案登记，接受其指导和监督管理
	（5）遵守国家关于企业法人的其他法律、法规的规定
诚信	（1）建立健全合同管理制度
	（2）建立健全与业主的合作制度，及时进行信息沟通，增强相互间的信任感
	（3）建立健全监理服务需求调查制度，这也是企业进行有效竞争和防范经营风险的重要手段之一
	（4）建立企业内部信用管理责任制度，及时检查和评估企业信用的实施情况，不断提高企业信用管理水平
公正	（1）要具有良好的职业道德
	（2）要坚持实事求是
	（3）要熟悉有关建设工程合同条款
	（4）要提高专业技术能力
	（5）要提高综合分析判断问题的能力
科学	（1）科学的方案
	（2）科学的手段
	（3）科学的方法

十一、工程监理企业规章制度（了解）

监理企业规章制度一般包括：

1. 组织管理制度；
2. 人事管理制度；
3. 劳动合同管理制度；
4. 财务管理制度；
5. 经营管理制度；
6. 项目监理机构管理制度；
7. 设备管理制度；
8. 科技管理制度；
9. 档案文书管理制度。

有条件的监理企业，还要注重风险管理，实行监理责任保险制度，适当转移责任风险。

十二、市场开发（熟悉）

取得监理业务的基本方式	一是通过投标竞争取得监理业务；二是由业主直接委托取得监理业务	
	在不宜公开招标的机密工程或没有投标竞争对手的情况下，或者是工程规模比较小、比较单一的监理业务，或者是对原工程监理企业的续用等情况下，业主也可以直接委托工程监理企业	
工程监理企业投标书的核心	工程监理企业投标书的核心问题是反映所提供的管理服务水平高低的监理大纲，尤其是主要的监理对策	
工程监理费的构成	监理直接成本	监理企业履行委托监理合同时所发生的成本：1)监理人员和监理辅助人员的工资、奖金、津贴、补助、附加工资等；2)用于监理工作的常规检测工器具、计算机等办公设施的购置费和其他仪器、机械的租赁费；3)用于监理人员和辅助人员的其他专项开支；4)其他费用
	监理间接成本	全部业务经营开支及非工程监理的特定开支：1)管理人员、行政人员以及后勤人员的工资、奖金、补助和津贴；2)经营性业务开支；3)办公费；4)公用设施使用费；5)业务培训费、图书、资料购置费；6)附加费；7)其他费用
	税金	营业税、所得税、印花税等
	利润	工程监理企业的监理活动收入扣除直接成本、间接成本和各种税金之后的余额
监理费的计算方法	(1) 按建设工程投资的百分比计算法	这种方法比较简单，业主和工程监理企业均容易接受，也是国家制定监理取费标准的主要形式。采用这种方法的关键是确定计算监理费的基数
		新建、改建、扩建工程以及较大型的技术改造工程所编制的工程概(预)算就是初始计算监理费的基数。工程结算时，再按实际工程投资进行调整。作为计算监理费基数的工程概(预)算仅限于委托监理的工程部分
	(2) 工资加一定比例的其他费用计算法	是以项目监理机构监理人员的实际工资为基数乘上一个系数而计算出来的。这个系数包括了应有的间接成本和税金、利润等
		除了监理人员的工资外，其他各项直接费用等由业主另行支付。一般情况下，较少采用
	(3) 按时计算法	单位时间的监理服务费一般是以工程监理企业员工的基本工资为基础，加上一定的管理费和利润(税前利润)
		监理人员的差旅费、工作函电费、资料费以及试验和检验费、交通费等均由业主另行支付

续表

监理费的计算方法	(3) 按时计算法	适用于临时性、短期的监理业务，或者不宜按工程概（预）算的百分比等其他办法计算监理费的监理业务。其中单位时间监理费的标准比工程监理企业内部实际的标准要高得多
	(4) 固定价格计算法	是指在明确监理工作内容的基础上，业主与监理企业协商一致确定的固定监理费，或监理企业在投标中以固定价格报价并中标而形成的监理合同价格。工作量有所增减时，一般也不调整监理费
		适用于监理内容比较明确的中小型工程监理费的计算，业主和工程监理企业都不会承担较大的风险。如住宅工程的监理费，可以按单位建筑面积的监理费乘以建筑面积确定监理总价
工程监理企业在竞争承揽监理业务中应注意的事项	(1) 严格遵守国家的法律、法规及有关规定，遵守监理行业职业道德，不参与恶性压价竞争活动，严格履行委托监理合同	
	(2) 严格按照批准的经营范围承接监理业务，特殊情况下，承接经营范围以外的监理业务时，需向资质管理部门申请批准	
	(3) 承揽监理业务的总量要视本单位的力量而定，不得在与业主签订监理合同后，把监理业务转包给其他工程监理企业，或允许其他企业、个人以本监理企业的名义挂靠承揽监理业务	
	(4) 对于监理风险较大的建设工程，可以联合几家工程监理企业组成联合体共同承担监理业务，以分担风险	

答疑解析

1. 新设立的合伙监理企业能否申请综合资质或甲、乙、丙级专业资质？

答：申请监理综合资质或甲、乙、丙级专业资质的资质标准第一条均为"具有独立法人资格且注册资本不少于……"，而合伙监理企业是不具备法人资格的。

新设立的企业申请工程监理企业资质，应先取得《企业法人营业执照》或《合伙企业营业执照》，才能到建设行政主管部门办理资质申请手续。取得《企业法人营业执照》的企业，可申请综合资质或专业资质，但不得申请事务所资质；取得《合伙企业营业执照》的企业，只可申请事务所资质。

2. 综合资质标准中，"申请工程监理资质之日前一年内没有规定禁止的行为"，请问哪些行为属于禁止行为？

答：按《工程监理企业资质管理规定》，以下行为对工程监理企业为禁止行为：与建设单位串通投标或者与其他工程监理企业串通投标，以行贿手段谋取中标；与建设单位或者施工单位串通弄虚作假、降低工程质量；将不合格的建设工程、建筑材料、建筑构配件和设备按照合格签字；超越本企业资质等级或以其他企业名义承揽监理业务；允许其他单位或个人以本企业的名义承揽工程；将承揽的监理业务转包；在监理过程中实施商业贿赂；涂改、伪造、出借、转让《工程监理企业资质证书》；其他违反法律法规的行为。

3. 综合资质标准中，"申请工程监理资质之日前一年内没有因本企业监理责任发生三级以上工程建设重大安全事故或者发生两起以上四级工程建设安全事故"，请问，工程建设安全事故是如何划分级别的？

答：根据《生产安全事故报告和调查处理条例》规定：按生产安全事故造成的人员伤

亡或者直接经济损失，事故一般分为以下等级：

（1）特别重大事故，是指造成30人以上死亡，或者100人以上重伤（包括急性工业中毒，下同），或者1亿元以上直接经济损失的事故；

（2）重大事故，是指造成10人以上30人以下死亡，或者50人以上100人以下重伤，或者5000万元以上1亿元以下直接经济损失的事故；

（3）较大事故，是指造成3人以上10人以下死亡，或者10人以上50人以下重伤，或者1000万元以上5000万元以下直接经济损失的事故；

（4）一般事故，是指造成3人以下死亡，或者10人以下重伤，或者1000万元以下直接经济损失的事故。

4. 什么是"两权分离"？如何理解其对公司管理的意义？

答："两权分离"是"所有权和经营权分离"的简称。在所有权不变的条件下，生产资料所有者将经营权委托给他人使用。社会主义全民所有制企业由两权统一走向两权分离，即国家仍拥有企业中国有资产的所有权，企业则自主经营、自负盈亏、自我发展、自我约束，成为市场竞争的主体和独立法人。实行两权分离是社会主义市场经济条件下建立现代企业制度的前提。

"两权分离"理论始于1932年现代大公司的股票所有权与控制权相分离的理论。但在1983年遭到了致命打击：在股份公司中，股东对自己的财务资产拥有完全的所有权与管理权，他们通过股票的买卖来管理自己的资产，企业经理对自己的管理知识也拥有完全的所有权与支配权，他们通过高级劳务市场上的买卖来管理自己的知识资产，这里并没有所有权与经营权的分离。

而在纯粹市场经济中，只要有发达的股票市场，所有权与经营权不但不会"分离"，相反会加强所有权对经营权的控制。虽然股东对企业管理的发言权很少，甚至小股东对经理的任用根本没有影响力，但是股东可以通过自由买卖股票来控制自己的财产值。这种自由买卖股票可以压低或抬高股票的价格，对经理形成强大的间接控制压力。这种压力比股东直接管理企业时大得多。

所以，"两权分离"理论值得推敲。

5. 什么是"挂证"，这种行为合法吗？

答：把自己的执业资格证给需要的单位注册，单位给予一定的报酬，但本人并不在这个单位工作，俗称"挂证"。

我们国家实行执业资格证制度，符合某些学历、职称条件的人可以通过考试获取执业资格证。如注册会计师、注册建筑师、注册监理工程师等。与国际上通行的个人执业不同，我们国家实行单位注册，考取执业资格证必须注册到某一个单位，才能执业。例如注册建筑师必须注册到某个设计院或设计事务所。单位要想取得资质，必须有相当数量的注册人员。这样就导致有些考取了执业资格证的人员，不从事相应的工作，而只是把自己注册到有相应资质的单位。

按《注册监理工程师管理规定》，注册监理工程师在执业活动中有下列行为之一的，由县级以上地方人民政府建设主管部门给予警告，责令其改正，没有违法所得的，处以1万元以下罚款，有违法所得的，处以违法所得3倍以下且不超过3万元的罚款；造成损失的，依法承担赔偿责任；构成犯罪的，依法追究刑事责任：

(1) 以个人名义承接业务的；
(2) 涂改、倒卖、出租、出借或者以其他形式非法转让注册证书或者执业印章的；
……

6. 在不宜公开招标的机密工程或没有投标竞争对手的情况下，或者是工程规模比较小、比较单一的监理业务，或者是对原工程监理企业的续用等情况下，业主也可以直接委托工程监理企业。什么情况下，可以对原工程监理企业进行续用？

答：建设单位与监理单位签订委托监理合同，在合同执行过程中，因某种原因导致该建设工程中止执行，在该建设工程恢复施工后(由原施工单位或新的施工单位)，对其监理业务可不用再次进行招标，可直接续用原监理企业，其他情况一般均不属于对原工程监理企业进行续用。

7. 《建设工程监理与相关服务收费管理规定》发布后，教材上介绍的按建设工程投资的百分比计算法、按时计算法等监理费计算方法还适用吗？

答：两者不冲突。在《建设工程监理与相关服务收费管理规定》中，施工监理服务收费以建设项目工程概算投资额或建筑安装工程费分档定额计费方式收费即为按建设工程投资的百分比计算监理服务收费，其他阶段的相关服务收费一般按相关服务工作所需工日和《建设工程监理与相关服务人员人工日费用标准》收费即为按时计算法的体现，收费标准不包括的其他服务收费，国家有规定的从其规定；国家没有规定的由发包人与监理人协商确定，此时即可由双方选择按建设工程投资的百分比计算法、工资加一定比例的其他费用计算法、按时计算法、固定价格计算法等计算监理服务收费。

8. 监理考试中，已连续4年考查"国有工程监理企业改制为有限责任公司的基本步骤"相关内容，对这9个基本步骤的次序如何才能用简便的方式记牢呢？

答：根据近4年的考试真题判断，这部分内容几乎每年必考，所以我们总结了一句顺口溜，来帮助大家进行记忆，但这并不一定适合每一个人，也许你会有更好的记忆方式。

顺口溜为："瞅纹身，骨戒指，脚蹬子"。其含义如下表：

1.	瞅	筹	确定发起人并成立筹委会	4.	骨	估	资产评估	7.	脚	缴	认缴出资额
2.	纹	文	形成公司文件	5.	戒	界	产权界定	8.	蹬	登	申请设立登记
3.	身	申	提出改制申请	6.	指	置	股权设置	9.	子	资	签发出资证明书

例题解析

1. 监理工程师的执业特点主要表现在（　　）。
    A. 执业范围广泛　B. 执业道德崇高　C. 执业内容复杂　D. 执业技能全面
    E. 执业责任重大
答案：A、C、D、E
【解析】 监理工程师的执业特点：(1)执业范围广泛；(2)执业内容复杂；(3)执业技能全面；(4)执业责任重大

2. 我国按照（　　）等原则，在涉及国家、人民生命财产安全的专业技术工作领域，实行专业技术人员执业资格制度。
　　　A. 有利于国家经济发展　　　　　　B. 得到社会公认
　　　C. 具有国际先进性　　　　　　　　D. 具有国际可比性
　　　E. 事关社会公共利益
　　答案：A、B、D、E
【解析】　执业资格是政府按照有利于国家经济发展、得到社会公认、具有国际可比性、事关社会公共利益等四项原则，对某些责任较大、社会通用性强、关系公共利益的专业技术工作实行的市场准入控制，是专业技术人员依法独立开业或从事某种专业技术工作所必备的学识、技术和能力标准。

3. 国有工程监理企业改制为有限责任公司时，提出改制申请后需顺序完成的工作是（　　）。
　　　A. 资产评估、产权界定、股权设置　　B. 资产评估、股权设置、产权界定
　　　C. 股权设置、资产评估、产权界定　　D. 股权设置、产权界定、资产评估
　　答案：A
【解析】　国有工程监理企业改制为有限责任公司的基本步骤：1. 确定发起人并成立筹委会→2. 形成公司文件→3. 提出改制申请→4. 资产评估→5. 产权界定→6. 股权设置→7. 认缴出资额→8. 申请设立登记→9. 签发出资证明书。

4. 下列行为要求中，既属于监理工程师职业道德又属于监理工程师义务的是（　　）。
　　　A. 不收受被监理单位的任何礼金
　　　B. 保证执业活动成果的质量，并承担相应责任
　　　C. 不泄露与监理工程有关的需要保密的事项
　　　D. 坚持独立自主地开展工作
　　答案：C
【解析】　监理工程师的职业道德有：
（1）维护国家的荣誉和利益，按照"守法、诚信、公正、科学"的准则执业；
（2）执行有关工程建设的法律、法规、标准、规范、规程和制度，履行监理合同规定的义务和职责；
（3）努力学习专业技术和建设监理知识，不断提高业务能力和监理水平；
（4）不以个人名义承揽监理业务；
（5）不同时在两个或两个以上监理单位注册和从事监理活动，不在政府部门和施工、材料设备的生产供应等单位兼职；
（6）不为所监理项目指定承包商、建筑构配件、设备、材料生产厂家和施工方法；
（7）不收受被监理单位的任何礼金；
（8）不泄露所监理工程各方认为需要保密的事项；
（9）坚持独立自主地开展工作。
监理工程师应履行下列义务：
（1）遵守法律、法规和有关管理规定；
（2）履行管理职责，执行技术标准、规范和规程；

(3) 保证执业活动成果的质量，并承担相应责任；
(4) 接受继续教育，不断提高业务水平；
(5) 在本人执业活动所形成的工程监理文件上签字、加盖执业印章；
(6) 保守在执业中知悉的国家秘密和他人的商业、技术秘密；
(7) 不得涂改、倒卖、出租、出借或者以其他形式非法转让注册证书或者执业印章；
(8) 不得同时在两个或者两个以上单位受聘或者执业；
(9) 在规定的执业范围和聘用单位业务范围内从事执业活动；
(10) 协助注册管理机构完成相关工作。

5. 根据诚信的经营准则，工程监理企业应当建立健全的信用管理制度之一是( )制度。
  A. 人力资源管理　　　　　　　　B. 与委托方沟通管理
  C. 企业风险管理　　　　　　　　D. 企业人员继续教育
答案：B

【解析】 工程监理企业应当建立健全企业的信用管理制度。信用管理制度主要有：(1)建立健全合同管理制度；(2)建立健全与业主的合作制度，及时进行信息沟通，增强相互间的信任感；(3)建立健全监理服务需求调查制度，这也是企业进行有效竞争和防范经营风险的重要手段之一；(4)建立企业内部信用管理责任制度，及时检查和评估企业信用的实施情况，不断提高企业信用管理水平。

6. 在FIDIC道德准则中，"寻求与确认的发展原则相适应的解决办法"属于( )的内容。
  A. 对社会和职业的责任　　　　　B. 正直性
  C. 公正性　　　　　　　　　　　D. 对他人的公正
答案：A

【解析】 "对社会和职业的责任"具体体现在：(1)接受对社会的职业责任；(2)寻求与确认的发展原则相适应的解决办法；(3)在任何时候，维护职业的尊严、名誉和荣誉。

7. 企业信用是企业( )的集中体现。
  A. 经营理念、经营责任和经营效益　　B. 经营责任、经营效益和经营文化
  C. 经营理念、经营效益和经营文化　　D. 经营理念、经营责任和经营文化
答案：D

【解析】 企业信用是企业经营理念、经营责任和经营文化的集中体现。

8. 下列属于FIDIC道德准则的是( )。
  A. 服务性　　　B. 科学性　　　C. 独立性　　　D. 公正性
答案：D

【解析】 FIDIC通用道德准则分别对社会和职业的责任、能力、正直性、公正性、对他人的公正5个问题共14个方面规定了监理工程的道德行为准则。

9. 我国建设工程监理制度中，吸收了FIDIC合同条件的有关内容，对工程监理企业和监理工程师提出了( )的要求。
  A. 维护施工单位利益　　　　　　B. 代表政府监理
  C. 独立、公正　　　　　　　　　D. 承担法律责任

答案：C

【解析】 我国建设工程监理制度中，吸收了FIDIC合同条件中关于对工程监理企业和监理工程师的独立、公正性要求，以保证在维护建设单位利益的同时，不损害承建单位的合法权益。同时，强调对承建单位施工过程和施工工序的监督、检查和验收。

10. 下列关于工程监理股份有限公司的表述中，正确的是(　　)。
    A. 公司股东的数量没有限制
    B. 股东拥有的权益凭证是股权证书
    C. 公司管理实行两权分离
    D. 公司发起人不得认购公司的全部股份
    答案：C

【解析】 工程监理股份有限公司的特征包括：(1)公司资本总额分为金额相等的股份，股东以认购的股份承担有限责任；(2)公司以其全部资产对公司债务承担责任；(3)公司股东的数量最低要求有5个发起人，过半数的在中国境内有住所；(4)股东以其所持有的股份享受权利和承担义务；(5)在公司名称中必须注明股份有限公司字样；(6)公司账目必须公开；(7)公司管理实行两权分离：董事会行使财产所有者职权，经理由董事会聘任，行使公司经营权。股份有限公司可采取发起设立或者募集设立方式。发起设立指由发起人认购公司应发行的全部股份而设立公司；募集设立指由发起人认购公司应发行股份的一部分，其余部分由社会公开募集。股份有限公司股东拥有的权益凭证是股票，有限责任公司股东拥有的权益凭证是股权证书。

11. 工程监理企业应当按照"守法、诚信、公正、科学"的准则从事建设工程监理活动，守法应体现在(　　)。
    A. 在核定的业务范围内开展经营活动
    B. 认真全面履行委托监理合同
    C. 根据建设单位委托，客观、公正地执行监理任务
    D. 建立健全企业内部各项管理制度
    E. 不转让工程监理业务
    答案：A、B

【解析】
对于工程监理企业来说，守法即是要依法经营，主要体现在：
(1) 工程监理企业只能在核定的业务范围内开展经营活动。
工程监理企业的业务范围，是指填写在资质证书中、经工程监理资质管理部门审查确认的主项资质和增项资质。核定的业务范围包括两方面：一是监理业务的工程类别；二是承接监理工程的等级。
(2) 工程监理企业不得伪造、涂改、出租、出借、转让、出卖《资质等级证书》。
(3) 建设工程监理合同一经双方签订，即具有法律约束力，工程监理企业应按照合同的约定认真履行，不得无故或故意违背自己的承诺。
(4) 工程监理企业离开原住所地承接监理业务，要自觉遵守当地人民政府颁发的监理法规和有关规定，主动向监理工程所在地的省、自治区、直辖市建设行政主管部门备案登记，接受其指导和监督管理。

(5) 遵守国家关于企业法人的其他法律、法规的规定。

12. 下列费用中，属于监理直接成本的是（　　）。
    A. 管理人员工资、津贴等　　　　B. 监理辅助人员的工资、津贴等
    C. 承揽监理业务的有关费用　　　D. 业务培训费
    答案：B
    【解析】"监理辅助人员的工资、津贴等"属于监理直接成本，而"管理人员工资、津贴等，承揽监理业务的有关费用，业务培训费"属于间接成本。

13. 按时计算法是工程监理费的计算方法之一，这种方法主要适用于（　　）项目的监理业务。
    A. 改建、扩建　　B. 临时性、短期　　C. 中小型　　　D. 住宅小区
    答案：B
    【解析】"按时计算"确定监理费的方法，用于临时性的、短期的监理业务，或者不宜按工程概预算的百分比等其他方法计算监理费的监理业务。

📖 实战练习题

一、单项选择题

1. 在监理行业中，监理工程师应严格遵守"维护国家的荣誉和利益"的职业道德守则，按照（　　）的准则执业。
   A. 诚恳、诚信、公正、科学　　　B. 守法、诚信、公平、守纪
   C. 守法、诚信、公正、科学　　　D. 守纪、守法、公平、公正

2. 对于监理风险较大的监理项目，监理单位可以采用的分担风险的方式是（　　）。
   A. 将监理业务转让给其他监理单位　　B. 向保险公司投保
   C. 与业主组成监理联合体　　　　　　D. 与其他监理单位组成监理联合体

3. 根据《工程监理企业资质管理规定》，乙级工程监理企业可以监理（　　）。
   A. 相应专业工程类别二级以下（含二级）建设工程项目的工程监理业务
   B. 本地区、本部门经核定的工程类别中的二、三等工程
   C. 相应专业工程类别三级建设工程监理业务
   D. 本地区、本部门经核定的工程类别中的三等工程

4. 工程监理企业如果申请多项专业资质，则其主要选择的一项为主项资质，其余的为（　　）。
   A. 次项资质　　　B. 增项资质　　　C. 附加资质　　　D. 辅项资质

5. 以下不属于监理工程师的职业道德守则所要求的内容是（　　）。
   A. 不以个人名义承揽监理业务
   B. 不收受被监理单位的任何礼金
   C. 坚持公正的立场，公平地处理有关各方面的争议
   D. 坚持独立自主地开展工作

6. 在中外合营企业的注册资本中，外国合营者的投资比例一般不得低于（　　）。
   A. 10%　　　　　B. 20%　　　　　C. 25%　　　　　D. 30%

41

7. 关于监理有限责任公司的特征,下列说法错误的是( )。
    A. 公司账目必须公开,便于股东全面掌握
    B. 公司具有法人地位
    C. 在公司名称中必须注明有限责任公司字样
    D. 公司股东可以作为雇员参与公司经营管理
8. 如果监理工程师出现工作过失,违反了合同约定,由( )向建设单位承担违约责任。
    A. 监理企业   B. 监理工程师
    C. 总监理工程师   D. 监理企业和监理工程师共同
9. 具有甲级资质的工程监理企业,注册监理工程师、注册造价工程师、一级注册建造师等累计不得少于( )人。
    A. 25   B. 15   C. 35   D. 20
10. 在被要求对其他的咨询工程师的工作情况进行审查时,要以( )。
    A. 适当的道德行为准则进行   B. 适当的职业行为和礼节进行
    C. 适当的行为规范和礼貌进行   D. 适当的道德规范和礼节进行
11. 根据我国现阶段管理体制,我国工程监理企业的资质管理确定的原则是( ),按中央和地方两个层次进行管理。
    A. 分级管理,统分结合   B. 科学指导,符合国情
    C. 分级管理,走向国际   D. 科学指导,统分结合
12. 《建设工程质量管理条例》中规定,监理工程师因过错造成重大质量事故的,( )。
    A. 责令停止执业1年   B. 吊销执业资格证书,3年内不予注册
    C. 吊销执业资格证书,5年内不予注册   D. 吊销执业资格证书,终身不予注册
13. 不属于我国公司制监理企业特征的是( )。
    A. 必须是依照《中华人民共和国公司法》的规定设立的社会经济组织
    B. 必须是非营利性的独立企业法人
    C. 自负盈亏,独立承担民事责任
    D. 是完整纳税的经济实体
14. 监理工程师应具备的良好品德体现在( )。
    A. 实践经验   B. 健康体魄   C. 为人正直   D. 职业尊严
15. 技术参与要素分配可采取技术入股法,先作技术评估、定价折股,进入企业股本,其最多可占企业总股本的( )。
    A. 35%   B. 30%   C. 25%   D. 20%
16. 监理工程师延续注册的有效期为( )年,从准予延续注册之日起计算。
    A. 1   B. 2   C. 3   D. 4
17. 工程监理企业的注册监理工程师具有8年以上从事工程建设工作的经历,且注册资金不少于50万元,是我国对( )级监理单位的资质要求。
    A. 甲   B. 乙   C. 丙   D. 丁
18. 对不同等级工程监理企业技术负责人的共同要求是( )。
    A. 取得监理工程师注册证书

B. 取得监理工程师资格证书
C. 具有10年以上从事工程监理工作的经历
D. 具有10年以上从事工程建设工作的经历

19. FIDIC规定了工程师的道德行为准则,其中加强"按照能力进行选择"的观念,是指( )。
    A. 对社会和职业的责任　　　　　B. 正直性
    C. 对他人的公正　　　　　　　　D. 公正性

20. 下列选项中,属于监理工程师应享有的权利之一是( )。
    A. 维护国家的荣誉和利益　　　　B. 在执业中保守委托单位申明的商业秘密
    C. 使用监理工程师名称　　　　　D. 坚持独立自主地开展工作

21. "能够听取不同方面的意见,冷静分析问题"体现了监理工程师应具有( )的素质。
    A. 较高的专业学历　　　　　　　B. 丰富的实践经验
    C. 良好的品德　　　　　　　　　D. 健康的身体素质

22. "努力学习专业技术和建设监理知识,不断提高业务能力和监理水平"是监理工程师应该严格遵守的( )之一。
    A. 执业准则　　B. 行为准则　　C. 法律准则　　D. 职业道德守则

23. 加强对员工的职业道德教育属于监理企业( )的内容。
    A. 经营管理制度　　　　　　　　B. 劳动合同制度
    C. 人事管理制度　　　　　　　　D. 组织管理制度

24. 采用( )的关键是确定计算监理费的基数。
    A. 按时计算法　　　　　　　　　B. 固定价格计算法
    C. 工资加一定比例的其他费用计算法　　D. 按建设工程投资的百分比计算法

25. 我国的监理工程师执业特点表述错误的是( )。
    A. 执业内容复杂　　　　　　　　B. 执业责任重大
    C. 执业范围单一　　　　　　　　D. 执业技能全面

26. 按照我国法律的规定,监理单位甲级资质的注册资金最低限额为人民币( )万元。
    A. 200　　　　B. 300　　　　C. 400　　　　D. 500

27. 监理单位为招揽监理业务而发生的广告费、宣传费等属于工程监理的( )。
    A. 直接成本　　B. 间接成本　　C. 管理费用　　D. 额外支出

28. 工程监理企业只能在核定的业务范围内开展经营活动,这是对其经营活动基本准则( )的要求。
    A. 科学　　　　B. 守法　　　　C. 公正　　　　D. 诚信

29. 监理工程师应严格遵守的职业道德守则是( )。
    A. 热爱本职工作　　　　　　　　B. 保证执业活动成果的质量
    C. 坚持独立自主地开展工作　　　D. 为监理项目指定合理的施工方法

30. 国有工程监理企业的改制过程中,介于提出改制申请与产权界定之间的工作是( )。

A. 资产评估　　　　B. 股权设置　　　　C. 认缴出资额　　　　D. 制定公司章程

31. 国有工程监理企业改制为有限责任公司的基本步骤中，产权界定的前一项工作是（　　）。

A. 股权配置　　　　B. 资产评估　　　　C. 认缴出资额　　　　D. 提出改制申请

32. FIDIC对其会员提出了5个方面的基本道德行为准则，其中的公正性要求为（　　）。

A. 接受对社会的职业责任

B. 在任何时候均为委托人的合法权益行使其职责

C. 不接受可能导致判断不公的报酬

D. 不得故意或无意地作出损害他人名誉或事务的事情

33. 咨询工程师在任何时候，都应当维护职业尊严，这是FIDIC道德准则中（　　）方面的要求。

A. 对社会和职业的责任　　　　B. 能力

C. 正直性　　　　C. 公正性

34. 合理设置企业内部机构职能、建立严格的岗位责任制度，属于监理企业规章制度中（　　）管理制度的内容。

A. 人事　　　　B. 劳动合同　　　　C. 组织　　　　D. 项目监理机构

二、多项选择题

1. 事务所资质的工程监理企业的资质标准有（　　）。

A. 取得合伙企业营业执照，具有书面合作协议书

B. 合伙人中有3名以上注册监理工程师，合伙人均有10年以上从事建设工程监理的工作经历

C. 有固定的工作场所

D. 有必要的质量管理体系和规章制度

E. 有必要的工程试验检测设备

2. 监理工程师所具有的法律地位决定了监理工程师在执业中一般应享有的权利和应履行的义务，这些权利主要包括（　　）。

A. 使用监理工程师名称

B. 依法自主执行业务

C. 接受职业继续教育，不断提高业务水平

D. 存执业中保守委托单位申明的商业秘密

E. 依法签署工程监理及相关文件并加盖执业印章

3. 申请监理工程师执业资格注册的人员出现下列（　　）情形之一的，不能获得注册。

A. 不具备完全民事行为能力

B. 年龄55周岁及以上

C. 注册于两个及两个以上单位

D. 在申报注册过程中有弄虚作假行为

E. 受到刑事处罚，自刑事处罚执行完毕之日起至申请注册之日不满3年

4. FIDIC于1991年在慕尼黑召开的全体成员大会上，讨论批准了FIDIC通用道德准则。该准则分别从（　　）问题规定了工程师的道德行为准则。

A. 对社会和职业的责任　　　　B. 能力
C. 公平性　　　　　　　　　　D. 正直性
E. 对他人的公正

5. 根据《工程监理企业资质管理规定》，甲级工程监理企业的技术负责人应当(　　)。
   A. 具有10年以上从事工程建设工作的经历
   B. 具有15年以上从事工程建设工作的经历
   C. 具有高级技术职称
   D. 为注册监理工程师
   E. 取得监理工程师资格证书

6. 工程监理应当遵循科学化的管理准则，其主要体现在(　　)。
   A. 科学的方案　　　　　　　　B. 科学的方法
   C. 科学的分析　　　　　　　　D. 科学的手段
   E. 科学的应用

7. 在FIDIC道德准则中，(　　)属于"对他人的公正"。
   A. 在提供职业咨询、评审或决策时不偏不倚
   B. 加强"按照能力进行选择"的观念
   C. 不得故意或无意地作出损害他人名誉的事情
   D. 在被要求对其他咨询工程师工作进行审查的情况下，要以适当的职业行为和礼节进行
   E. 不接受可能导致判断不公的报酬

8. 以下费用中，属于监理直接成本的有(　　)。
   A. 监理人员工资、奖金、津贴、补助、附加工资
   B. 监理辅助人员的工资、奖金、津贴、补助、附加工资
   C. 用于监理工作的常规检测工器具、计算机等办公设施的购置费和其他仪器、机械的租赁费
   D. 业务培训费
   E. 为招揽监理业务而发生的广告费、宣传费、有关合同的公证费

9. 下列内容中，监理工程师应严格遵守的职业道德包括(　　)。
   A. 不同时在两个或两个以上监理单位注册或从事监理活动
   B. 坚持独立自主地开展工作
   C. 不出借《监理工程师执业资格证书》
   D. 不泄露所监理工程各方认为需要保密的事项
   E. 通知建设单位在监理工作过程中可能发生的任何潜在的利益冲突

10. 监理有限责任公司的特征包括(　　)。
    A. 股东的权益凭证要优先转让给公司原有股东
    B. 由2人以上50人以下的股东共同出资
    C. 通常公司管理者也是公司的所有者
    D. 可向社会公开募集股份
    E. 公司账目可以不公开

11. 下列内容中，属于监理股份有限公司特点的是( )。
    A. 应当有5个以上发起人　　　　　B. 公司的管理者通常是公司的所有者
    C. 公司管理实行两权分离　　　　　D. 公司账目必须公开
    E. 公司账目可以不公开
12. 工程监理股份有限公司的特征包括( )。
    A. 有5个以上的发起人　　　　　　B. 股票要优先转让给公司原有股东
    C. 公司管理实行两权分离　　　　　D. 公司账目必须公开
    E. 公司一定要公开向社会发行股票
13. 关于监理有限责任公司的特征，说法正确的是( )。
    A. 公司账目必须公开，便于股东全面掌握
    B. 公司具有法人地位
    C. 公司资本总额分为金额相等的股份
    D. 公司不对外发行股票，股东的出资额由股东协商确定
    E. 在公司名称中必须注明有限责任公司字样
14. 下列属于监理间接成本的有( )。
    A. 为招揽监理业务而发生的广告费
    B. 监理辅助人员的工资
    C. 监理人员的附加工资、补助
    D. 用于监理工作的计算机、常规检测工具
    E. 业务培训费，图书、资料费
15. 监理费的计算方法主要有( )。
    A. 固定价格计算法
    B. 按时计算法
    C. 工资加一定比例的其他费用计算法
    D. 基本工资加奖金计算法
    E. 按建设工程投资的百分比计算法
16. 监理工程师要有良好的品德，主要表现在( )。
    A. 热爱本职工作
    B. 具有科学的工作态度
    C. 具有廉洁奉公、为人正直、办事公道的高尚情操
    D. 能听取不同意见，而且有良好冷静分析问题的能力
    E. 能够独立地开展工作
17. 如果监理工程师出现以下( )行为的，则应当与质量、安全事故责任主体承担连带责任。
    A. 违章指挥或者发出错误指令，引发安全事故
    B. 将不合格的建设工程、建筑材料、建筑构配件和设备按照合格签字，造成工程质量事故，由此引发安全事故
    C. 与建设单位或施工企业串通，弄虚作假降低工程质量，从而引发安全事故
    D. 对应当监督检查的项目不检查或者不按照规定检查，给建设单位造成损失

E. 出借监理工程师执业资格证书、监理工程师注册证书和执业印章

18. 在FIDIC道德准则中,监理工程师对社会和职业的责任是( )。
    A. 接受对社会的职业责任
    B. 寻找与确认的发展原则相适应的解决办法
    C. 加强"按照能力进行选择"的观念
    D. 在任何时候都要维护职业的尊严、名誉和荣誉
    E. 维护本单位的利益

19. 中外合资经营监理企业与中外合作经营监理企业的区别主要有( )。
    A. 组织结构   B. 回收投资的地点
    C. 出资方式   D. 组织形式
    E. 组织机构

20. 我国的工程监理企业有可能存在的企业组织形式有( )。
    A. 公司制监理企业   B. 中外合资经营监理企业
    C. 外商独资监理企业   D. 合伙监理企业
    E. 中外合作经营监理企业

21. 工程监理企业应当按照( )等资质条件申请资质。
    A. 监理人员数量   B. 注册资本
    C. 监理水平   D. 监理业绩
    E. 专业技术人员数量

22. 建设工程监理费用由( )构成。
    A. 监理直接成本   B. 监理直接费
    C. 监理间接成本   D. 税金和利润
    E. 监理间接费

23. 综合资质的工程监理企业应当具备的资质标准包括( )。
    A. 注册监理工程师不少于60人,注册造价工程师不少于5人
    B. 企业具有完善的组织结构和质量管理体系,有健全的技术、档案等管理制度
    C. 企业具有必要的工程试验检测和测量放样等仪器设备
    D. 具有独立法人资格且注册资本不少于600万元
    E. 具有10个以上工程类别的专业甲级工程监理资质

24. FIDIC道德准则,从( )等方面规定了监理工程师在"公正性"方面的行为准则。
    A. 不接受可能导致判断不公的报酬
    B. 寻求与确认的发展原则相适应的解决办法
    C. 在提供职业咨询、评审或决策时不偏不倚
    D. 通知委托人在行使其委托权可能引起的任何潜在的利益冲突
    E. 不得故意或无意地做出损害他人名誉的事情

25. 依据国家相关法律法规的规定,下列情形中,监理工程师应当承担连带责任的有( )。
    A. 对应当监督检查的项目不检查或不按照规定检查,给建设单位造成损失的
    B. 与施工企业串通,弄虚作假、降低工程质量,从而导致安全事故的

C. 将不合格的建筑材料按照合格签字，造成工程质量事故，由此引发安全事故的
D. 未按照工程监理规范的要求实施监理的
E. 转包或违法分包所承揽的监理业务的

实战练习题答案

一、单项选择题

1. C； 2. D； 3. A； 4. B； 5. C； 6. C； 7. A； 8. A； 9. A； 10. B；
11. A； 12. C； 13. B； 14. C； 15. A； 16. C； 17. C； 18. A； 19. C； 20. C；
21. C； 22. D； 23. C； 24. D； 25. C； 26. B； 27. B； 28. B； 29. C； 30. A；
31. B； 32. C； 33. A； 34. C

二、多项选择题

1. A、C、D、E； 2. A、B、E；   3. A、C、D；   4. A、B、D、E
5. B、D；   6. A、B、D；   7. B、C、D；   8. A、B、C；
9. A、B、D；   10. A、C、E；   11. A、C、D；   12. A、C、D；
13. B、D、E；   14. A、E；   15. A、B、C、E； 16. A、B、C、D；
17. A、B、C；   18. A、B、D；   19. C、D、E；   20. A、B、D、E；
21. B、D、E；   22. A、C、D；   23. A、B、C、D； 24. A、C、D；
25. B、C

第三章 建设工程目标控制

📖 考纲分解

一、控制流程及其基本环节（熟悉）

（一）控制流程，见下图所示。

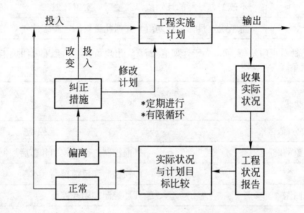

按照动态控制原理，建设工程的目标控制是一个有限循环过程。

控制表现为周期性的循环过程。通常，投资控制、进度控制和常规质量控制问题的控制周期按周或月计，而严重的工程质量问题和事故则需要及时加以控制。

目标控制也可能包含着对已采取的目标控制措施的调整或控制。

（二）控制流程的基本环节

投入	控制流程的每一循环始于投入。要使计划能够正常实施并达到预定的目标，就应当保证将质量、数量符合计划要求的资源按规定时间和地点投入到建设工程实施过程中去
转换	所谓转换，是指由投入到产出的转换过程，通常表现为劳动力运用劳动资料（如施工机具）将劳动对象（如建筑材料、工程设备等）转变为预定的产出品，最终输出完整的建设工程
	监理工程师应当跟踪了解工程进展情况，掌握第一手资料，为分析偏差原因、确定纠偏措施提供依据；对于可以及时解决的问题，应及时采取纠偏措施
反馈	控制部门和控制人员需要全面、及时、准确地了解计划的执行情况及其结果，而这就需要通过反馈信息来实现
	控制部门和人员需要什么信息，取决于监理工作的需要以及工程的具体情况。为了使整个控制过程流畅地进行，需要设计信息反馈系统，预先确定反馈信息的内容、形式、来源、传递等，使每个控制部门和人员都能及时获得他们所需要的信息

续表

对比	(1) 明确目标实际值与计划值的内涵	从目标形成的时间来看，在前者为计划值，在后者为实际值
	(2) 合理选择比较的对象	在实际工作中，最为常见的是相邻两种目标值之间的比较
	(3) 建立目标实际值与计划值之间的对应关系	建设工程的各项目标都要进行适当的分解，目标的计划值分解较粗，目标的实际值分解较细
		要求目标的分解深度、细度可以不同，但分解的原则、方法必须相同，从而可以在较粗的层次上进行目标实际值与计划值的比较
	(4) 确定衡量目标偏离的标准	
纠正	轻度偏离	直接纠偏：不改变原定目标的计划值，基本不改变原定的实施计划，在下一个控制周期内，使目标的实际值控制在计划值范围内
	中度偏离	不改变总目标的计划值，调整后期实施计划
	重度偏离	重新确定目标的计划值，并据此重新制定实施计划
	纠偏一般是针对正偏差(实际值大于计划值)而言。出现负偏差不会采取纠偏措施，但是要仔细分析其原因，排除假象	

二、控制类型（掌握）

划分依据	控制类型
控制措施作用于控制对象的时间	事前控制、事中控制和事后控制
控制信息的来源	前馈控制和反馈控制
控制过程是否形成闭合回路	开环控制和闭环控制
控制措施制定的出发点	主动控制和被动控制

控制类型的划分是人为的（主观的），而控制措施本身是客观的。

主动控制	被动控制
在预先分析各种风险因素及其导致目标偏离的可能性和程度的基础上，拟订和采取有针对性的预防措施，从而减少乃至避免目标偏离	从计划的实际输出中发现偏差，通过对产生偏差原因的分析，研究制定纠偏措施，以使偏差得以纠正，工程实施恢复到原来的计划状态，或虽然不能恢复到计划状态但可以减少偏差的严重程度
是一种事前控制	是一种事中控制和事后控制
是一种前馈控制	是一种反馈控制
通常是一种开环控制	是一种闭环控制
是一种面对未来的控制	是一种面对现实的控制

主动控制与被动控制的关系：
实施过程中，如果仅仅采取被动控制措施，出现偏差是不可避免的；另一方面，主动控制的效果虽然比被动控制好，但仅仅采取主动控制措施却是不现实的，或者说是不可能的。
在某些情况下，被动控制倒可能是较佳的选择。
应将主动控制与被动控制紧密结合起来，并力求加大主动控制在控制过程中的比例，尤其要重视那些基本上不需要耗费资金和时间的主动控制措施。
要做到主动控制与被动控制相结合，关键在于处理好以下两方面问题：一是要扩大信息来源；二是要把握好输入这个环节

三、目标控制的前提工作（熟悉）

目标规划和计划	目标规划和计划越明确、越具体、越全面，目标控制的效果就越好	
	1. 目标规划和计划与目标控制的关系	目标规划需要反复进行多次。这表明，目标规划和计划与目标控制的动态性相一致。建设工程的实施要根据目标规划和计划进行控制，力求使之符合目标规划和计划的要求
		目标规划和计划与目标控制之间表现出一种交替出现的循环关系，但这种循环不是简单的重复，而是在新的基础上不断进行的循环，每一次循环都有新的内容，新的发展
	2. 目标控制的效果在很大程度上取决于目标规划和计划的质量	目标控制的效果直接取决于：(1) 目标控制的措施是否得力；(2) 是否将主动控制与被动控制有机地结合起来；(3) 采取控制措施的时间是否及时等。但是，目标控制的效果虽然是客观的，而人们对目标控制效果的评价却是主观的
		为了提高并客观评价目标控制的效果，需要提高目标规划和计划的质量，为此，必须做好以下两方面工作：一是合理确定并分解目标；二是制定可行且优化的计划
		确保计划可行的基础上，还应根据一定的方法和原则力求使计划优化。只是相对意义上最优的计划，不可能是绝对意义上最优的计划
		计划制定得越明确、越完善，目标控制的效果就越好
目标控制的组织	建设工程目标控制的所有活动以及计划的实施都是由目标控制人员来实现的。目标控制的组织机构和任务分工越明确、越完善，目标控制的效果就越好	
	为了有效地进行目标控制，需要做好以下几方面的组织工作：(1) 设置目标控制机构；(2) 配备合适的目标控制人员；(3) 落实目标控制机构和人员的任务和职能分工；(4) 合理组织目标控制的工作流程和信息流程	

四、建设工程三大目标之间的关系（掌握）

两两之间存在既对立又统一的关系	对立	功能和质量要求较高→投入较好较多、时间较长	不能奢望投资、进度、质量三大目标同时达到"最优"。在确定建设工程目标时，必须将三大目标作为一个系统统筹考虑，反复协调和平衡，力求实现整个目标系统最优
		缩短工期→施工效率下降，单位产品费用上升，总投资增加，可能对质量不利	
		降低投资→降低功能和质量要求；按费用最低的原则进度计划，工期相对较长。此时的工期应为合理工期，只是相对于加快进度情况下的工期而言，显得工期较长	
	统一	经济角度可行：缩短工期要增加投资，但提早发挥投资效益；提早发挥投资效益＞增加投资	在确定建设工程目标时，应当对三大目标之间的统一关系进行客观的且尽可能定量的分析。注意问题：(1) 掌握客观规律，充分考虑制约因素。(2) 对未来的、可能的收益不宜过于乐观。(3) 将目标规划和计划结合起来
		全寿命费用角度节约投资：提高功能和质量要求要增加投资，但降低运行费用和维修费用	
		质量控制角度：严格的质量控制保证功能和质量要求，减少返工费用、维修费用；同时起到保证进度的作用	

五、建设工程目标的确定（熟悉）

建设工程目标确定的依据	在施工图设计完成之后，目标规划的依据比较充分，目标规划的结果也比较准确和可靠。但是，对于施工图设计完成以前的各个阶段来说，建设工程数据库具有十分重要的作用，应予以足够的重视	
	建立建设工程数据库，至少要做好	（1）按照一定的标准对建设工程进行分类。通常按使用功能分类较为直观，也易于为人接受和记忆
		（2）对各类建设工程所可能采用的结构体系进行统一分类
		（3）数据既要有一定的综合性又要能足以反映建设工程的基本情况和特征。工程内容最好能分解到分部工程，有些内容可能分解到单位工程已能满足需要。投资总额和总工期也应分解到单位工程或分部工程
	建设工程数据库对建设工程目标确定的作用，在很大程度上取决于数据库中与拟建工程相似的同类工程的数量。在确定数据库的结构之后，数据的积累、分析就成为主要任务，也可能在应用过程中对已确定的数据库结构和内容还要作适当的调整、修正和补充	
建设工程数据库的应用	大致明确该工程的基本技术要求→检索并选择尽可能相近的建设工程（可能有多个）→作为确定该拟建工程目标的参考对象。 应用建设工程数据库时，往往要对其中的数据进行适当的综合处理，必要时可将不同类型工程的不同分部工程加以组合。 同时，要认真分析拟建工程的特点，找出拟建工程与已建类似工程之间的差异，并定量分析这些差异对拟建工程目标的影响，从而确定拟建工程的各项目标。 对建设工程数据库中的有些数据不能直接应用，而必须考虑时间因素和外部条件的变化，采取适当的方式加以调整。 建设工程数据库中的数据表面上是静止的，实际上是动态的（不断得到充实）；表面上是孤立的，实际上内部有着非常密切的联系。因此，建设工程数据库的应用并不是一项简单的复制工作	

六、建设工程目标的分解（了解）

目标分解的原则	（1）能分能合	自上而下逐层分解，自下而上逐层综合
	（2）按工程部位分解，而不按工种分解	
	（3）区别对待，有粗有细	
	（4）有可靠的数据来源	目标分解的结果是形成不同层次的分目标，这些分目标就成为各级目标控制组织机构和人员进行目标控制的依据。目标分解所达到的深度应当以能够取得可靠的数据为原则，并非越深越好
	（5）目标分解结构与组织分解结构相对应	一般而言，目标分解结构较细、层次较多，而组织分解结构较粗、层次较少，目标分解结构在较粗的层次上应当与组织分解结构一致
目标分解的方式	按工程内容分解是建设工程目标分解最基本的方式。一般来说，分解到单项工程和单位工程是比较容易办到的，其结果也是比较合理和可靠的。至于是否分解到分部工程和分项工程，一方面取决于工程进度所处的阶段、资料的详细程度、设计所达到的深度等，另一方面还取决于目标控制工作的需要。 建设工程的投资目标还可以按总投资构成内容和资金使用时间（即进度）分解	

七、建设工程投资、进度、质量控制的含义（掌握）

	投 资	进 度	质 量
目标	通过有效的投资控制工具和具体的投资控制措施，在满足进度和质量要求的前提下，力求使工程实际投资不超过计划投资	通过有效的进度控制工作和具体的进度控制措施，在满足投资和质量要求的前提下，力求使工程实际工期不超过计划工期	通过有效的质量控制工作和具体的质量控制措施，在满足投资和进度要求的前提下，实现工程预定的质量目标
	（1）在投资目标分解的各个层次上，实际投资均不超过计划投资。 （2）在投资目标分解的较低层次上，实际投资在有些情况下超过计划投资，在大多数情况下不超过计划投资，因而在投资目标分解的较高层次上，实际投资不超过计划投资。 （3）实际总投资未超过计划总投资，在投资目标分解的各个层次上，都出现实际投资超过计划投资的情况，但在大多数情况下实际投资未超过计划投资	进度控制的目标能否实现，主要取决于处在关键路线上的工程内容能否按预定的时间完成。同时要不发生非关键线路上的工作延误而成为关键线路的情况。 局部工期延误的严重程度与其对进度目标的影响程度之间并无直接的联系，更不存在某种等值或等比例的关系	同类建设工程的质量目标具有共性。 建设工程的质量目标都具有个性。 对于合同约定的质量目标，必须保证其不得低于国家强制性质量标准的要求
系统控制	系统控制的思想就是要实现目标规划与目标控制之间的统一，实现三大目标控制的统一		
	（1）限额设计。 （2）删减工程内容或降低设计标准	相对于投资控制和质量控制而言，进度控制措施可能对其他两个目标产生直接的有利作用	（1）避免不断提高质量目标的倾向。 （2）确保基本质量目标的实现。 （3）尽可能发挥质量控制对投资目标和进度目标的积极作用
全过程控制	主要集中在前3个阶段		建设工程的每个阶段都对工程质量的形成起着重要的作用，但各阶段关于质量问题的侧重点不同
	特别强调早期控制的重要性，越早控制效果越好，节约投资的可能性越大	（1）在工程建设的早期就应当编制进度计划。"远粗近细"。越早进行控制，进度控制效果越好。 （2）在编制进度计划时要充分考虑各阶段工作之间的合理搭接。 （3）抓好关键路线的进度控制	应根据建设工程各阶段质量控制的特点和重点，确定各阶段质量控制的目标和任务，以便实现全过程质量控制在建设工程的各个阶段中，设计阶段和施工阶段的持续时间较长，这两个阶段工作的"过程性"也尤为突出。
	建设工程的实施过程，一方面表现为实物形成过程；另一方面表现为价值形成过程。从投资控制的角度来看，较为关心的是后一种过程。 建设工程的实际投资主要发生在施工阶段，但节约投资的可能性却主要在施工以前的阶段，尤其是在设计阶段。节约投资的可能性是以进行有效的投资控制为前提		
全方位控制	一是对按工程内容分解的各项投资进行控制；二是对按总投资构成内容分解的各项费用进行控制。通常主要指第二种含义	（1）对整个建设工程所有工程内容的进度都要进行控制。 （2）对整个建设工程所有工作内容的进度都要进行控制。 （3）对影响进度的各种因素都要进行控制。 （4）注意各方面工作进度对施工进度的影响	（1）对建设工程所有工程内容的质量进行控制。 （2）对建设工程质量目标的所有内容进行控制。 （3）对影响建设工程质量目标的所有因素进行控制
	注意问题：一是要认真分析建设工程及其投资构成的特点，了解各项费用的变化趋势和影响因素。二是要抓主要矛盾、有所侧重。三是要根据各项费用的特点选择适当的控制方式		

续表

	投 资	进 度	质 量
特殊问题		在建设工程三大目标控制中，组织协调对进度控制的作用最为突出且最为直接，有时甚至能取得常规控制措施难以达到的效果	三重控制：(1)实施者自身的质量控制，这是从产品生产者角度进行的质量控制；(2)政府对工程质量的监督，这是从社会公众角度进行的质量控制；(3)监理单位的质量控制，这是从业主角度或者说从产品需求者角度进行的质量控制
			在实施建设监理的工程上，减少一般性工程质量事故，杜绝工程质量重大事故，应当说是最基本的要求

八、建设工程设计和施工阶段的特点（了解）

设 计 阶 段		施 工 阶 段
1. 设计工作表现为创造性的脑力劳动		1. 施工阶段是以执行计划为主的阶段
2. 设计阶段是决定建设工程价值和使用价值的主要阶段		2. 施工阶段是实现建设工程价值和使用价值的主要阶段
3. 设计阶段是影响建设工程投资的关键阶段		3. 施工阶段是资金投入量最大的阶段
4. 设计工作需要反复协调	(1)需要在同一设计阶段各专业设计之间进行反复协调。 (2)在不同设计阶段之间进行纵向的反复协调（同一专业，不同专业）。 (3)建设工程的设计还需要与外部环境因素进行反复协调（与业主需求和政府有关部门审批工作）	4. 施工阶段需要协调的内容多
5. 设计质量对建设工程总体质量有决定性影响		5. 施工质量对建设工程总体质量起保证作用
		其他特点：(1)持续时间长、风险因素多；(2)合同关系复杂、合同争议多

九、建设工程目标控制的任务（熟悉）

施工招标阶段	1. 协助业主编制施工招标文件
	2. 协助业主编制标底
	3. 做好投标资格预审工作
	4. 组织开标、评标、定标工作

续表

		设 计 阶 段	施 工 阶 段
投资控制	主要工作	对建设工程总投资进行论证，确认其可行性；组织设计方案竞赛或设计招标，协助业主确定对投资控制有利的设计方案；伴随着设计各阶段的成果输出制定建设工程投资目标划分系统，为本阶段和后续阶段投资控制提供依据；在保障设计质量的前提下，协助设计单位开展限额设计工作；编制本阶段资金使用计划，并进行付款控制；审查工程概算、预算，在保障建设工程具有安全可靠性、适用性基础上，概算不超估算，预算不超概算；进行设计挖潜，节约投资；对设计进行技术经济分析、比较、论证，寻求一次性投资少而全寿命经济性好的设计方案等	制定本阶段资金使用计划，并严格进行付款控制，做到不多付、不少付、不重复付；严格控制工程变更，力求减少变更费用；研究确定预防费用索赔的措施，以避免、减少对方的索赔数额；及时处理费用索赔，并协助业主进行反索赔；根据有关合同的要求，协助做好应由业主方完成的与工程进展密切相关的各项工作，如按期提交合格施工现场，按质、按量、按期提供材料和设备等工作；做好工程计量工作；审核施工单位提交的工程结算书等
进度控制	主要工作	对建设工程进度总目标进行论证，确认其可行性；根据方案设计、初步设计和施工图设计制定建设工程总进度计划、建设工程总控制性进度计划和本阶段实施性进度计划，为本阶段和后续阶段进度控制提供依据；审查设计单位设计进度计划，并监督执行；编制业主方材料和设备供应进度计划，并实施控制；编制本阶段工作进度计划，并实施控制；开展各种组织协调活动等	根据施工招标和施工准备阶段的工程信息，进一步完善建设工程控制性进度计划，并据此进行施工阶段进度控制；审查施工单位施工进度计划，确认其可行性并满足建设工程控制性进度计划要求；制定业主方材料和设备供应进度计划并进行控制，使其满足施工要求；审查施工单位进度控制报告，督促施工单位做好施工进度控制；对施工进度进行跟踪，掌握施工动态；研究制定预防工期索赔的措施，做好处理工期索赔工作；在施工过程中，做好对人力、材料、机具、设备等的投入控制工作以及转换控制工作、信息反馈工作、对比和纠正工作，使进度控制定期连续进行；开好进度协调会议，及时协调有关各方关系，使工程施工顺利进行
质量控制	主要工作	建设工程总体质量目标论证；提出设计要求文件，确定设计质量标准；利用竞争机制选择并确定优化设计方案；协助业主选择符合目标控制要求的设计单位；进行设计过程跟踪，及时发现质量问题，并及时与设计单位协调解决；审查阶段性设计成果，并根据需要提出修改意见；对设计提出的主要材料和设备进行比较，在价格合理基础上确认其质量符合要求；做好设计文件验收工作等	协助业主做好施工现场准备工作，为施工单位提交质量合格的施工现场；确认施工单位资质；审查确认施工分包单位；做好材料和设备检查工作，确认其质量；检查施工机械和机具，保证施工质量；审查施工组织设计；检查并协助搞好各项生产环境、劳动环境、管理环境条件；进行施工工艺过程质量控制工作；检查工序质量，严格工序交接检查制度；做好各项隐蔽工程的检查工作；做好工程变更方案的比选，保证工程质量；进行质量监督，行使质量监督权；做好各项质量鉴证工作；行使质量否决权，协助做好付款控制；组织质量协调会；做好中间质量验收准备工作；做好竣工验收工作；审核竣工图等

十、建设工程目标控制的措施（熟悉）

	含 义	应 用
组织措施	是从目标控制的组织管理方面采取的措施，如落实目标控制的组织机构和人员，明确各级目标控制人员的任务和职能分工、权力和责任，改善目标控制的工作流程等	组织措施是其他各类措施的前提和保障，而且一般不需要增加什么费用，运用得当可收到良好效果。尤其是对由于业主原因导致的目标偏差，这类措施可能成为首选措施
技术措施	不仅对解决建设工程实施过程中的技术问题是不可缺少的，而且对纠正目标偏差亦有相当重要的作用。任何一个技术方案都有基本确定的经济效果，不同方案不同效果	运用技术措施纠偏的关键，一是要能提出多个不同的技术方案，二是要对不同的技术方案进行技术经济分析。避免仅从技术角度选定技术方案而忽视对其经济效果的分析论证

续表

	含 义	应 用
经济措施	是最易为人接受和采用的措施。不仅仅是审核工程量及相应的付款和结算报告，还需要从一些全局性、总体性的问题上加以考虑；另外，不要仅仅局限在已发生的费用上	通过偏差原因分析和未完工程投资预测，可发现一些现有和潜在的问题将引起未完工程的投资增加，对这些问题应以主动控制为出发点，及时采取预防措施。由此可见，经济措施的运用绝不仅仅是财务人员的事情
合同措施	要从广义上理解，除了拟定合同条款、参加合同谈判、处理合同执行过程中的问题、防止和处理索赔等措施之外，还要协助业主确定对目标控制有利的建设工程组织管理模式和合同结构，分析不同合同之间的相互联系和影响，对每一个合同作总体和具体的分析等	这些措施对目标控制更具有全局性的影响，其作用也就更大。另外，在采取合同措施时要特别注意合同中所规定的业主和监理工程师的义务和责任

答疑解析

1. 教材"控制流程图"中，"工程实施计划"的表达方式是否妥当？

答：教材上给出的"控制流程图"，只是为了便于大家了解控制流程，并不是很严谨，如果咬文嚼字的话，前有"投入"，后有"输出"，中间的过程应为"工程实施"，而不应为"工程实施计划"。

2. "信息"属于传统的生产要素吗？

答：18世纪法国经济学家让·巴蒂斯特·萨伊在其著名的"生产三要素论"中所认为的："生产要素是经济中的生产性资源，分为劳动、土地和资本。劳动是人的脑力或体力的支出；土地包括各种自然资源；资本包括所有的设备、建筑物、工具和其他可以用于生产的制成品"。但此后，人们意识到企业家是"人类社会发展中最稀缺的资源"，因此企业家又被列入到生产要素中，成为"第四生产要素"。到了现代，生产要素的范围已经扩展到包括"资金、劳动力、技术等……"在内。

按教材所述，对于建设工程的目标控制流程来说，投入首先涉及的是传统的生产要素，包括人力、建筑材料、工程设备、施工机具、资金等；此外还包括施工方法、信息等。即施工方法、信息等不属于传统的生产要素，而是属于现代生产要素。

3. 请解释一下实际投资与投资的实际值有何不同？

答：建设项目投资目标的形成和投资的实现是经过不同阶段完成的。在项目决策期，形成投资估算；在项目实施准备阶段，项目投资目标具体化，形成了设计概算、修正概算和施工图预算；在实施阶段，投资逐步实现，形成施工合同价、工程结算价和竣工决算。以上各阶段相互制约，前者控制后者，后者补充修正前者。投资估算是项目的总投资控制指标，批准的设计概算是项目投资控制总目标，项目竣工决算是项目实际投资。

在项目实施准备阶段，投资目标计划值和实际值的比较主要包括：①设计概算和投资估算的比较；②修正概算和设计概算的比较；③施工图预算和设计概算的比较。

在项目实施阶段和投产竣工阶段，投资目标计划值和实际值的比较主要包括：①施工合同价和设计概算的比较；②招标标底和设计概算的比较；③施工合同价和招标标底的比较；④工程结算和施工合同价的比较；⑤工程结算价和资金使用计划的比较；⑥资金使用计划和设计概算的比较；⑦工程竣工决算价和设计概算的比较。

从上面的比较关系可以看出，投资目标的计划值与实际值是相对的，从目标形成的时间来看，在前者为计划值，在后者为实际值。如施工合同价相对于设计概算是实际值，而相对于工程结算是目标值。同时可以看出，计划值不等于计划投资，实际值不等于实际投资。项目实际投资是指项目竣工决算值。

4. 纠偏一般是针对正偏差（实际值大于计划值）而言（如投资增加、工期拖延），出现负偏差不需要采取纠偏措施吗？

答：按《建设工程监理概论》教材，出现负偏差不会采取纠偏措施，但是要仔细分析其原因，排除假象；对于确实的负偏差情况，认真总结经验，扩大其应用范围，更好地发挥其在目标控制中的作用。

按《建设工程进度控制》教材，时间上的任何变化，无论是进度拖延还是超前，都可能造成其他目标的失控。因此，如果建设工程实施过程中出现进度超前的情况，进度控制人员必须综合分析进度超前对后续工作产生的影响，并同承包单位协商，提出合理的进度调整方案，以确保工期总目标的顺利实现。

按监理考试出题原则，教材上冲突的内容原则上不考，如出现了冲突内容的考题，考哪门课程以哪门课程的课本为准作答。

5. 主动控制是一种事前控制，它必须在计划实施之前就采取控制措施，以降低目标偏离的可能性或其后果的严重程度，起到防患于未然的作用。请问在计划执行过程中就不能采取主动控制措施了吗？

答：按主动控制的概念，所谓主动控制是在预先分析各种风险因素及其导致目标偏离的可能性和程度的基础上，拟订和采取有针对性的预防措施，从而减少乃至避免目标偏离。在实践中，计划大多是"由远及近、逐步细化"的，前期计划执行过程中，仍然可以预先分析后续工程实施计划中存在的各种风险因素及其导致目标偏离的可能性和程度，并拟订和采取有针对性的预防措施；也就是说，在后续计划实施之前就采取控制措施。

6. 请举例说明"在某些情况下，被动控制倒可能是较佳的选择"？

答：如教材表4-2中，法律及规章的变化、战争和骚乱等对处于实施过程中的建设工程的影响，一般适宜于采用被动控制。当然，如果建设工程决策阶段已经出现即将发生战争的迹象，可采取"风险回避"对策回避风险。

7. 请用通俗的语言解释一下"目标规划和计划与目标控制的关系"？

答：① 就投资目标而言，首先要根据业主的建设意图进行可行性研究并制定投资估算。

② 按投资估算进行方案设计。方案设计过程中根据投资估算进行控制，力求使方案设计不超出投资估算。如方案设计结果超过投资估算10%及以上需进行必要的调整、细化，并按原程序报批。

③ 在此基础上，制定细度和精度均较投资估算Ⅰ有所提高的新的投资估算Ⅱ。然后根据投资估算Ⅱ进行初步设计，在初步设计过程中根据投资估算Ⅱ进行控制，使初步设计不超出投资估算Ⅱ。

④ 根据初步设计结果制定概算造价。然后根据概算造价进行施工图设计，在施工图设计过程中根据概算造价进行控制，使施工图设计不超出概算造价。

⑤ 根据施工图设计的结果制定预算造价，经过招标投标后则表现为标底和合同价。施工过程中根据预算造价、合同价等进行控制，直至整个工程建成。

8. 什么是单位工程、分部工程、分项工程？

答：我国一般将建设项目划分为单项工程、单位工程、分部工程和分项工程。

单项工程一般是指具有独立设计文件，建成后可以独立发挥生产能力或效益的一组配套齐全的工程项目。单项工程的施工条件往往具有相对的独立性，一般单独组织施工和竣工验收。建设项目有时包括多个互有内在联系的单项工程，也可能仅有一个单项工程。

单位工程是指具有独立的设计文件，可单独组织施工，但是建成后不能独立发挥生产能力或工程效益的工程。单位工程可以是一个建筑工程或者是一个设备与安装工程。如住宅小区可以划分为住宅楼、室外建筑环境、室外安装等单位工程。

分部工程是按照单位工程的工程部位、专业性质和设备种类划分，是单位工程的组成部分。如房屋建筑工程划分为地基与基础、主体结构、建筑装饰装修、建筑屋面、建筑给水、排水及采暖、建筑电气、智能建筑、通风与空调、电梯等分部工程。

分项工程一般是按照主要工种、材料、施工工艺、设备类别等进行划分，是分部工程的组成部分。分项工程是施工安装活动的基础单元，是工程质量形成的直接过程。如房屋建筑的主体结构，如果是混凝土结构，可进一步划分为模板、钢筋、混凝土、预应力现浇结构、装配式结构等分项工程。

9. 数据库结构确定后，主要任务包括哪些？

答：建立和完善建设工程数据库需要经历较长的时间，在确定数据库的结构之后，数据的积累、分析就成为主要任务，也可能在应用过程中对已确定的数据库结构和内容还要作适当的调整、修正和补充。此处需要注意的是，数据的调整、修正和补充不属于主要任务。

10. 请举例说明"在投资目标分解的较低层次上，实际投资在有些情况下超过计划投资，在大多数情况下不超过计划投资，因而在投资目标分解的较高层次上，实际投资不超过计划投资"。

答：如下表所示，某单位工程含有4个分部工程，在投资目标分解的较低层次上，分部工程1的实际投资超过计划投资20万元，但分部工程2、3、4均不超过计划投资，因而（单位工程），实际投资不超过计划投资。

	计划投资（万元）	实际投资（万元）
分部工程1	300	320
分部工程2	340	300
分部工程3	360	330
分部工程4	500	450
总　　计	1500	1400

11. 请举例说明"实际总投资未超过计划总投资，在投资目标分解的各个层次上，都出现实际投资超过计划投资的情况，但在大多数情况下实际投资未超过计划投资"。

答：如下表所示，某工程含有2个单位工程，单位工程A含有4个分部工程，单位工程 B 含有 2 个分部工程，投资目标分解的较低层次上分部工程 A1、B1 实际投资超过计划投资，在投资目标分解的较高层次上单位工程 B 实际投资超过计划投资，但实际总投资未超过计划总投资(1960 万元＜2000 万元)，且大多数情况下实际投资未超过计划投资(2 个分部工程实际投资超过计划投资，4 个分部工程实际投资未超过计划投资)。

		计划投资(万元)	实际投资(万元)
单位工程 A	分部工程 A1	300	320
	分部工程 A2	340	300
	分部工程 A3	360	330
	分部工程 A4	500	450
	小　计	1500	1400
单位工程 B	分部工程 B1	200	180
	分部工程 B2	300	380
	小　计	500	560
总　计		2000	1960

12. 如何理解"局部工期延误的严重程度与其对进度目标的影响程度之间并无直接的联系，更不存在某种等值或等比例的关系"?

答：局部工期延误并不一定影响后续工作及总工期，对属轻度偏离的情况(偏离≤FF)，可采取直接纠偏措施，在下一个控制周期内，使目标的实际值控制在计划值范围内；在中度偏离(FF＜偏离≤TF)情况下，有可能影响后续工作，但不需改变总目标的计划值，调整后期实施计划即可；只有在重度偏离(偏离＞TF)情况下，才有可能影响总工期。

根据以上内容可知，随着计划的实施，原有的局部工期延误应该能够恢复到正常情况或有所改善，所以局部工期延误的严重程度与其对进度目标的影响程度之间并无直接的联系，更不存在某种等值或等比例的关系。

13. 在实施建设监理的工程上，减少一般性工程质量事故，杜绝工程质量重大事故，应当说是最基本的要求。如何界定"一般性工程质量事故"、"工程质量重大事故"?

答：由于工程质量不合格或质量缺陷，而引发或造成一定的经济损失、工期延误或危及人的生命安全和社会正常秩序的事件，称为工程质量事故。工程质量事故的划分见下表所示。

按事故的性质及严重程度划分	一般质量问题	由于施工质量较差，不构成质量隐患，不存在危及结构安全的因素造成直接经济损失在 5000 元以下
	一般质量事故	由于勘察、设计、施工过失，造成建筑物、构筑物明显倾斜、偏移、结构主要部位发生超过规范规定的裂缝、强度不足、超过设计规定的不均匀沉降，影响结构安全和使用寿命，需返工重做或由于质量低劣、达不到合格标准，需加固补强，且改变了建筑物的外形尺寸，造成永久性缺陷的质量事故，同时，直接经济损失在 5000 元以上 100000 元以下，或造成 2 人以下重伤
	重大质量事故	(1)建筑物、构筑物的主要结构倒塌；(2)超过规定的基础不均匀下沉，建筑物倾斜、结构开裂或主体结构强度严重不足；(3)凡质量事故，经技术鉴定，影响主要构件强度、刚度及稳定性，从而影响结构安全和建筑寿命，造成不可挽回的永久性缺陷；(4)造成重要设备的主要部件损失，严重影响设备及其相应系统的使用功能；(5)经济损失在 10 万元以上者。

14.《建设工程工程量清单计价规范》(GB 50500—2008)实施后，采用了"招标控制价"的概念。在施工招标阶段，还需要协助业主编制标底吗？

答：在《建设工程工程量清单计价规范》(GB 50500—2008)修订中，为避免与《招标投标法》关于标底必须保密的规定相违背，采用了"招标控制价"的概念。也就是说，《招标投标法》关于标底编制的相关规定并未废止，业主可根据工程项目情况、市场竞争情况等选用标底或招标控制价。

📖 例题解析

1. 在计划实施过程中，控制部门和控制人员需要全面、及时、准确地了解计划的执行情况及其结果，这要求表明监理工程师应做好(　　)环节的控制工作。

　　A. 投入　　　　B. 转换　　　　C. 反馈　　　　D. 对比

　　答案：C

【解析】 控制部门和控制人员需要全面、及时、准确地了解计划的执行情况及其结果，而这就需要通过反馈信息来实现。

控制部门和人员需要什么信息，取决于监理工作的需要以及工程的具体情况。为了使整个控制过程流畅地进行，需要设计信息反馈系统，预先确定反馈信息的内容、形式、来源、传递等，使每个控制部门和人员都能及时获得他们所需要的信息。

2. 按控制措施制定的出发点分类，控制类型可分为(　　)。

　　A. 事前控制、事中控制、事后控制　　B. 前馈控制、反馈控制
　　C. 开环控制、闭环控制　　　　　　　D. 主动控制、被动控制

　　答案：D

【解析】 控制类型划分见下表：

划 分 依 据	控 制 类 型
控制措施作用于控制对象的时间	事前控制、事中控制和事后控制
控制信息的来源	前馈控制和反馈控制
控制过程是否形成闭合回路	开环控制和闭环控制
控制措施制定的出发点	主动控制和被动控制

3. 下列关于工程项目目标之间关系的表述中，反映统一关系的是(　　)。

　　A. 建设工程的功能和质量要求提高，需要投入较多资金，也会需要较长的建设时间
　　B. 加快进度以缩短工期，会使工程投资增加且会对工程质量产生不利影响
　　C. 降低投资，会迫使工程功能和使用要求降低，影响工程进度的加快
　　D. 缩短工期虽会增加一定的投资，但可以使工程提前投入使用，从而提早发挥投资效益

　　答案：D

【解析】 对于建设工程三大目标之间的统一关系，需要从不同的角度分析和理解。

(1) 经济角度可行：缩短工期要增加投资，但提早发挥投资效益；提早发挥投资效益＞增加投资。

(2) 全寿命费用角度节约投资：提高功能和质量要求要增加投资，但降低运行费用和维修费用。

(3) 质量控制角度：严格的质量控制保证功能和质量要求，减少返工费用、维修费用；同时起到保证进度的作用。

4. 下列关于目标分解结构与组织分解结构深度、层次的表述中，正确的是（　　）。

　　A. 目标分解结构较细、层次较多，组织分解结构较粗、层次较少，目标分解结构在较细的层次上应当与组织分解结构一致

　　B. 目标分解结构较细、层次较多，组织分解结构较粗、层次较少，目标分解结构在较粗的层次上应当与组织分解结构一致

　　C. 目标分解结构较粗、层次较少，组织分解结构较细、层次较多，目标分解结构在较细的层次上应当与组织分解结构一致

　　D. 目标分解结构较粗、层次较少，组织分解结构较细、层次较多，目标分解结构在较粗的层次上应当与组织分解结构一致

答案：B

【解析】 目标分解的原则：(1)能分能合。自上而下逐层分解，自下而上逐层综合。(2)按工程部位分解，而不按工种分解。(3)区别对待，有粗有细。(4)有可靠的数据来源。(5)目标分解结构与组织分解结构相对应。一般而言，目标分解结构较细、层次较多，而组织分解结构较粗、层次较少，目标分解结构在较粗的层次上应当与组织分解结构一致。

5. 建设工程质量控制要避免不断提高质量目标的倾向，确保基本质量目标的实现，并尽量发挥其对投资目标和进度目标实现的积极作用，这表明对建设工程质量应进行（　　）控制。

　　A. 前馈　　　　B. 系统　　　　C. 全过程　　　　D. 全方位

答案：B

【解析】 建设工程质量控制的系统控制应从以下几个方面考虑：

(1) 避免不断提高质量目标的倾向。首先，在工程建设早期确定质量目标时要有一定的前瞻性；其次，对质量目标要有一个理性的认识，不要盲目追求"最新"、"最高"、"最好"等目标；再次，要定量分析提高质量目标后对投资目标和进度目标的影响。在这一前提下，即使确实有必要适当提高质量标准，也要把对投资目标和进度目标的不利影响减少到最低程度。

(2) 确保基本质量目标的实现。不论发生什么情况，不论投资和进度方面要付出多大代价，都必须保证建设工程安全可靠、质量合格的目标予以实现。当然，如果投资代价太大而无法承受，可放弃不建。另外，建设工程都有预定的功能，若无特殊原因，也应确保实现。改变功能或删减功能后建成的工程与原定功能的工程是两个不同的工程，不宜直接比较，有时也难以评价其目标控制的效果。还要说明的是，有些建设工程质量标准的改变可能直接导致其功能的改变。

(3) 尽可能发挥质量控制对投资目标和进度目标的积极作用。

6. 决定建设工程价值与使用价值的主要阶段是( )阶段。
   A. 设计　　　　　B. 施工　　　　　C. 竣工验收　　　　　D. 工程保修
   答案：A

   【解析】 设计阶段的特点主要表现在以下几方面：(1)设计工作表现为创造性的脑力劳动；(2)设计阶段是决定建设工程价值和使用价值的主要阶段；(3)设计阶段是影响建设工程投资的关键阶段；(4)设计工作需要反复协调。

7. 下列关于主动控制的表述中，正确的是( )。
   A. 主动控制是在输出环节之前就要采取预防和纠偏措施来减少偏差发生的控制活动
   B. 主动控制是基于第一次循环之后所发现的偏差，在下一次循环开始之前主动采取预防和纠偏措施的控制活动
   C. 主动控制是在预先分析各种风险因素及其导致目标偏离的可能性和程度的基础上，采取有针对性的预防措施，从而减少甚至消除目标偏离的控制活动
   D. 主动控制可以使工程实施保持在计划状态
   答案：C

   【解析】 所谓主动控制，是在预先分析各种风险因素及其导致目标偏离的可能性和程度的基础上，拟订和采取有针对性的预防措施，从而减少乃至避免目标偏离。
   主动控制也可以表述为其他不同的控制类型。
   主动控制是一种事前控制。它必须在计划实施之前就采取控制措施，以降低目标偏离的可能性或其后果的严重程度，起到防患于未然的作用。
   主动控制是一种前馈控制。根据已建同类工程实施情况的综合分析结果，结合拟建工程的具体情况和特点，用以指导拟建工程的实施，起到避免重蹈覆辙的作用。

8. 由于目标控制通常表现为一个有限的周期性循环过程，因此，目标控制是一种( )。
   A. 动态控制　　　B. 主动控制　　　C. 被动控制　　　D. 实时控制
   答案：A

   【解析】 按照动态控制原理，控制流程是一个不断循环的过程，直至工程建成交付使用，因而建设工程的目标控制是一个有限循环过程。

9. 在对投资、进度和质量三大目标之间统一关系进行定量分析时，要注意目标规划与计划相结合，其正确的做法是( )。
   A. 通过计划对目标规划进一步论证完善，再通过计划实施来实现目标
   B. 先分层次进行目标规划，再制订计划来实现目标
   C. 先制订计划，再依据计划进行目标规划
   D. 先分析投资、进度和质量目标的对立关系，再进行目标规划
   答案：A

   【解析】 将目标规划和计划结合起来。建设工程所确定的目标要通过计划的实施才能实现。优化的计划是投资、进度、质量三大目标统一的计划。如果建设工程进度计划制定得既可行又优化，使工程进度具有连续性、均衡性，则不但可以缩短工期，而且有可能获得较好的质量且耗费较低的投资。从这个意义上讲，优化的计划是投资、进度、质量三大目标统一的计划。

在对建设工程三大目标对立统一关系进行分析时，同样需要将投资、进度、质量三大目标作为一个系统统筹考虑，同样需要反复协调和平衡，力求实现整个目标系统最优也就是实现投资、进度、质量三大目标的统一。

10. 监理单位是从（　　）的角度出发对工程进行质量控制。
    A. 建设工程生产者　　　　　　B. 社会公众
    C. 业主或建设工程需求者　　　D. 项目的贷款方
    答案：C
    【解析】 由于建设工程质量的特殊性，需要对其从三个方面加以控制：(1)实施者自身的质量控制，这是从产品生产者角度进行的质量控制；(2)政府对工程质量的监督，这是从社会公众角度进行的质量控制；(3)监理单位的质量控制，这是从业主角度或者说从产品需求者角度进行的质量控制。

11. 在建设工程实施阶段，对投资实行全过程控制的任务主要集中在（　　）。
    A. 可行性研究阶段、设计阶段、招标阶段
    B. 设计阶段、招标阶段、施工阶段
    C. 可行性研究阶段、设计阶段、施工阶段
    D. 设计阶段、施工阶段、竣工验收阶段
    答案：B
    【解析】 所谓全过程，主要是指建设工程实施的全过程，也可以是工程建设全过程。建设工程的实施阶段包括设计阶段(含设计准备)、招标阶段、施工阶段以及竣工验收和保修阶段。这几个阶段中都要进行投资控制，从投资控制的任务来看，主要集中在前三个阶段。

12. 下列目标控制措施中，属于合同措施的是（　　）。
    A. 调整控制人员的分工
    B. 协助业主确定工程发包方式
    C. 要求施工单位增加施工机械，并给予合理的补偿
    D. 修改技术方案加快进度
    答案：B
    【解析】 合同措施要从广义上理解，除了拟定合同条款、参加合同谈判、处理合同执行过程中的问题、防止和处理索赔等措施之外，还要协助业主确定对目标控制有利的建设工程组织管理模式和合同结构，分析不同合同之间的相互联系和影响，对每一个合同作总体和具体的分析等。

13. 建设工程风险分解的途径之一是按结构维分解，其含义是按建设工程（　　）进行分解。
    A. 结构体系　　　　　　　　　B. 组成内容
    C. 风险管理的组织结构　　　　D. 风险管理的工作结构
    答案：B
    【解析】 建设工程风险按结构维分解，是指按建设工程组成内容进行分解，也就是考虑不同单项工程、单位工程的不同风险。

14. 下列关于目标控制的表述中，正确的是（　　）。

A. 目标控制的效果和对目标控制效果的评价都是客观的
B. 目标控制的效果和对目标控制效果的评价都是主观的
C. 目标控制的效果是主观的,对目标控制效果的评价是客观的
D. 目标控制的效果是客观的,对目标控制效果的评价是主观的

答案:D

【解析】 目标控制的效果是客观的,对目标控制效果的评价是主观的。

15. 对由于业主原因所导致的目标偏差,可能成为首选措施的是( )。
    A. 组织措施   B. 技术措施   C. 经济措施   D. 合同措施

答案:A

【解析】 组织措施是其他各类措施的前提和保障,而且一般不需要增加什么费用,运用恰当可以收到良好的效果。尤其是对于业主原因造成的目标偏差,该措施可能成为首选措施,应予以重视。

16. 在确定建设工程数据库的结构之后,建立建设工程数据库的主要任务是数据的( )。
    A. 积累和分析   B. 分类和分析   C. 编码和分析   D. 整理和分析

答案:A

【解析】 建立和完善建设工程数据库需要经历较长的时间,在确定建设工程数据库的结构之后,数据的积累和分析就成为主要任务。

17. 建设工程目标分解最基本的方式是按( )分解。
    A. 总投资构成内容   B. 工程内容
    C. 资金使用时间   D. 工程进度

答案:B

【解析】 按工程内容分解建设工程目标是最基本的分解方式,适用于投资、进度、质量三个目标的分解;但是,三个目标分解的深度不一定完全一致。至于是否分解到分部工程和分项工程,一方面取决于工程进度所处的阶段、资料的详细程度、设计所达到的深度等,另一方面还取决于目标控制工作的需要。

18. 从主动控制是事前控制的角度来理解,主动控制的主要作用在于( )。
    A. 防患于未然   B. 及时纠偏
    C. 避免重蹈覆辙   D. 降低目标偏离的严重程度

答案:A

【解析】 主动控制是一种事前控制,起到防患于未然的作用;主动控制是一种前馈控制,起到避免重蹈覆辙的作用。

19. 建设工程的目标控制通常表现为( )循环过程。
    A. 周期性的无限   B. 周期性的有限
    C. 非周期性的无限   D. 非周期性的有限

答案:B

【解析】 建设工程的目标控制是一个不断循环的过程,直至工程建成交付使用,因而是一个有限的动态循环过程,即定期进行、周期性、有限循环。

20. 功能好、质量优的工程投入使用后的收益往往较高,这表明( )。

A. 质量目标与进度目标之间存在统一关系

B. 质量目标与进度目标之间存在对立关系

C. 质量目标与投资目标之间存在统一关系

D. 质量目标与投资目标之间存在对立关系

答案：C

【解析】 "功能好、质量优的工程投入使用后的收益往往较高"体现了质量目标与投资目标二者之间的统一关系。

21. 在建设工程实施过程中进行严格的质量控制，不仅可减少实施过程中的返工费用，而且可减少投入使用后的维修费用。这体现了建设工程质量目标和投资目标之间的（　　）。

A. 对立关系　　　　　　　　B. 统一关系

C. 对立统一关系　　　　　　D. 既不对立又不统一的关系

答案：B

【解析】 在建设工程实施过程中进行严格的质量控制，不仅可减少实施过程中的返工费用，而且可减少投入使用后的维修费用。这体现了建设工程质量目标和投资目标之间的统一关系。

22. 在建设工程实施过程中，如果仅仅采取被动控制措施，出现偏差是不可避免的，而且（　　），从而难以实现工程预定的目标。

A. 采取纠偏措施是不可能的　　B. 采取纠偏措施是不经济的

C. 偏差可能有累积效应　　　　D. 不能降低偏差的严重程度

答案：C

【解析】 在建设工程实施过程中，如果仅仅采取被动控制措施，出现偏差是不可避免的，而且偏差可能有累积效应，从而难以实现工程预定的目标。另一方面，主动控制的效果虽然比被动控制要好，但是仅仅采取主动控制措施却是不现实的，或者说是不可能的，并且在某些特定的情况下，被动控制倒可能是较佳的选择。因此主动控制与被动控制是控制实现项目目标必须采用的控制方式，二者缺一不可，两者应紧密结合起来。

23. 目标控制的效果直接取决于（　　）。

A. 目标控制效果的评价是否科学　　B. 目标控制措施是否得力

C. 目标规划的质量　　　　　　　　D. 目标计划的质量

答案：B

【解析】 目标控制的效果直接取决于目标控制措施是否得力，是否将主动控制与被动控制有机结合起来，以及采取控制措施的时间是否及时等。但是，如果目标规划和计划制定得不合理，甚至根本不可能实现，这样会严重降低目标控制的效果，因此目标控制的效果在很大程度上又取决于目标规划和计划的质量。

24. 下列属于建设工程目标控制经济措施的是（　　）。

A. 明确目标控制人员的任务和职能分工

B. 提出多个不同的技术方案

C. 分析不同合同之间的相互联系

D. 投资偏差分析

答案：D

【解析】 建设工程目标控制的措施包括：组织措施、技术措施、经济措施和合同措施。经济措施是最易为人接受和采用的措施，如审核工程量及相应的付款和结算报告；投资偏差分析等。

25．在建设工程数据库中，应当按（　　）对建设工程进行分类，这样较为直观，也易于为人接受和记忆。

　　　A．投资额大小　　B．投资来源　　　C．使用功能　　　D．设计标准
答案：C

【解析】 在建设工程数据库中，应当按使用功能对建设工程进行分类，这样较为直观，也易于为人接受和记忆。

26．下列工作中，属于施工阶段进度控制任务的是（　　）。
　　　A．做好对人力、材料、机械、设备等的投入控制工作
　　　B．审查确认施工分包单位
　　　C．审查施工组织设计
　　　D．做好工程计量工作
答案：A

【解析】 施工阶段进度控制任务包括：进一步完善工程控制进度计划；审查施工单位施工进度计划；做好各项动态控制工作；协调各单位关系；预防并处理好工期索赔，以求实际施工进度达到计划施工进度的要求。

27．在监理工作中，监理工程师对质量控制的技术措施是（　　）。
　　　A．制定质量监督制度　　　　　　B．落实技术控制责任制
　　　C．加强质量检查监督　　　　　　D．制定协调控制程序
答案：C

【解析】 质量控制的技术措施包括：(1)协助完善质量保证体系；(2)严格事前、事中和事后的质量检查监督。

28．对建设工程三大目标的统一关系进行定量分析时，应注意的问题之一是（　　）。
　　　A．当前的投入是现实的、不很确定的　　B．未来的收益是现实的、确定的
　　　C．未来的收益是预期的、确定的　　　　D．未来的收益是预期的、不很确定的
答案：D

【解析】 在确定建设工程目标时，应当对投资、进度、质量三大目标之间的统一关系进行客观的且尽可能定量的分析，应注意：(1)掌握客观规律，充分考虑制约因素。(2)对未来的、可能的收益不宜过于乐观。通常当前的投入是现实的，其数额也是较为确定的，而未来的收益确是预期的、不很确定的。(3)将目标规划和计划结合起来，优化的计划是投资、进度、质量三大目标统一的计划。

29．下列关于目标和计划的表述中，正确的是（　　）。
　　　A．应当根据计划来制定目标　　　B．计划必须保证目标的实现
　　　C．计划是对目标的进一步论证　　D．目标是对计划的进一步论证
答案：C

【解析】 计划是对实现总目标的方法、措施、过程的组织和安排，是建设工程实施的

依据和指南。计划不仅是对目标的实施，也是对目标的进一步论证。

30. 为了将投资、进度、质量三大目标联系起来，且便于偏差原因分析，建设工程目标应当按（　　）分解。

  A. 时间   B. 工种   C. 工艺   D. 工程部位

答案：D

【解析】 目标分解的原则之一——按工程部位分解，而不按工种分解。这样分解比较直观，而且可以将投资、进度、质量三大目标联系起来，也便于对偏差原因进行分析。

31. 建设工程数据库中的数据是（　　）。

  A. 静止的、孤立的   B. 动态的、孤立的
  C. 动态的、有联系的   D. 静止的、有联系的

答案：C

【解析】 建设工程数据库中的数据表面上是静止的，实际上是动态的；表面上是孤立的，实际上内部有着非常密切的联系。

32. 下列关于设计阶段特点的表述中，正确的是（　　）。

  A. 设计劳动投入量越大，设计产品质量越好
  B. 设计阶段不是影响建设工程投资的关键阶段
  C. 设计劳动投入量与设计产品质量之间没有必然的联系
  D. 设计质量对建设工程总体质量影响不大

答案：C

【解析】 设计阶段的特点包括：(1)设计工作表现为创造性的脑力劳动。脑力劳动的时间是外在的、可以度量的，但其强度却是内在的、难以度量的。并且，设计劳动投入量与设计产品质量之间没有必然的联系。(2)设计阶段是决定建设工程价值和使用价值的主要阶段。(3)设计阶段是影响建设工程投资的关键阶段。(4)设计工作需要反复协调，可能是同一专业之间的协调，也可能是不同专业之间的协调。(5)设计质量对建设工程总体质量有决定性影响。

33. 目标控制有主动控制和被动控制之分。下列关于主动控制和被动控制的表述中，正确的是（　　）。

  A. 仅仅采取主动控制是不现实的 B. 被动控制比主动控制的效果好
  C. 主动控制是不经济的   D. 以主动控制为主，被动控制为辅

答案：A

【解析】 在建设工程实施过程中，如果仅仅采取被动控制措施，出现偏差是不可避免的，而且偏差可能有累积效应，从而难以实现工程预定的目标。另一方面，主动控制的效果虽然比被动控制要好，但是仅仅采取主动控制措施却是不现实的，或者说是不可能的，并且在某些特定的情况下，被动控制倒可能是较佳的选择。因此主动控制与被动控制是控制实现项目目标必须采用的控制方式，二者缺一不可，两者应紧密结合起来。

34. 下列关于被动控制的表述中，正确的有（　　）。

  A. 被动控制是从实际输出中发现偏差，可起到避免重蹈覆辙的作用
  B. 被动控制是一种有效的控制，但也是一种消极的控制
  C. 被动控制是一种面对现实的控制，能够使工程恢复到计划状态

D. 被动控制不能降低目标偏离的可能性，但可以降低偏离的严重程度

E. 被动控制虽不能避免目标偏离，但能够将偏离控制在尽可能小的范围内

答案：D、E

【解析】 所谓被动控制，是从计划的实际输出中发现偏差，通过对产生偏差原因的分析，研究制定纠偏措施，以使偏差得以纠正，工程实施恢复到原来的计划状态，或虽然不能恢复到计划状态但可以减少偏差的严重程度。

在建设工程实施过程中，如果仅仅采取被动控制措施，出现偏差是不可避免的；另一方面，主动控制的效果虽然比被动控制好，但仅仅采取主动控制措施却是不现实的，或者说是不可能的。

是否采取主动控制措施以及究竟采取什么主动控制措施，应在对风险因素进行定量分析的基础上，通过技术经济分析和比较来决定。在某些情况下，被动控制倒可能是较佳的选择。

对于建设工程目标控制来说，应将主动控制与被动控制紧密结合起来。要做到主动控制与被动控制相结合，关键在于处理好以下两方面问题：一是要扩大信息来源；二是要把握好输入这个环节。

牢固确立主动控制的思想，认真研究并制定多种主动控制措施，尤其要重视那些基本上不需要耗费资金和时间的主动控制措施，如组织、经济、合同方面的措施，并力求加大主动控制在控制过程中的比例，对于提高目标控制的效果有重要意义。

35. 对建设工程投资目标需进行全过程控制，下列表述中正确的有（　　）。

A. 从投资控制的任务来看，实施阶段的投资控制主要集中在施工阶段

B. 投资控制的全过程控制应特别强调施工图设计阶段的重要性

C. 在建设工程实施阶段，累计投资在设计阶段和招标阶段缓慢增加

D. 建设工程实际投资主要发生在施工阶段，但节约投资的可能性却主要在招标阶段

E. 在建设工程实施阶段，影响投资的程度从设计阶段到施工阶段开始前迅速降低

答案：C、E

【解析】 所谓全过程，主要是指建设工程实施的全过程，也可以是工程建设全过程。建设工程的实施阶段包括设计阶段（含设计准备）、招标阶段、施工阶段以及竣工验收和保修阶段。这几个阶段中都要进行投资控制，从投资控制的任务来看，主要集中在前三个阶段。

在建设工程实施过程中，累计投资在设计阶段和招标阶段缓慢增加，进入施工阶段后迅速增加，到施工后期，增加又趋于平缓；另一方面，节约投资的可能性（或影响投资的程度）从设计阶段到施工开始前迅速降低，其后的变化就相当平缓了。建设工程的实际投资主要发生在施工阶段，但节约投资的可能性却主要在施工以前的阶段，尤其是在设计阶段。节约投资的可能性是以进行有效的投资控制为前提。

36. 对建设工程进度目标进行全方位控制，意味着对（　　）均需控制。

A. 设计、施工等各阶段的进度　　B. 影响建设工程进度的各种因素

C. 建设工程的所有工作内容的进度　　D. 建设工程的所有工程内容的进度

E. 建设工程的投资、进度、质量目标

答案：B、C、D

【解析】 对进度目标进行全方位控制要从以下几个方面考虑：(1)对整个建设工程所有工程内容的进度都要进行控制。(2)对整个建设工程所有工作内容的进度都要进行控制。(3)对影响进度的各种因素都要进行控制。(4)注意各方面工作进度对施工进度的影响。

37. 监理工程师在施工阶段进度控制的任务有( )。

    A. 对建设工程进度分目标进行论证

    B. 完善建设工程控制性施工进度计划

    C. 编制承包方材料和设备采购计划

    D. 研究制定预防工期索赔的措施

    E. 做好对人力、材料、机具、设备等的投入控制工作

答案：B、D、E

【解析】 施工阶段进度控制任务见下表：

	主要任务	通过完善建设工程控制性进度计划、审查施工单位施工进度计划、做好各项动态控制工作、协调各单位关系、预防并处理好工期索赔，以求实际施工进度达到计划施工进度的要求。
施工阶段进度控制	监理工程师主要工作	根据施工招标和施工准备阶段的工程信息，进一步完善建设工程控制性进度计划，并据此进行施工阶段进度控制；审查施工单位施工进度计划，确认其可行性并满足建设工程控制性进度计划要求；制定业主方材料和设备供应进度计划并进行控制，使其满足施工要求；审查施工单位进度控制报告，督促施工单位做好施工进度控制；对施工进度进行跟踪，掌握施工动态；研究制定预防工期索赔的措施，做好处理工期索赔工作；在施工过程中，做好对人力、材料、机具、设备等的投入控制工作以及转换控制工作、信息反馈工作、对比和纠正工作，使进度控制定期连续进行；开好进度协调会议，及时协调有关各方关系，使工程施工顺利进行。

38. 在设计信息反馈系统时，需要预先确定反馈信息的( )，以使控制人员获得所需要的信息。

    A. 内容   B. 来源   C. 传递路径   D. 真实性

    E. 数量

答案：A、B、C

【解析】 反馈信息包括工程实际状况、环境变化等信息，如投资、进度、质量的实际状况，现场条件，合同履行条件，经济、法律环境变化等。控制部门和人员需要什么信息，取决于监理工作的需要以及工程的具体情况。为了使整个控制过程流畅地进行，需要设计信息反馈系统，预先确定反馈信息的内容、形式、来源、传递等，使每个控制部门和人员都能及时获得他们所需要的信息。

39. 目标规划与目标控制之间表现出一种交替出现的、并在新的基础上不断前进的循环关系。它表明( )。

    A. 目标规划是目标控制的基础，也是目标控制的目标

    B. 上一阶段目标规划的结果是下一阶段目标控制的目标

    C. 目标控制的效果在很大程度上取决于目标规划的质量

    D. 目标控制服从于目标规划

E. 相邻阶段之间的目标规划没有关系

答案：A、C

【解析】（1）目标规划和计划与目标控制的关系

目标规划需要反复进行多次。这表明，目标规划和计划与目标控制的动态性相一致。建设工程的实施要根据目标规划和计划进行控制，力求使之符合目标规划和计划的要求。

另一方面，随着建设工程的进展，目标和计划可能出现偏差，要求目标规划与之相适应，需要在新的条件和情况下不断深入、细化，并可能需要对前一阶段的目标规划作出必要的修正或调整，真正成为目标控制的依据。由此可见，目标规划和计划与目标控制之间表现出一种交替出现的循环关系，但这种循环不是简单的重复，而是在新的基础上不断进行的循环，每一次循环都有新的内容，新的发展。

（2）目标控制的效果在很大程度上取决于目标规划和计划的质量

40. 为了使建设工程数据库能够真正发挥作用，在确定建设工程数据库结构后，数据库管理的主要任务有（　　）。

A. 数据积累　　B. 数据修正　　C. 数据调整　　D. 建立编码体系

E. 数据分析

答案：A、E

【解析】 建设工程数据库对建设工程目标确定的作用，在很大程度上取决于数据库中与拟建工程相似的同类工程的数量。因此，建立和完善建设工程数据库需要经历较长的时间，在确定数据库的结构之后，数据的积累、分析就成为主要任务，也可能在应用过程中对已确定的数据库结构和内容还要作适当的调整、修正和补充。

41. 下列关于建设工程投资目标系统控制的表述中，正确的有（　　）。

A. 在进行投资控制的同时要满足预定的进度、质量目标

B. 严格按投资分解进行限额设计

C. 当发现实际投资已超过计划投资时，不应简单删减工程内容

D. 要实现投资目标规划与投资控制的统一

E. 要以投资作为首要指标进行目标规划

答案：A、C

【解析】 系统控制

投资控制是与进度控制和质量控制同时进行的，是整个建设工程目标系统所实施的控制活动的一个组成部分，在实施投资控制的同时需要满足预定的进度目标和质量目标。所以要协调与进度控制和质量控制的关系，做到三大目标控制的有机配合和相互平衡，而不能片面强调投资目标。

从这个基本思想出发，当采取某项投资控制措施时，如果某项措施会对进度目标和质量目标产生不利的影响，就要考虑是否还有别的更好的措施，要慎重决策。例如，采用限额设计进行投资控制时，一方面要力争使整个工程总的投资估算额控制在投资限额之内，同时又要保证工程预定的功能、使用要求和质量标准。又如，当发现实际投资已经超过计划投资之后，为了控制投资，不能简单地删减工程内容或降低设计标准，即使不得已而这样做，也要慎重选择被删减或降低设计标准的具体工程内容，力求使减少投资对工程质量的影响减少到最低程度。这种协调工作在投资控制过程中是绝对不可缺少的。

简而言之，系统控制的思想就是要实现目标规划与目标控制之间的统一，实现三大目标控制的统一。

42. 监理工程师在设计阶段进行质量控制的工作有( )。
    A. 协助业主编制设计任务书　　　B. 审查设计方案
    C. 进行技术经济分析　　　　　　D. 审查工程概算
    E. 对设计文件进行验收
    答案：A、B、E

【解析】 在设计阶段，监理单位设计质量控制的主要任务是了解业主建设需求，协助业主制定建设工程质量目标规划（如设计要求文件）；根据合同要求及时、准确、完善地提供设计工作所需的基础数据和资料；配合设计单位优化设计，并最终确认设计符合有关法规要求，符合技术、经济、财务、环境条件要求，满足业主对建设工程的功能和使用要求。

设计阶段监理工程师质量控制的主要工作，包括建设工程总体质量目标论证；提出设计要求文件，确定设计质量标准；利用竞争机制选择并确定优化设计方案；协助业主选择符合目标控制要求的设计单位；进行设计过程跟踪，及时发现质量问题，并及时与设计单位协调解决；审查阶段性设计成果，并根据需要提出修改意见；对设计提出的主要材料和设备进行比较，在价格合理基础上确认其质量符合要求；做好设计文件验收工作等。

43. 建设工程质量的系统控制应当考虑( )。
    A. 实现建设工程的共性和个性质量目标
    B. 确保建设工程安全可靠、质量合格
    C. 确保实现建设工程预定的功能
    D. 对影响建设工程质量目标的所有因素进行控制
    E. 避免不断提高质量目标的倾向
    答案：B、E

【解析】 质量的系统控制应从以下几个方面考虑：(1)避免不断提高质量目标的倾向；(2)确保基本质量目标的实现，即确保建设工程安全可靠、质量合格；(3)尽可能发挥质量控制对投资目标和进度目标的积极作用。

44. 建设工程实施过程中投入的生产要素包括( )。
    A. 工程设备　　B. 设计图纸　　C. 目标控制措施　　D. 施工方法
    E. 信息
    答案：A、D、E

【解析】 控制流程的每一循环始于投入。投入的生产要素包括：人力、建筑材料、工程设备、施工机具、资金、施工方法和信息等。

45. 在建设工程施工招标阶段，监理单位目标控制的任务有( )。
    A. 签订施工合同　　　　　　　B. 依据工程量清单确定综合单价
    C. 对投标人进行资格预审　　　D. 组织开标、评标工作
    E. 确定中标人
    答案：C、D

【解析】 在建设工程施工招标阶段，监理单位目标控制的任务有：协助业主编制施工招标文件；协助业主编制标底；做好投标资格预审工作；组织开标、评标、定标工作。

"签订施工合同、确定中标人"属于业主的任务,监理单位可以协助办理。"依据工程量清单确定综合单价"属于投标人的工作。

46. 下列关于建设工程目标控制技术措施的表述中,正确的有( )。
   A. 要能提出多个不同的技术方案
   B. 要对不同的技术方案进行技术经济分析
   C. 技术措施必须与经济措施结合使用才能取得好的效果
   D. 要避免仅从技术角度选定技术方案
   E. 对由于业主原因所导致的目标偏差,技术措施可能成为首选措施
   答案:A、B、D

【解析】 建设工程目标控制的技术措施主要是能提出多个不同的技术方案,并对各方案进行技术经济分析。在实践中,要避免仅从技术角度选定技术方案而忽略对其经济效果的分析论证。对由于业主原因所导致的目标偏差,组织措施可能成为首选措施。

47. 下列关于建设工程质量目标全过程控制的表述中,正确的是( )。
   A. 对建设工程质量目标的所有内容进行控制
   B. 建设工程各阶段关于质量控制的侧重点不同
   C. 要避免不断提高质量目标的倾向
   D. 重点是设计阶段和施工阶段的质量控制
   E. 对建设工程所有内容的质量进行控制
   答案:B、D

【解析】 对质量目标进行全过程控制要从以下几个方面考虑:(1)应根据建设工程各阶段质量控制的特点和重点,确定各阶段质量控制的目标和任务,以便实现全过程质量控制;(2)要将设计质量的控制落实到设计工作的过程中;(3)要将施工质量的控制落实到施工各个阶段的过程中。

48. 下列关于控制流程"反馈"环节的表述中,正确的是( )。
   A. 反馈信息仅限于工程的投资、进度、质量信息
   B. 控制部门需要什么信息,取决于监理工作的需要以及工程的具体情况
   C. 反馈环节是投入与转换之间的环节
   D. 为了使整个控制过程流畅地进行,需要设计信息反馈系统
   E. 非正式信息反馈应当适时转化为正式信息反馈
   答案:B、D、E

【解析】 控制部门需要什么信息,取决于监理工作的需要以及工程的具体情况。为了使整个控制过程流畅地进行,需要设计信息反馈系统,预先确定反馈信息的内容、形式、来源、传递等,使每个控制部门和人员都能及时获得他们所需要的信息。信息反馈方式分为正式和非正式两种,非正式信息反馈应当适时转化为正式信息反馈,才能更好地发挥其对控制的作用。

49. 在建设工程施工阶段,属于监理工程师投资控制的任务是( )。
   A. 制定本阶段资金使用计划   B. 严格进行付款控制
   C. 严格控制工程变更   D. 确认施工单位资质
   E. 及时处理费用索赔

答案：A、B、C、E

【解析】 施工阶段投资控制任务：制定本阶段资金使用计划；付款控制；工程变更费用控制；预防并处理好费用索赔；努力实现实际发生的费用不超过计划投资。

50. 下列关于建设工程进度控制的表述中，正确的是( )。
    A. 局部工期延误的严重程度与其对进度目标的影响程度之间不存在某种等值关系
    B. 在工程建设早期由于资料详细程度不够而无法编制进度计划
    C. 合理确定具体的搭接工作内容和搭接时间，是进度计划优化的重要内容
    D. 进度控制的重点对象是关键线路上的各项工作
    E. 组织协调对进度控制的作用最为突出且最为直接

    答案：A、C、D、E

【解析】 进度控制与投资控制的重要区别，是局部工期延误的严重程度与其对进度目标的影响程度之间无直接的联系，更不存在某种等值或等比例的关系。对进度目标进行全过程控制要注意以下几个方面问题：(1)在工程建设的早期就应当编制进度计划；(2)在编制进度计划时要充分考虑各阶段工作之间的合理搭接；(3)抓好关键线路的进度控制。在建设工程的三大目标控制中，组织协调对进度控制的作用最为突出且最为直接，有时甚至能取得常规控制措施难以达到的效果。

51. 下列关于建设工程个性质量目标的表述中，正确的有( )。
    A. 是国家强制性质量标准的规定
    B. 是通过合同加以约定的
    C. 无统一和固定的标准
    D. 有统一和固定的标准
    E. 不得低于国家强制性质量标准的要求

    答案：B、C、E

【解析】 建设工程质量目标的含义包括两个方面：首先符合国家现行的关于工程质量的法律法规、技术标准和规范等的有关规定，尤其是强制性标准的规定；其次，又是通过合同加以约定的，范围更广，内容更具体。建设工程质量目标相对于业主的需要而言，具有个性，并无固定和统一的标准，往往通过合同约定。对于合同约定的质量目标，必须保证其不低于国家强制性质量标准的要求。

52. 下列内容中，属于施工阶段质量控制任务的是( )。
    A. 审查施工组织设计   B. 做好工程计量工作
    C. 做好工程变更方案比选   D. 协助业主做好现场准备工作
    E. 组织质量协调会

    答案：A、C、D、E

【解析】 施工阶段质量控制任务：通过对施工投入、施工和安装过程、产出品进行全过程控制，以及对参加施工的单位和人员的资质、材料和设备、施工机械和机具、施工方案和方法、施工环境实施全面控制，以期按标准达到预定的施工质量目标。"做好工程计量工作"属于投资控制任务。

53. 为了提高目标规划和计划的质量，客观评价目标控制的效果，首先应保证计划在

（　　）方面的可行性。

A. 技术　　　　B. 财务　　　　C. 方法　　　　D. 过程
E. 经济

答案：A、B、E

【解析】　为了提高目标规划和计划的质量，应做好两方面工作：(1)合理确定并分解目标；(2)制定可行且优化的计划。制定计划首先应保证计划在技术、资源、经济和财务方面的可行性，保证建设工程的实施能够有足够的时间、空间、人力、物力和财力。

54. 在对建设工程进度进行全方位控制时，要（　　）。

A. 对建设工程所有工程内容的进度都要进行控制
B. 对建设工程所有工作内容的进度都要进行控制
C. 在保证进度目标的前提下，将对投资和质量目标的影响减少到最低程度
D. 在编制进度计划时充分考虑各阶段工作之间的合理搭接
E. 对影响进度的各种因素都要进行控制

答案：A、B、E

【解析】　对进度目标进行全方位控制要从以下几个方面考虑：(1)对整个建设工程所有工程内容的进度都要进行控制；(2)对整个建设工程所有工作内容的进度都要进行控制；(3)对影响进度的各种因素都要进行控制；(4)注意各方面工作进度对施工进度的影响。

📖 实战练习题

一、单项选择题

1. 被动控制也可以表述为是一种（　　）。

A. 前馈控制　　B. 反馈控制　　C. 开环控制　　D. 事前控制

2. 建设工程实施过程中，局部工程延误的严重程度与其对进度目标的影响程度之间（　　）。

A. 存在等值关系　　　　　　B. 存在等比例关系
C. 存在正相关关系　　　　　D. 无直接联系

3. 投资目标的全方位控制主要是指（　　）。

A. 对投资、进度、质量三大目标进行综合控制
B. 对按工程内容分解的各项投资进行控制
C. 对按总投资构成内容分解的各项费用进行控制
D. 对按时间分解的各阶段投资进行控制

4. 由于工程项目系统本身的状态和外部环境是不断变化的，相应地就要求控制工作也随之变化，目标控制的能力和水平也要不断提高，这表明目标控制是一种（　　）过程。

A. 循环控制　　B. 动态控制　　C. 主动控制　　D. 被动控制

5. 目标规划和计划与目标控制的（　　）相一致。

A. 循环性　　　B. 周期性　　　C. 有限性　　　D. 动态性

6. 在建设工程目标控制措施中，（　　）是其他各类措施的前提和保障。

A. 组织措施　　　　B. 技术措施　　　　C. 经济措施　　　　D. 合同措施
7. 对建设工程总体质量起保证作用的是（　　）。
   A. 设计质量　　　　B. 勘察质量　　　　C. 施工质量　　　　D. 验收质量
8. 下列关于主动控制与被动控制关系的表述中，正确的是（　　）。
   A. 由于主动控制比被动控制的效果好，因而仅采取主动控制即可
   B. 由于建设工程实施过程中有许多风险因素是不可预见和防范的，因而只能采取被动控制
   C. 应将主动控制与被动控制两者紧密结合，并以被动控制为主
   D. 应将主动控制与被动控制两者紧密结合，并力求加大主动控制在控制过程中的比例
9. 若在施工过程中对质量进行事中控制，发现质量问题及时返工，可能影响工程局部进度，但却能起到保证进度的作用，这表明进度目标和质量目标之间存在（　　）的关系。
   A. 对立　　　　　　　　　　　　　　B. 既对立又统一
   C. 统一　　　　　　　　　　　　　　D. 既不对立又不统一
10. 与施工阶段比较，设计阶段具有（　　）的特点。
    A. 对项目资金投放量大　　　　　　　B. 动态性强
    C. 对项目功能和使用价值影响大　　　D. 对项目目标实现影响因素多
11. 监理单位配合设计单位优化设计是设计阶段（　　）的任务。
    A. 投资控制　　　B. 进度控制　　　C. 质量控制　　　D. 组织协调
12. 对建设工程进行质量控制，从产品需求者角度来看，应加强（　　）的质量控制。
    A. 施工单位　　　B. 设计单位　　　C. 监理单位　　　D. 建设单位
13. "按施工图施工"的要求表明，施工阶段是（　　）的阶段。
    A. 实现建设工程价值　　　　　　　　B. 以制订计划为主
    C. 以执行计划为主　　　　　　　　　D. 实现建设工程使用价值
14. 目标分解结构与组织分解结构之间存在对应关系，因此，目标分解结构（　　）。
    A. 应当与组织分解结构完全一致
    B. 在较粗的层次上应当与组织分解结构一致
    C. 在较细的层次上应当与组织分解结构一致
    D. 在各个层次上应当与组织分解结构基本一致
15. 在实施建设监理的工程上，最基本的要求是（　　）。
    A. 减少一般性工程质量事故和工程质量重大事故
    B. 杜绝一般性工程质量事故和工程质量重大事故
    C. 减少一般性工程质量事故，杜绝工程质量重大事故
    D. 杜绝一般性工程质量事故，减少工程质量重大事故
16. 主动控制也可以表述为是一种（　　）。
    A. 闭环控制　　　B. 循环控制　　　C. 反馈控制　　　D. 开环控制
17. 对按工程内容分解的各项投资进行控制，这体现了建设工程投资控制的（　　）。
    A. 全过程控制　　B. 全方位控制　　C. 动态控制　　　D. 系统控制
18. "要抓好关键线路的进度控制"体现了建设工程进度控制的（　　）。
    A. 全过程控制　　B. 全方位控制　　C. 系统控制　　　D. 动态控制

19. 在下列内容中,属于合同措施的是( )。
    A. 按合同规定的时间、数额付款
    B. 审查承包单位的施工组织设计
    C. 协助业主确定对目标控制有利的建设工程组织管理模式
    D. 协助业主选择承建单位

20. 在建设工程三大目标控制中,( )对进度控制的作用尤为突出。
    A. 动态控制   B. 系统控制
    C. 组织协调   D. 全方位控制

21. "明确各级目标控制人员的任务和职能分工、权力和责任、改善目标控制的工作流程",属于建设工程目标控制的( )措施。
    A. 组织   B. 技术   C. 合同   D. 经济

22. 下列关于建设工程各目标之间关系的表述中,体现质量目标与投资目标统一关系的是( )。
    A. 提高功能和质量要求,需要适当延长工期
    B. 提高功能和质量要求,需要增加一定的投资
    C. 提高功能和质量要求,可能降低运行费用和维修费用
    D. 增加质量控制的费用,有利于保证工程质量

23. 下列监理工程师目标控制任务中,既是设计阶段进度控制任务又是施工阶段进度控制任务的是( )。
    A. 编制业主方材料和设备供应进度计划
    B. 制定预防工期索赔的措施
    C. 做好对人力、材料、机具设备等的投入控制
    D. 制定建设工程控制性总进度计划

二、多项选择题

1. 下列内容中,属于施工阶段特点的有( )。
    A. 施工阶段是决定建设工程价值和使用价值的主要阶段
    B. 施工阶段是实现建设工程价值和使用价值的主要阶段
    C. 施工质量对建设工程质量起保证作用
    D. 施工质量对建设工程质量起决定性影响
    E. 施工阶段是资金投入量最大的阶段

2. 下列内容中,属于施工阶段进度控制任务的是( )。
    A. 审查施工单位的施工组织设计   B. 审查施工单位的施工进度计划
    C. 协调各单位关系   D. 预防并处理好工期索赔
    E. 审查确认施工分包单位

3. 在对建设工程投资进行全方位控制时,应注意( )。
    A. 按总投资构成内容分解
    B. 认真分析建设工程及其投资构成的特点,了解各项费用的变化趋势和影响因素
    C. 强调早期控制的重要性
    D. 抓主要矛盾,有所侧重

E. 根据各项目费用的特点选择适当的控制方式
4. 下列表述中,反映工程项目三大目标之间对立关系的是( )。
   A. 加快进度虽然要增加投资但可提早发挥项目的投资效益
   B. 提高功能和质量标准虽然要增加投资但可节约项目动用后的运营费
   C. 加快进度需要增加投资且可能导致质量下降
   D. 提高功能和质量标准需要增加投资且可能导致工期延长
   E. 减少投资一般要降低功能和质量标准
5. 建设工程目标分解应遵循( )等原则。
   A. 能分能合   B. 区别对待,有粗有细
   C. 有可靠的数据来源   D. 按工种分解,不按工程部位分解
   E. 目标分解结构与组织分解结构相对应
6. 为了进行有效的目标控制,必须做好的重要前提工作是( )。
   A. 调查研究   B. 目标规划和计划
   C. 动态控制   D. 目标控制的组织
   E. 制定措施
7. 在将目标的实际值与计划值进行比较时,要注意( )。
   A. 明确目标实际值与计划值的内涵   B. 合理选择比较对象
   C. 确定比较工作的人员   D. 建立目标实际值与计划值的对应关系
   E. 确定衡量目标偏离的标准
8. 建设工程进度控制就是在满足投资和质量要求的前提下,力求( )。
   A. 使工程实际工期不超过计划工期
   B. 使整个建设工程按计划的时间使用
   C. 建设工期最短
   D. 对民用项目来说,就是要按计划时间交付使用
   E. 对工业项目来说,就是要按计划时间达到负荷联动试车成功
9. 下列关于目标规划和计划与目标控制的表述中,正确的有( )。
   A. 目标规划和计划与目标控制都具有动态性
   B. 目标规划和计划与目标控制之间存在交替出现的循环关系
   C. 目标控制的效果直接取决于目标规划和计划的质量
   D. 目标控制的效果在很大程度上取决于目标规划和计划的质量
   E. 目标规划和计划越明确、越具体、越全面,目标控制的效果越好
10. 监理工程师在目标控制中采取的合同措施有( )。
    A. 严格按合同规定审核结算报告并付款
    B. 在拟订合同条款时注意严密性和全面性
    C. 协助业主确定对目标控制有利的建设工程组织管理模式
    D. 分析不同合同之间的相互联系和影响
    E. 落实合同管理的机构和人员
11. 在下列内容中,属于建设工程目标控制组织措施的是( )。
    A. 审查施工组织设计   B. 落实目标控制的组织机构和人员

C. 明确目标控制人员的任务 D. 选择最佳的建设工程组织管理模式
E. 改善目标控制工作的流程

12. 建设工程施工招标阶段，监理单位应完成的主要任务有（ ）。
    A. 做好投标资格预审工作 B. 协助业主做好现场准备工作
    C. 协助业主编制标底 D. 组织开标、评标、定标工作
    E. 协助业主编制施工招标文件

13. 在控制流程中处于投入与纠正两个环节之间的环节有（ ）。
    A. 实施 B. 转换 C. 输出 D. 反馈
    E. 对比

14. 对建设工程质量实行的三重控制是指（ ）。
    A. 产品生产者进行的质量控制 B. 政府对工程质量的监督
    C. 监理单位的质量控制 D. 设计单位的质量控制
    E. 建设单位的质量控制

15. 在对建设工程进度进行全方位控制时，要（ ）。
    A. 对建设工程所有工程内容的进度都要进行控制
    B. 对建设工程所有工作内容的都要进行控制
    C. 在保证进度目标的前提下，将对投资和质量目标的影响减少到最低程度
    D. 在编制进度计划时充分考虑各阶段工作之间的合理搭接
    E. 对影响进度的各种因素都要进行控制

16. 设计阶段，监理工程师投资控制的主要工作有（ ）。
    A. 对建设工程总投资进行论证
    B. 按合同要求及时准确、完整地提供设计所需要的基础资料和数据
    C. 组织设计方案竞赛
    D. 协助设计单位开展限额设计工作
    E. 审查工程概预算

17. 在建设工程实施过程中，从投资控制的任务来看，主要集中在（ ）。
    A. 设计阶段 B. 招标阶段
    C. 施工阶段 D. 竣工阶段
    E. 保修阶段

18. 控制流程的基本环节包括（ ）。
    A. 投出 B. 纠正 C. 反馈 D. 对比
    E. 转入

19. 下列关于选择投资目标实际值与计划值比较对象的表述中，正确的有（ ）。
    A. 合同价不必与设计概算比较
    B. 最为常见的是相邻两种目标值之间的比较
    C. 结算价以外各种投资值之间的比较是一次性的
    D. 结算价与合同价的比较是经常性的
    E. 结算价不必与设计概算比较

实战练习题答案

一、单项选择题

1. B； 2. D； 3. C； 4. B； 5. D； 6. A； 7. C； 8. D； 9. B； 10. C；
11. C； 12. C； 13. C； 14. B； 15. C； 16. D； 17. B； 18. A； 19. C； 20. C；
21. A； 22. C； 23. A

二、多项选择题

1. B、C、E； 2. B、C、D； 3. B、D、E； 4. C、D、E；
5. A、B、C、E； 6. B、D； 7. A、B、D、E； 8. A、B、D、E；
9. A、B、D、E； 10. B、C、D； 11. B、C、E； 12. A、C、D、E；
13. B、D、E； 14. A、B、C； 15. A、B、E； 16. A、C、D、E；
17. A、B、C； 18. B、C、D； 19. B、C、D

第四章 建设工程风险管理

考纲分解

一、风险的分类（了解）

按风险的后果	纯风险	只会造成损失而不会带来收益的风险	纯风险与投机风险两者往往同时存在。在相同的条件下，纯风险重复出现的概率较大，表现出某种规律性；而投机风险则不然，其重复出现的概率较小
	投机风险	既可能造成损失也可能创造额外收益的风险	
按风险产生的原因		政治风险、社会风险、经济风险、自然风险、技术风险等	除了自然风险和技术风险是相对独立的之外，政治风险、社会风险和经济风险之间存在一定的联系，有时表现为相互影响，有时表现为因果关系，难以截然分开
按风险的影响范围	基本风险	作用于整个经济或大多数人群的风险，具有普遍性	特殊风险的影响范围小，虽然就个体而言，其损失有时亦相当大，但相对于整个经济而言，其后果不严重
	特殊风险	仅作用于某一特定单体（如个人或企业）的风险，不具有普遍性	
按风险分析依据		客观风险和主观风险	
按风险分布情况		国别（地区）风险、行业风险	
按风险潜在损失形态		财产风险、人身风险和责任风险	

二、建设工程风险与风险管理（掌握）

建设工程风险	两个基本点	建设工程风险大
		参与工程建设的各方均有风险，但各方的风险不尽相同
	即使是同一风险事件，对建设工程不同参与方的后果有时迥然不同	
	对于业主来说，建设工程决策阶段的风险主要表现为投机风险，而在实施阶段的风险主要表现为纯风险	
风险管理过程	风险识别	指通过一定的方式，系统而全面地识别出影响建设工程目标实现的风险事件并加以适当归类的过程，必要时，还需对风险事件的后果作出定性的估计
	风险评价	将建设工程风险事件的发生可能性和损失后果进行定量化的过程。风险评价的结果主要在于确定各种风险事件发生的概率及其对建设工程目标影响的严重程度
	风险对策决策	风险对策决策是确定建设工程风险事件最佳对策组合的过程。一般来说，风险管理中所运用的对策有：风险回避、损失控制、风险自留和风险转移
	实施决策	对风险对策所作出的决策还需要进一步落实到具体的计划和措施
	检查	对执行情况不断地进行检查，评价执行效果；确定是否需要提出不同的风险处理方案。检查是否有被遗漏的工程风险或者发现新的工程风险

风险管理的目标	目标确定的基本要求	(1) 风险管理目标与风险管理主体总体目标的一致性。 (2) 目标的现实性，即确定目标要充分考虑其实现的客观可能性。 (3) 目标的明确性，以便于正确选择和实施各种方案，并对其效果进行客观的评价。 (4) 目标的层次性，从总体目标出发，根据目标的重要程度，区分风险管理目标的主次，以利于提高风险管理的综合效果
		风险事件发生前，风险管理的首要目标是使潜在损失最小；其次是减少忧虑及相应的忧虑价值；再次是满足外部的附加义务
		风险事件发生后，风险管理的首要目标是使实际损失减少到最低程度；其次，是保证建设工程实施的正常进行，按原定计划建成工程，必要时要承担社会责任
		从风险管理目标与风险管理主体总体目标一致性的角度，建设工程风险管理的目标通常更具体地表述为：(1)实际投资不超过计划投资；(2)实际工期不超过计划工期；(3)实际质量满足预期的质量要求；(4)建设过程安全
建设工程项目管理与风险管理的关系		建设工程项目管理的目标即目标控制的目标，与风险管理的目标是一致的。从某种意义上说，可以认为风险管理是为目标控制服务的
		风险对策都是为风险管理目标服务的，也就是为目标控制服务的。从这个角度看，风险对策是目标控制措施的重要内容
		相对于一般的目标控制措施而言，风险对策更强调主动控制

三、风险识别的特点和原则（熟悉）

特点	个别性		任何风险都有与其他风险不同之处，没有两个风险是完全一致的
	主观性		风险本身是客观的，但风险识别是主观行为
	复杂性		建设工程所涉及的风险因素和风险事件均很多，而且关系复杂、相互影响，给风险识别带来很强的复杂性
	不确定性		是主观性和复杂性的结果。风险识别本身也是风险。避免和减少风险识别的风险也是风险管理的内容
原则	由粗及细，由细及粗	由粗及细	指对风险因素进行全面分析，并通过多种途径对工程风险进行分解，逐渐细化，以获得对工程风险的广泛认识，从而得到工程初始风险清单
		由细及粗	指从工程初始风险清单的众多风险中，根据同类建设工程的经验以及对拟建建设工程具体情况的分析和风险调查，确定那些对建设工程目标实现有较大影响的工程风险，作为主要风险，即作为风险评价以及风险对策决策的主要对象
	严格界定风险内涵并考虑风险因素之间的相关性		对各种风险的内涵要严格加以界定，不要出现重复和交叉现象。另外，还要尽可能考虑各种风险因素之间的相关性
	先怀疑，后排除		先考虑其是否存在不确定性，要通过认真的分析进行确认或排除
	排除与确认并重		对于肯定可以排除和肯定可以确认的风险应尽早予以排除和确认；对于一时既不能排除又不能确认的风险再作进一步的分析，予以排除或确认；最后，对于肯定不能排除但又不能肯定予以确认的风险按确认考虑
	必要时，可作实验论证		对于那些按常规方法难以判定其是否存在，也难以确定其对建设工程目标影响程度的风险，尤其是技术方面的风险，必要时可作实验论证。这样做的结论可靠，但要以付出费用为代价

四、风险识别的过程（熟悉）

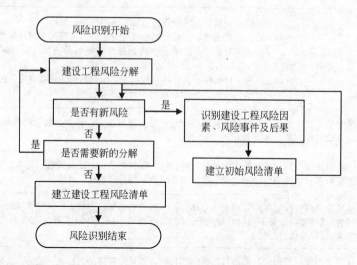

风险识别的结果是建立建设工程风险清单。在建设工程风险识别过程中，核心工作是"建设工程风险分解"和"识别建设工程风险因素、风险事件及后果"。

五、建设工程风险的分解（掌握）

目标维	即按建设工程目标进行分解，也就是考虑影响建设工程投资、进度、质量和安全目标实现的各种风险	常用的组合分解方式是由时间维、目标维和因素维三方面从总体上进行建设工程风险的分解
时间维	即按建设工程实施的各个阶段进行分解，也就是考虑建设工程实施不同阶段的不同风险	
结构维	即按建设工程组成内容进行分解，也就是考虑不同单项工程、单位工程的不同风险	
因素维	即按建设工程风险因素的分类分解，如政治、社会、经济、自然、技术等方面的风险	

六、风险识别的方法（掌握）

专家调查法	两种方式：召集有关专家开会、采用问卷式调查	
财务报表法	通过分析资产负债表、现金流量表、营业报表及有关补充资料，可以识别企业当前的所有资产、责任及人身损失风险。将这些报表与财务预测、预算结合起来，可以发现企业或建设工程未来的风险	
流程图法	将一项特定的生产或经营活动按步骤或阶段顺序以若干个模块形式组成一个流程图系列，在每个模块中都标出各种潜在的风险因素或风险事件，从而给决策者一个清晰的总体印象	实际上是将时间维与因素维相结合。由于流程图的篇幅限制，采用这种方法所得到的风险识别结果较粗
初始清单法	两种途径：1.采用保险公司或风险管理学会（或协会）公布的潜在损失一览表。对风险识别的作用不大。2.通过适当的风险分解方式来识别风险是建立建设工程初始风险清单的有效途径	初始风险清单只是为了便于人们较全面地认识风险的存在，而不至于遗漏重要的工程风险，但并不是风险识别的最终结论。建设工程初始风险清单见教材
经验数据法	也称为统计资料法，即根据已建各类建设工程与风险有关的统计资料来识别拟建建设工程的风险	在工程建设领域，可能有工程风险经验数据或统计资料的风险管理主体包括咨询公司（含设计单位）、承包商及长期有工程项目的业主（如房地产开发商）

风险调查法	应当从分析具体建设工程的特点入手,一方面对通过其他方法已识别出的风险(如初始风险清单所列出的风险)进行鉴别和确定,另一方面,通过风险调查有可能发现此前尚未识别出的重要的工程风险	既是一项重要的工作,也是建设工程风险识别的重要方法。 风险调查并不是一次性的。风险调查应该不断进行;随着实施的进展,风险调查的内容亦相应减少,风险调查的重点有可能不同
不论采用何种风险识别方法组合,都必须包含风险调查法。从某种意义上讲,前五种风险识别方法的主要作用在于建立初始风险清单,而风险调查法的作用则在于建立最终的风险清单		

七、风险评价的作用(熟悉)

一是更准确地认识风险	通过定量方法进行风险评价,可以定量地确定建设工程各种风险因素和风险事件发生的概率大小或概率分布,及其发生后对建设工程目标影响的严重程度或损失严重程度	
二是保证目标规划的合理性和计划的可行性	建设工程数据库只能反映各种风险综合作用的后果,而不能反映各种风险各自作用的后果	
三是合理选择风险对策,形成最佳风险对策组合	风险对策的适用性需从效果和代价两方面考虑	风险对策的效果表现在降低风险发生概率和(或)降低损失严重程度的幅度
		风险对策一般要付出一定的代价,一般都可准确地量度

八、风险量函数(了解)

风险量	指各种风险的量化结果,其数值大小取决于各种风险的发生概率及其潜在损失。$R=f(p,q)$,离散形式 $R=\sum p_i \cdot q_i$
等风险量曲线	由风险量相同的风险事件所形成的曲线。不同等风险量曲线所表示的风险量大小与其与风险坐标原点的距离成正比

九、风险损失的衡量(掌握)

风险损失的衡量就是定量确定风险损失值的大小	
投资风险	投资风险导致的损失可以直接用货币形式来表现,即法规、价格、汇率和利率等的变化或资金使用安排不当等风险事件引起的实际投资超出计划投资的数额
进度风险	进度风险导致的损失由以下部分组成:(1)货币的时间价值;(2)为赶上计划进度所需的额外费用;(3)延期投入使用的收入损失
质量风险	质量风险导致的损失包括事故引起的直接经济损失,以及修复和补救等措施发生的费用以及第三者责任损失等,可分为:(1)建筑物、构筑物或其他结构倒塌所造成的直接经济损失;(2)复位纠偏、加固补救等补救措施和返工的费用;(3)造成的工期延误的损失;(4)永久性缺陷对于建设工程使用造成的损失;(5)第三者责任的损失
安全风险	安全风险导致的损失包括:(1)受伤人员的医疗费用和补偿费;(2)财产损失,包括材料、设备等财产的损毁或被盗;(3)因引起工期延误带来的损失;(4)为恢复建设工程正常秩序所发生的费用;(5)第三者责任损失
投资风险、进度风险、质量风险、安全风险最终都可以归纳为经济损失。需要指出的是,在建设工程实施过程中,某一风险事件的发生往往会同时导致一系列损失	

十、风险概率的衡量(了解)

相对比较法	主要是依据主观概率	几乎是0；很小的；中等的；一定的	重大损失、中等损失和轻度损失
概率分布法	其结果接近于客观概率	概率分布法可以较为全面地衡量建设工程风险。概率分布法的常见表现形式是建立概率分布表。概率分布表中的数字可能是因工程而异的	

十一、风险评价(掌握)

等风险量曲线。

9个区域：LL、ML、HL、LM、MM、HM、LH、MH、HH。

5个等级：(1)VL(很小)；(2)L(小)；(3)M(中等)；(4)H(大)；(5)VH(很大)。

十二、风险回避、风险自留(熟悉)；损失控制、风险转移(掌握)

	概念	以一定的方式中断风险源，使其不发生或不再发展，从而避免可能产生的潜在损失	
风险回避	注意事项	采用风险回避这一对策时，有时需要做出一些牺牲，但较之承担风险，这些牺牲比风险真正发生时可能造成的损失要小得多	
		在某些情况下，风险回避是最佳对策。风险回避是一种必要的、有时甚至是最佳的风险对策，但应该承认这是一种消极的风险对策	
		需注意问题：(1)回避一种风险可能产生另一种新的风险；就技术风险而言，即使相当成熟的技术也存在一定的风险；(2)回避风险的同时也失去了从风险中获益的可能性；(3)回避风险可能不实际或不可能。建设工程风险定义的范围越广或分解得越粗，回避风险就越不可能	
损失控制	概念	损失控制是一种主动、积极的风险对策。损失控制可分为预防损失和减少损失两方面工作。一般来说，损失控制方案都应是预防损失措施和减少损失措施的有机结合	预防损失措施的主要作用在于降低或消除(通常只能做到减少)损失发生的概率
			而减少损失措施的作用在于降低损失的严重性或遏制损失的进一步发展，使损失最小化
	依据和代价	制定损失控制措施必须以定量风险评价的结果为依据，才能确保损失控制措施具有针对性，取得预期的控制效果。风险评价时特别要注意间接损失和隐蔽损失	
		制定损失控制措施还必须考虑其付出的代价，包括费用和时间两方面代价。损失控制措施的选择也应当进行多方案的技术经济分析和比较	
	损失控制计划系统	预防计划	预防计划的目的在于有针对性地预防损失的发生，其主要作用是降低损失发生的概率，在许多情况下也能在一定程度上降低损失的严重性
			组织措施：首要任务是明确各部门和人员在损失控制方面的职责分工，以使各方人员都能为实施预防计划而有效地配合；还需要建立相应的工作制度和会议制度；必要时，还应对有关人员(尤其是现场工人)进行安全培训等
			管理措施：风险分隔：将不同的风险单位分离间隔开来，将风险局限在尽可能小的范围内，以避免某一风险发生时，产生连锁反应或互相牵连，如将木工加工场设在远离办公用房的位置
			风险分散：通过增加风险单位以减轻总体风险的压力，达到共同分摊总体风险的目的，如在涉外工程结算中采用多种货币组合的方式付款，分散汇率风险

续表

损失控制	损失控制计划系统	预防计划	合同措施	除了要保证整个建设工程总体合同结构合理、不同合同之间不出现矛盾之外,要注意合同具体条款的严密性,并作出与特定风险相应的规定,如要求承包商加强履约保证和预付款保证等
			技术措施	在建设工程施工过程中常用的预防损失措施,如地基加固、周围建筑物防护、材料检测等
				与其他几方面措施相比,技术措施的显著特征是必须付出费用和时间两方面的代价,应当慎重比较后选择
		灾难计划		是一组事先编制好的、目的明确的工作程序和具体措施,为现场人员提供明确的行动指南,使其在各种严重的、恶性的紧急事件发生后,不至于惊慌失措,也不需要临时讨论研究应对措施,可以做到从容不迫、及时、妥善地处理,从而减少人员伤亡以及财产和经济损失
			灾难计划是针对严重风险事件制定的,其内容应满足	(1) 安全撤离现场人员。 (2) 援救及处理伤亡人员。 (3) 控制事故的进一步发展,最大限度地减少资产和环境损害。 (4) 保证受影响区域的安全尽快恢复正常
			灾难计划在严重风险事件发生时或即将发生时付诸实施	
		应急计划		在风险损失基本确定后的处理计划,其宗旨是使因严重风险事件而中断的工程实施过程尽快全面恢复,并减少进一步的损失,使其影响程度减至最小。应急计划不仅要制定所要采取的相应措施,而且要规定不同工作部门相应的职责
风险自留	概念			就是将风险留给自己承担,是从企业内部财务的角度应对风险
				风险自留与其他风险对策的根本区别在于,它不改变建设工程风险的客观性质,即既不改变工程风险的发生概率,也不改变工程风险潜在损失的严重性
	类型	非计划性风险自留		由于风险管理人员没有意识到建设工程某些风险的存在,或者不曾有意识地采取有效措施,以致风险发生后只好由自己承担。这样的风险自留就是非计划性的和被动的
				导致非计划性风险自留的主要原因有:(1)缺乏风险意识;(2)风险识别失误;(3)风险评价失误;(4)风险决策延误;(5)风险决策实施误
				对于大型、复杂的建设工程来说,风险管理人员几乎不可能识别出所有的工程风险。 虽然非计划性风险自留不可能不用,但应尽可能少用
		计划性风险自留		计划性风险自留是主动的、有意识的、有计划的选择。风险自留绝不可以单独运用,而应与其他风险对策结合使用。在实行风险自留时,应保证重大和较大的建设工程风险已经进行了工程保险或实施了损失控制计划
				计划性风险自留的计划性主要体现在风险自留水平和损失支付方式两方面。所谓风险自留水平,是指选择哪些风险事件作为风险自留的对象。确定风险自留水平可以从风险量数值大小的角度考虑,一般应选择风险量小或较小的风险事件作为风险自留的对象。计划性风险自留还应从费用、期望损失、机会成本、服务质量和税收等方面与工程保险比较后才能得出结论。损失支付方式的含义比较明确,即在风险事件发生后,对所造成的损失通过什么方式或渠道来支付

续表

风险自留	损失支付方式	从现金净收入中支出	在财务上并不对自留风险作特别的安排，在损失发生后从现金净收入中支出，或将损失费用记入当期成本。非计划风险自留通常都是采用这种方式。这种方式不能体现计划性风险自留的"计划性"
		建立非基金储备	设立一定数量的备用金，但其用途并不是专门针对自留的风险，其他原因引起的额外费用也在其中支出，甚至一些不属于风险管理范畴的额外费用
		自我保险	设立一项专项基金(亦称为自我基金)，专门用于自留风险造成的损失。该基金的设立不是一次性的，而是每期支出，相当于定期支付保险费。若用于建设工程风险自留，需作适当的变通，如将自我基金(或风险费)在施工开工前一次性设立
		母公司保险	只适用于存在总公司与子公司关系的集团公司，往往是在难以投保或自保较为有利的情况下运用。对于建设工程风险自留来说，这种方式可用于特大型建设工程(有众多的单项工程和单位工程)，或长期有较多建设工程的业主，如房地产开发(集团)公司
	适用条件		计划性风险自留至少要符合以下条件之一才应予以考虑：(1)别无选择；(2)期望损失不严重；(3)损失可准确预测；(4)企业有短期内承受最大潜在损失的能力；(5)投资机会很好(或机会成本很大)；(6)内部服务优良
风险转移	风险分担原则		任何一种风险都应由最适宜承担该风险或最有能力进行损失控制的一方承担
	非保险转移(合同转移)	类型	(1) 业主将合同责任和风险转移给对方当事人。被转移者多数是承包商
			(2) 承包商进行合同转让或工程分包
			(3) 第三方担保。合同当事人的一方要求另一方为其履约行为提供第三方担保。担保方所承担的风险仅限于合同责任，即由于委托方不履约或不适当履行合同以及违约所产生的责任。第三方担保的主要表现是业主要求承包商提供履约保证和预付款保证(在投标阶段还有投标保证)。我国施工合同(示范文本)也有发包人和承包人互相提供履约担保的规定
		优点	可以转移某些不可保的潜在损失
			被转移者往往能较好的进行损失控制
		缺点	双方当事人对合同条款的理解发生分歧而导致转移失败
			在某些情况下，可能因被转移者无力承担实际发生的重大损失而导致仍然由转移者来承担损失
			非保险转移一般都要付出一定代价，有时转移代价可能超过实际发生的损失，而对转移者不利
	保险转移(工程保险)	优点	在发生重大损失后可从保险公司及时得到赔偿，使建设工程实施能不中断地、稳定地进行，最终保证建设工程的进度和质量，不致因重大损失而增加投资
			可使决策者和风险管理人员对建设工程风险的担忧减少，从而可集中精力研究和处理建设工程实施中的其他问题，提高目标控制的效果
			保险公司可向业主和承包商提供较为全面的风险管理服务，从而提高整个建设工程风险管理的水平
		缺点	首先表现在机会成本增加。其次，工程保险合同的内容较为复杂，保险费没有统一固定的费率，需根据特定建设工程的类型、建设地点的自然条件(包括气候、地质、水文等条件)、保险范围、免赔额的大小等加以综合考虑，因而保险合同谈判常常耗费较多的时间和精力。在进行工程保险后，投保人可能产生心理麻痹而疏于损失控制计划，以致增加实际损失和未投保损失

续表

风险转移	保险转移（工程保险）	其他	一是保险的安排方式	即究竟是由承包商安排保险计划还是由业主安排保险计划
			二是选择保险类别和保险人	一般是通过多家比选后确定，也可委托保险经纪人或保险咨询公司代为选择
			三是可能要进行保险合同谈判	这项工作最好委托保险经纪人或保险咨询公司完成，但免赔额的数额或比例要由投保人自己确定
			工程保险并不能转移建设工程的所有风险，应将工程保险与风险回避、损失控制和风险自留结合起来运用	

十三、风险对策决策过程（熟悉）

风险管理人员在选择风险对策时，要根据建设工程的自身特点，从系统的观点出发，从整体上考虑风险管理的思路和步骤，从而制定一个与建设工程总体目标相一致的风险管理原则。

答疑解析

1. 如何理解风险对策是为目标控制服务的？

答：建设工程项目管理的目标即目标控制的目标，与风险管理的目标是一致的。从某种意义上说，可以认为风险管理是为目标控制服务的。而风险对策都是为风险管理目标服务的，也就是说风险对策是为目标控制服务的。

2. 教材 P95 所示"建设工程风险识别过程"图中，"建立初始风险清单"与"建立建设工程风险清单"之间是否应有联系？

答：建设工程最终风险清单应在初始风险清单的基础上制定，但在图中"建立初始风险清单"与"建立建设工程风险清单"之间没有联系关系，故本流程图仅仅是对风险识别流程的一个简单描述，并不十分完整。同时，在本流程图中，如把"建立初始风险清单"与"建立建设工程风险清单"之间依据关系表示出来，应增加虚线框，会破坏本流程图的整体效果。

3. 请解释一下教材 P103 风险等级图中，9 个区域与 5 个等级的关系？

答：9 个区域分别是：LL、ML、HL、LM、MM、HM、LH、MH、HH。5 个等级分别为：VL（很小）；L（小）；M（中等）；H（大）；VH（很大）。其关系如下图所示：

P			
HL/M	HM/H	HH/VH	
ML/L	MM/M	MH/H	
LL/VL	LM/L	LH/M	q

4. 什么是机会成本？

答：机会成本是由于资源的稀缺性，考虑了某种用途，就失去了其他被使用而创造价值的机会，在所有这些其他可能被利用的机会中，把能获取最大价值作为项目方案使用这种资源的成本，称为机会成本。

例题解析

1. 对业主来说，建设工程决策阶段和实施阶段的风险分别表现为（　　）。
    A. 投机风险和纯风险　　　　　　　B. 投机风险和基本风险
    C. 基本风险和特殊风险　　　　　　D. 特殊风险和技术风险
   答案：A
   【解析】"参与工程建设的各方均有风险，但各方的风险不尽相同"，各方所遇到的风险事件有较大的差异，即使是同一风险事件，对建设工程不同参与方的后果有时迥然不同。对于业主来说，建设工程决策阶段的风险主要表现为投机风险，而在实施阶段的风险主要表现为纯风险。

2. 下列关于建设工程风险和风险识别特点的表述中，错误的是（　　）。
    A. 不同类型建设，工程的风险是不同的
    B. 建设工程的建造地点不同，风险是不同的
    C. 建造地点确定的建设工程，如果由不同的承包商建造，风险是不同的
    D. 风险是客观的，不同的人对建设工程风险识别的结果应是相同的
   答案：D
   【解析】　风险识别的特点
   (1) 个别性。任何风险都有与其他风险不同之处，没有两个风险是完全一致的。
   (2) 主观性。风险本身是客观的，但风险识别是主观行为。风险识别时尽可能减少主观性对风险识别结果的影响，要做到这一点，关键在于提高风险识别的水平。
   (3) 复杂性。建设工程所涉及的风险因素和风险事件均很多，而且关系复杂、相互影响，给风险识别带来很强的复杂性。
   (4) 不确定性。这一特点可以说是主观性和复杂性的结果。由风险的定义可知，风险识别本身也是风险。因而避免和减少风险识别的风险也是风险管理的内容。

3. 风险识别的工作成果是（　　）。
    A. 确定建设工程风险因素、风险事件及后果
    B. 定量确定建设工程风险事件发生概率
    C. 定量确定建设工程风险事件损失的严重程度
    D. 建立建设工程风险清单
   答案：D
   【解析】　风险识别的结果是建立建设工程风险清单。在建设工程风险识别过程中，核心工作是"建设工程风险分解"和"识别建设工程风险因素、风险事件及后果"。

4. 将一项特定的生产或经营活动按步骤或阶段顺序组成若干个模块，在每个模块中都标出各种潜在的风险因素或风险事件，从而给决策者一个清晰总体印象。这种风险识别方法是（　　）。
    A. 财务报表法　　B. 初始清单法　　C. 经验数据法　　D. 流程图法
   答案：D

【解析】 流程图法是将一项特定的生产或经营活动按步骤或阶段顺序以若干个模块形式组成一个流程图系列，在每个模块中都标出各种潜在的风险因素或风险事件，从而给决策者一个清晰的总体印象。这种方法实际上是将时间维与因素维相结合。由于流程图的篇幅限制，采用这种方法所得到的风险识别结果较粗。

5. 在施工阶段，业主改变项目使用功能而造成投资额增大的风险属于(　　)。
　　A. 纯风险　　　　B. 技术风险　　　　C. 自然风险　　　　D. 投机风险
　　答案：D

【解析】 纯风险是指只会造成损失而不会带来收益的风险。

投机风险则是指既可能造成损失也可能创造额外收益的风险。在施工阶段，业主改变项目使用功能可能造成投资额增大，也可能造成投资额降低。

在相同的条件下，纯风险重复出现的概率较大，表现出某种规律性，因而人们可能较成功地预测其发生的概率，从而相对容易采取防范措施；而投机风险则不然，其重复出现的概率较小，所谓"机不可失，时不再来"，因而预测的准确性相对较差，也就较难防范。

6. 下列风险识别方法中，有可能发现其他识别方法难以识别出的工程风险的方法是(　　)。
　　A. 流程图法　　　B. 初始清单法　　　C. 经验数据法　　　D. 风险调查法
　　答案：D

【解析】 风险调查应当从分析具体建设工程的特点入手，一方面对通过其他方法已识别出的风险(如初始风险清单所列出的风险)进行鉴别和确定，另一方面，通过风险调查有可能发现此前尚未识别出的重要的工程风险。

7. 为了识别建设工程风险，在风险分解的循环过程中，一旦发现新的风险，就应当(　　)。

　　A. 建立建设工程风险清单

　　B. 识别建设工程风险因素、风险事件及后果

　　C. 直接将该风险补充到已建立的风险列表中

　　D. 进行风险评价

　　答案：B

【解析】 见下图所示：

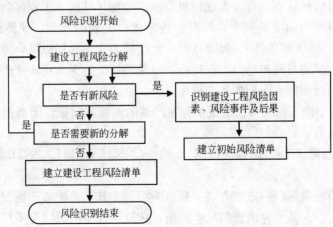

8. 承包商要求业主提供付款担保,属于承包商的( )的风险对策。
    A. 保险转移   B. 非保险转移   C. 损失控制   D. 风险回避
答案:B

【解析】 建设工程风险最常见的非保险转移有以下三种情况:(1)业主将合同责任和风险转移给对方当事人。被转移者多数是承包商。(2)承包商进行合同转让或工程分包。(3)第三方担保。合同当事人的一方要求另一方为其履约行为提供第三方担保。担保方所承担的风险仅限于合同责任,即由于委托方不履行或不适当履行合同以及违约所产生的责任。第三方担保的主要表现是业主要求承包商提供履约保证和预付款保证(在投标阶段还有投标保证)。我国施工合同(示范文本)也有发包人和承包人互相提供履约担保的规定。

9. 损失控制计划系统中灾难计划的效果是( )。
    A. 既不改变工程风险的发生概率,也不改变工程风险损失的严重性
    B. 降低工程风险的发生概率,但不降低工程风险损失的严重性
    C. 不降低工程风险的发生概率,但可降低工程风险损失的严重性
    D. 既降低工程风险的发生概率,亦可降低工程风险损失的严重性
答案:C

【解析】 灾难计划是一组事先编制好的、目的明确的工作程序和具体措施,为现场人员提供明确的行动指南,使其在各种严重的、恶性的紧急事件发生后,不至于惊慌失措,也不需要临时讨论研究应对措施,可以做到从容不迫、及时、妥善地处理,从而减少人员伤亡以及财产和经济损失。

灾难计划是针对严重风险事件制定的,其内容应满足以下要求:(1)安全撤离现场人员;(2)援救及处理伤亡人员;(3)控制事故的进一步发展,最大限度地减少资产和环境损害;(4)保证受影响区域的安全尽快恢复正常。

灾难计划在严重风险事件发生或即将发生时付诸实施。

10. 采用工程保险转移工程风险的缺点之一是投保人可能产生心理麻痹而疏于损失控制,以致增加( )。
    A. 潜在损失和隐蔽损失   B. 隐蔽损失和实际损失
    C. 实际损失和未投保损失   D. 未投保损失和潜在损失
答案:C

【解析】 保险转移缺点:首先表现在机会成本增加。其次,工程保险合同的内容较为复杂,保险费没有统一固定的费率,需根据特定建设工程的类型、建设地点的自然条件(包括气候、地质、水文等条件)、保险范围、免赔额的大小等加以综合考虑,因而保险合同谈判常常耗费较多的时间和精力。在进行工程保险后,投保人可能产生心理麻痹而疏于损失控制计划,以致增加实际损失和未投保损失。

11. 若开标后中标人发现自己的报价存在严重的误算和漏算,因而拒绝与业主签订施工合同,这一对策为( )。
    A. 风险回避   B. 损失控制   C. 风险自留   D. 风险转移
答案:A

【解析】 风险回避是以一定的方式中断风险源,使其不发生或不再发展,从而避免可能产生的潜在损失。它是一种消极的风险对策,建设工程中的风险是不可避免的,必须能

够灵活运用其他的风险对策。例如，承包商参与投标，中标后发现标书中报价有失误，潜在的亏损将比较严重，因而拒绝与业主签订施工合同。

12．风险识别的特点之一是不确定性，这是风险识别（　　）的结果。
　　A．个别性和主观性　　　　　　　B．个别性和复杂性
　　C．主观性和复杂性　　　　　　　D．复杂性和相关性
答案：C
【解析】　风险识别的不确定性是风险识别主观性与复杂性的结果。

13．下列可能造成第三者责任损失的是（　　）。
　　A．投资风险和进度风险　　　　　B．进度风险和质量风险
　　C．质量风险和安全风险　　　　　D．安全风险和投资风险
答案：C
【解析】　质量风险的损失包括事故引起的直接经济损失、修复和补救等措施发生的费用以及第三者责任损失。安全风险的损失包括：（1）受伤人员的医疗费用和补偿费；（2）财产损失，包括材料、设备等财产的损失或被盗；（3）因引起工期延误带来的损失；（4）为恢复建设工程正常实施所发生的费用；（5）第三者责任的损失。

14．对于风险评价来说，建设工程数据库中的数据（　　）。
　　A．只能反映各种风险综合作用的后果，不能反映各种风险各自作用的后果
　　B．只能反映各种风险各自作用的后果，不能反映各种风险综合作用的后果
　　C．既能反映各种风险综合作用的后果，又能反映各种风险各自作用的后果
　　D．既不反映各种风险综合作用的后果，又不反映各种风险各自作用的后果
答案：A
【解析】　对于风险评价来说，建设工程数据库中的数据通常没有具体反映工程风险的信息，充其量只有关于重大工程风险的简单说明，即它只能反映各种风险综合作用的后果，不能反映各种风险各自作用的后果。

15．下列关于质量风险导致损失的表述中，正确的是（　　）。
　　A．质量风险只会增加返工费用，不会造成工期延误损失
　　B．质量风险只会增加返工费用，不会造成第三者责任损失
　　C．质量风险既会造成工期延误损失，也会造成第三者责任损失
　　D．质量风险只会造成工期延误损失，不会造成第三者责任损失
答案：C
【解析】　质量风险导致的损失包括事故引起的直接经济损失，修复和补救等措施发生的费用以及第三者责任损失，具体为：（1）建筑物、构筑物或其他结构倒塌所造成的直接经济损失；（2）复位纠偏、加固补强等补救措施和返工的费用；（3）造成的工期延误的损失；（4）永久性缺陷对于建设工程使用造成的损失；（5）第三者责任的损失。

16．对于业主来说，建设工程实施阶段的风险主要是（　　）。
　　A．基本风险　　B．社会风险　　C．投机风险　　D．纯风险
答案：D
【解析】　参与工程建设的各方都有风险，但是各方的风险不尽相同。对业主而言，建设工程决策阶段的风险主要表现为投机风险，而在实施阶段的风险主要表现为纯风险。

17. 某投标人在招标工程开标后发现自己由于报价失误，比正常报价少报20%，虽然被确定为中标人，但拒绝与业主签订施工合同，该风险对策为(　　)。

　　A. 风险回避　　　　B. 损失控制　　　　C. 风险自留　　　　D. 风险转移

答案：A

【解析】 风险回避是以一定的方式中断风险源，使其不发生或不再发展，从而避免可能产生的潜在损失。它是一种消极的风险对策，建设工程中的风险是不可避免的，必须能够灵活运用其他的风险对策。例如，承包商参与投标，中标后发现标书中报价有失误，潜在的亏损将比较严重，因而拒绝与业主签订施工合同。

18. 建设工程风险识别的结果是(　　)。

　　A. 建设工程风险分解

　　B. 建立建设工程风险清单

　　C. 建立建设工程初始风险清单

　　D. 识别建设工程风险因素、风险事件及后果

答案：B

【解析】 风险识别的结果是建立建设工程风险清单。在建设工程风险识别过程中，核心工作是"建设工程风险分解"和"识别建设工程风险因素、风险事件及后果"。

19. 是否采用计划性风险自留对策，应从费用、期望损失、(　　)等方面与工程保险比较后才能得出结论。

　　A. 风险概率、机会成本、服务质量　　B. 风险概率、机会成本、税收

　　C. 机会成本、服务质量、税收　　　　D. 服务质量、税收、风险概率

答案：C

【解析】 计划性风险自留对策决不可单独运用，应与其他风险对策结合使用；还应从费用、期望损失、机会成本、服务质量、税收等方面与工程保险比较后才能得出结论。

20. 将风险分为财产风险、人身风险和责任风险是按风险(　　)进行的分类。

　　A. 分析依据　　　　　　　　　　　　B. 产生原因

　　C. 潜在损失形态　　　　　　　　　　D. 后果

答案：C

【解析】 按风险潜在损失形态可将风险分为财产风险、人身风险和责任风险。

21. 下列内容中，质量风险和安全风险都可能造成的损失是(　　)。

　　A. 永久性缺陷对建设工程使用造成的损失

　　B. 受伤人员的医疗和补偿费用

　　C. 复位纠偏和加固补强的费用

　　D. 第三者责任损失

答案：D

【解析】 质量风险的损失包括：事故引起的直接经济损失，修复和补救等措施发生的费用以及第三者责任损失。安全风险的损失包括：(1)受伤人员的医疗费用和补偿费；(2)财产损失，包括材料、设备等财产的损失或被盗；(3)因引起工期延误带来的损失；(4)为恢复建设工程正常实施所发生的费用；(5)第三者责任损失。

22. 下列风险识别的方法中，(　　)的作用在于建立最终风险清单。

A. 经验数据法　　　　　　　　　B. 风险调查法
   C. 专家调查法　　　　　　　　　D. 财务报表法
   答案：B
   【解析】　风险识别的方法包括：专家调查法、财务报表法、流程图法、初始清单法、经验数据法和风险调查法。其中，建设工程风险识别时，采用风险调查法的作用在于建立最终风险清单；另外5种方法在于建立初始风险清单。

23. 建设工程风险评价的主要作用在于确定（　　）。
    A. 风险损失值的大小　　　　　　B. 风险发生的概率
    C. 风险的相对严重性　　　　　　D. 风险的绝对严重性
    答案：B
    【解析】　风险评价的作用主要在于确定各种风险事件发生的概率及其对建设工程目标影响的严重程度，如投资额的增加。

24. 风险识别的原则之一是"由粗及细，由细及粗"，其中"由粗及细"的作用在于（　　）。
    A. 得到工程初始风险清单
    B. 确定风险评价和风险对策决策的主要对象
    C. 严格界定风险内涵
    D. 寻找风险因素之间的相关性
    答案：A
    【解析】　风险识别的原则之一是"由粗及细，由细及粗"，其中"由粗及细"的作用在于得到工程初始风险清单。

25. 投保人购买商业保险后，往往疏于对损失的防范，这属于（　　）。
    A. 道德风险因素　　　　　　　　B. 心理风险因素
    C. 道德风险事件　　　　　　　　D. 心理风险事件
    答案：B
    【解析】　风险因素包括：自然风险因素、道德风险因素和心理风险因素。其中，心理风险因素也是无形的因素，与人的心理状态有关，例如，投保后疏于对损失的防范，自认为身强力壮而不注意身体。

26. 建设工程数据库对风险评价的作用是（　　）。
    A. 只能反映各种风险综合作用的后果，不能反映各种风险各自作用的后果
    B. 只能反映各种风险各自作用的后果，不能反映各种风险综合作用的后果
    C. 既能反映各种风险综合作用的后果，也能反映各种风险各自作用的后果
    D. 既不能反映各种风险综合作用的后果，也不能反映各种风险各自作用的后果
    答案：A
    【解析】　对于风险评价来说，建设工程数据库中的数据通常没有具体反映工程风险的信息，充其量只有关于重大工程风险的简单说明，即它只能反映各种风险综合作用的后果，不能反映各种风险各自作用的后果。

27. 在风险事件发生前，风险管理的目标包括（　　）。
    A. 使实际损失最小　　　　　　　B. 减少忧虑及相应的忧虑价值

C. 满足外部的附加义务　　　　　D. 承担社会责任
E. 保证建设工程实施的正常进行

答案：B、C

【解析】 就建设工程而言，在风险事件发生前，风险管理的首要目标是使潜在损失最小，这一目标要通过最佳的风险对策组合来实现；其次，减少忧虑及相应的忧虑价值；再次，要满足外部的附加义务。

28. 下列关于风险损失控制系统的表述中，正确的有（　　）。

　　A. 预防计划的主要作用是降低损失发生的概率

　　B. 风险分隔措施属于组织措施

　　C. 风险分散措施属于管理措施

　　D. 最大限度地减少资产和环境损害属于应急计划

　　E. 技术措施必须付出费用和时间两方面的代价

答案：A、C、E

【解析】 预防计划的主要作用是降低损失发生的概率，最大限度地减少资产和环境损害属于灾难计划，技术措施的显著特征是必须付出费用和时间两方面的代价。"风险分隔和风险分散"措施均属于管理措施。

29. 工程保险合同的内容较为复杂，工程保险合同谈判常常耗费较多的时间和精力，尤以保险费的谈判为甚，这是因为保险费（　　）。

　　A. 没有统一固定的费率　　　　B. 与特定建设工程的类型有关
　　C. 与建设地点的自然条件有关　　D. 与免赔额的数额成正相关
　　E. 与免赔额的数额成负相关

答案：A、B、C

【解析】 工程保险合同的内容较为复杂，保险费没有统一固定的费率，需要根据特定建设工程的类型、建设地点的自然条件、保险范围、免赔额的大小等加以考虑，因而工程保险合同谈判常常耗费较多的时间和精力。

30. 从风险管理目标与风险管理主体总体目标一致性的角度，建设工程风险管理的目标通常更具体地表述为（　　）。

　　A. 实际质量满足预期的质量要求　　B. 实际投资不超过计划投资
　　C. 实际工期不超过计划工期　　　　D. 建设过程安全
　　E. 信息反馈及时

答案：A、B、C、D

【解析】 从风险管理目标与风险管理主体总体目标一致性的角度，建设工程风险管理的目标通常更具体地表述为：(1)实际投资不超过计划投资；(2)实际工期不超过计划工期；(3)实际质量满足预期的质量要求；(4)建设过程安全。

31. 风险调查法是识别建设工程风险不可缺少的方法，下列关于风险调查法的表述中，正确的有（　　）。

　　A. 通过风险调查可以发现此前尚未识别出的重要工程风险

　　B. 通过风险调查可以对其他方法已识别出的风险进行鉴别和确认

　　C. 随工程的进展，风险调查的内容相应增加，但调查的重点相同

D. 随工程的进展，风险调查的内容相应减少，调查的重点可能不同

E. 从某种意义上讲，风险调查法的主要作用在于建立初始风险清单

答案：A、B、D

【解析】 风险调查应当从分析具体建设工程的特点入手，一方面对通过其他方法已识别出的风险（如初始风险清单所列出的风险）进行鉴别和确定，另一方面，通过风险调查有可能发现此前尚未识别出的重要的工程风险。

风险调查并不是一次性的。风险调查应该不断进行；随着实施的进展，风险调查的内容亦相应减少，风险调查的重点有可能不同。

对于建设工程的风险识别来说，仅仅采用一种风险识别方法是远远不够的，一般都应综合采用两种或多种风险识别方法，才能取得较为满意的结果。而且，不论采用何种风险识别方法组合，都必须包含风险调查法。从某种意义上讲，前五种风险识别方法的主要作用在于建立初始风险清单，而风险调查法的作用则在于建立最终的风险清单。

32. 下列关于风险回避对策的表述中，正确的有（　　）。

A. 相当成熟的技术不存在风险，所以不需要采用风险回避对策

B. 在风险对策的决策中应首先考虑选择风险回避

C. 就投机风险而言，回避风险的同时也失去了从风险中获益的可能性

D. 风险回避尽管是一种消极的风险对策，但有时是最佳的风险对策

E. 建设工程风险定义的范围越广或分解得越粗，回避风险的可能性就越小

答案：C、D、E

【解析】 采用风险回避这一对策时，有时需要做出一些牺牲，但较之承担风险，这些牺牲比风险真正发生时可能造成的损失要小得多。

在某些情况下，风险回避是最佳对策。

在采用风险回避对策时需要注意以下几方面的问题：(1)回避一种风险可能产生另一种新的风险；就技术风险而言，即使相当成熟的技术也存在一定的风险。(2)回避风险的同时也失去了从风险中获益的可能性；(3)回避风险可能不实际或不可能。建设工程风险定义的范围越广或分解得越粗，回避风险就越不可能。

虽然风险回避是一种必要的、有时甚至是最佳的风险对策，但应该承认这是一种消极的风险对策。

33. 灾难计划是针对严重风险事件制定的，其内容应满足（　　）的要求。

A. 援救及处理伤亡人员

B. 调整建设工程施工计划

C. 保证受影响区域的安全尽快恢复正常

D. 使因严重风险事件而中断的工程实施过程尽快全面恢复

E. 控制事故的进一步发展，最大限度地减少资产和环境损害

答案：A、C、E

【解析】 灾难计划是一组事先编制好的、目的明确的工作程序和具体措施，为现场人员提供明确的行动指南，使其在各种严重的、恶性的紧急事件发生后，不至于惊慌失措，也不需要临时讨论研究应对措施，可以做到从容不迫、及时、妥善地处理，从而减少人员伤亡以及财产和经济损失。

灾难计划是针对严重风险事件制定的，其内容应满足以下要求：(1)安全撤离现场人员；(2)援救及处理伤亡人员；(3)控制事故的进一步发展，最大限度地减少资产和环境损害；(4)保证受影响区域的安全尽快恢复正常。

灾难计划在严重风险事件发生或即将发生时付诸实施。

34. 进度风险导致的损失包括（　　）。

　　A. 第三者责任的损失　　　　　　B. 财产损失
　　C. 货币的时间价值　　　　　　　D. 为赶上计划进度所需的额外费用
　　E. 延期投入使用的收入损失

答案：C、D、E

【解析】 进度风险导致的损失由货币的时间价值、为赶上计划进度所需的额外费用（包含加班的人工费、机械使用费和管理费等）、延期投入使用的收入损失组成。

35. 下列风险对策中，属于非保险转移的有（　　）。

　　A. 业主与承包商签订固定总价合同　　B. 在外资项目上采用多种货币结算
　　C. 设立风险专用基金　　　　　　　　D. 总承包商将专业工程内容分包
　　E. 业主要求承包商提供履约保证

答案：A、D、E

【解析】 建设工程风险最常见的非保险转移有以下3种情况：

(1) 业主将合同责任和风险转移给对方当事人。被转移者多数是承包商。如采用固定总价合同将涨价风险转移给承包商。

(2) 承包商进行合同转让或工程分包。

(3) 第三方担保。合同当事人的一方要求另一方为其履约行为提供第三方担保。担保方所承担的风险仅限于合同责任，即由于委托方不履行或不适当履行合同以及违约所产生的责任。第三方担保的主要表现是业主要求承包商提供履约保证和预付款保证（在投标阶段还有投标保证）。我国施工合同（示范文本）也有发包人和承包人互相提供履约担保的规定。

"B. 在外资项目上采用多种货币结算"属于损失控制。"C. 设立风险专用基金"属于风险自留。

36. 在损失控制计划系统中，应急计划是在损失基本确定后的处理计划，其应包括的内容有（　　）。

　　A. 采用多种货币组合的方式付款
　　B. 调整整个建设工程的施工进度计划
　　C. 调整材料、设备采购计划
　　D. 控制事故的进一步发展，最大限度地减少资产和环境损害
　　E. 准备保险索赔依据，确定保险索赔的额度，起草保险索赔报告

答案：B、C、E

【解析】 在损失控制计划系统中，应急计划是在损失基本确定后的处理计划，其应包括的内容有：(1)调整整个建设工程的施工进度计划，并要求各承包商相应调整各自的施工进度计划；(2)调整材料、设备采购计划；(3)准备保险索赔依据，确定保险索赔的额度，起草保险索赔报告；(4)全面审查可使用的资金情况，必要时需调整筹资计划等。

37. 损失控制预防计划中，管理措施有（　　）等。
    A. 风险分隔　　　B. 风险回避　　　C. 风险分担　　　D. 风险分散
    E. 风险转移
答案：A、D

【解析】 损失控制预防计划中，管理措施包括：风险分隔措施和风险分散措施。

38. 在风险对策中，工程保险的缺点表现在（　　）。
    A. 机会成本增加
    B. 难以确定投保人和被保险人
    C. 保险合同谈判常常耗费较多的时间和精力
    D. 投保人可能产生心理麻痹而导致增加实际损失和未投保损失
    E. 保险人的风险增大
答案：A、C、D

【解析】 工程保险的缺点表现在：(1)机会成本增加；(2)工程保险合同的内容比较复杂，保险合同谈判常常耗费较多的时间和精力；(3)投保人可能产生心理麻痹而疏于损失控制计划，导致增加实际损失和未投保损失。

39. 下列内容中，属于非保险转移缺点的有（　　）。
    A. 可能因合同条款有歧义而导致转移失败
    B. 机会成本大
    C. 有时转移代价可能超过实际损失
    D. 可能因转移者心理麻痹而导致实际损失增加
    E. 可能因被转移者无力承担实际损失而仍然由转移者承担损失
答案：A、C、E

【解析】 非保险转移又称合同转移，一般是通过签订合同的方式将工程风险转移给非保险人的对方当事人。该对策的主要优点是：可以转移某些不可保的潜在损失，此外被转移者往往能较好地进行损失控制。但是，可能因合同条款有歧义而导致转移失败，可能因被转移者无力承担实际损失而仍然由转移者承担损失。并且，有时转移代价可能超过实际损失，从而对转移者不利。

40. 建设工程风险大表现在（　　）。
    A. 实施阶段的投机风险大
    B. 风险因素和风险事件多
    C. 风险因素和风险事件的发生概率大
    D. 风险因素和风险事件的损失后果较为严重
    E. 同一风险事件，对建设工程不同参与方的后果是相同的
答案：B、C、D

【解析】 建设工程建设周期持续时间长，所涉及的风险因素多，每一风险因素又会产生许多风险事件。通常将其按风险产生的原因分为政治、社会、经济、自然、技术等风险因素。建设工程风险因素和风险事件发生的概率均较大，而且一旦发生，往往会造成比较严重的损失后果。

41. 风险自留和保险都是从财务角度应对风险，因此，计划性风险自留应从（　　）等

方面与工程保险比较后才能得出结论。

  A. 费用   B. 风险发生概率
  C. 期望损失   D. 机会成本
  E. 税收

答案：A、C、D、E

【解析】 计划性风险自留对策决不可单独运用，应与其他风险对策结合使用；还应从费用、期望损失、机会成本、服务质量、税收等方面与工程保险比较后才能得出结论。

实战练习题

一、单项选择题

1. 风险管理的具体目标要与风险事件的发生联系起来，就建设工程而言，在风险事件发生前，风险管理的首要目标是(　　)。
  A. 使潜在损失最小   B. 减少忧虑
  C. 满足外部的附加义务   D. 保证建设工程实施的正常进行

2. 在相对比较法中，如果认为风险事件发生的概率为"一定的"，这意味着该风险事件发生的概率(　　)。
  A. 几乎为零   B. 很小   C. 中等   D. 较大

3. 只可能造成损失不可能创造收益的风险为(　　)。
  A. 投机风险   B. 特殊风险   C. 基本风险   D. 纯风险

4. 建设工程风险对策中，采取减少损失措施的作用在于(　　)。
  A. 降低损失发生的概率
  B. 消除损失发生的概率
  C. 降低损失的严重性或遏制损失的进一步发展
  D. 预防损失的发生

5. (　　)就是一个识别、确定和度量风险，并制定、选择和实施风险处理方案的过程。
  A. 风险控制   B. 风险评价   C. 风险识别   D. 风险管理

6. (　　)是建立建设工程初始风险清单的有效途径。
  A. 采用保险公司公布的潜在损失一览表
  B. 采用风险管理学会公布的潜在损失一览表
  C. 采用风险管理协会公布的潜在损失一览表
  D. 通过适当的风险分解方式来识别风险

7. "在施工过程中，施工单位建立相应的工作制度和会议制度"，这是建设工程风险对策中预防损失的(　　)。
  A. 组织措施   B. 信息措施   C. 合同措施   D. 管理措施

8. 根据已建各类建设工程风险有关的统计资料来识别拟建建设工程的风险，是采用(　　)来识别风险。
  A. 专家调整法   B. 流程图法   C. 经验数据法   D. 初始清单法

9. 用相对比较法衡量建设工程风险概率主要是依据( )。
   A. 客观概率   B. 主观概率   C. 平均概率   D. 实际概率
10. 在损失控制计划系统中，在风险损失基本确定后的处理计划为( )。
    A. 预防计划   B. 安全计划   C. 灾难计划   D. 应急计划
11. 建设工程风险损失不包括( )。
    A. 进度风险   B. 资金风险   C. 质量风险   D. 安全风险
12. 不同等风险量曲线所表示风险量大小与其风险坐标原点的距离( )。
    A. 无关系   B. 成正比例   C. 成反比例   D. 不成比例
13. 下列不属于进度风险导致的损失组成的内容是( )。
    A. 延期投入使用的收入损失
    B. 货币的时间价值
    C. 资金使用安排不当引起的实际投资超出计划投资的数额
    D. 为赶上计划进度所需的额外费用
14. 对于业主来说，建设工程决策阶段的风险主要表现为投机风险，而在实施阶段的风险主要表现为( )。
    A. 纯风险   B. 投机风险   C. 道德风险   D. 心理风险
15. 计划性风险自留应预先制定损失支付计划，下列不属于常见的损失支付方式的是( )。
    A. 母公司保险   B. 自我保险
    C. 将损失费计入后期成本   D. 建立非基金储备
16. 在风险对策中，风险自留( )。
    A. 既改变风险的发生概率，又改变风险潜在损失的严重性
    B. 只改变风险的发生概率，不改变风险潜在损失的严重性
    C. 不改变风险的发生概率，只改变风险潜在损失的严重性
    D. 既不改变风险的发生概率，又不改变风险潜在损失的严重性
17. 建设工程中，以一定的方式中断风险源，使其不发生或不再发展，从而避免可能产生的潜在损失，这是一种( )的风险对策。
    A. 风险回避   B. 风险转移   C. 损失控制   D. 风险自留
18. 对建设工程风险的识别来说，风险识别的结果是( )。
    A. 建立风险量函数   B. 建立初始风险清单
    C. 建立建设工程风险清单   D. 明确建设工程风险事件
19. 建设工程中由于产品投入市场过迟而失去商机，从而大大降低市场份额，这方面的损失属于( )。
    A. 工期延误的损失   B. 货币的时间价值的损失
    C. 为赶上计划进度所需的额外费用 D. 延期投入使用的收入损失
20. 关于损失控制的说法，错误的是( )。
    A. 损失控制是一种主动、积极的风险对策
    B. 制定损失控制措施必须以定性风险评价的结果为依据
    C. 制定损失控制措施考虑其付出的代价，包括费用和时间两方面的代价

D. 损失控制措施的最终确定,需要综合考虑损失控制措施的效果及其相应的代价

21. ( )是指将建设工程风险事件发生的可能性和损失后果进行定量化的过程。
    A. 风险识别　　B. 风险评价　　C. 风险对策　　D. 风险管理

22. 在计划性风险自留的损失支付方式中,不能充分体现其"计划性"的方式是( )。
    A. 建立非基金储备　　　　B. 从现金净收入中支出
    C. 自我保险　　　　　　　D. 母公司保险

23. 建设工程风险对策具体措施很多,在这些措施中,( )的显著特征是必须付出费用和时间两方面的代价。
    A. 组织措施　　B. 经济措施　　C. 合同措施　　D. 技术措施

24. 在建设工程风险对策决策过程中,最后才考虑的风险对策是( )。(2004年)
    A. 风险回避　　B. 风险转移　　C. 损失控制　　D. 风险自留

25. "确定目标要充分考虑其实现的客观可能性",这体现了风险管理目标( )的要求。
    A. 主观性　　B. 一致性　　C. 现实性　　D. 层次性

26. "建筑物、构筑物或其他结构倒塌所造成的直接经济损失"在风险损失中属于( )导致的损失。
    A. 投资风险　　B. 质量风险　　C. 进度风险　　D. 合同风险

27. 采用流程图法进行风险识别的主要作用在于( )。
    A. 指导风险管理人员进行风险评价
    B. 给决策者一个清晰的总体印象
    C. 帮助风险管理人员进行风险因素分析
    D. 辅助决策者进行风险对策决策

28. 既可能造成损失也可能创造收益的风险为( )。
    A. 纯风险　　B. 投机风险　　C. 基本风险　　D. 特殊风险

29. 建设工程的风险识别一般应综合采用多种风险识别方法,而不论采用何种风险识别方法组合,都必须包含( )。
    A. 专家调查法　　B. 初始清单法　　C. 经验数据法　　D. 风险调查法

30. 在建设工程风险管理中,下列不属于非保险转移的是( )。
    A. 业主将合同责任和风险转移给对方当事人
    B. 承包商进行合同转让或工程分包
    C. 第三方担保
    D. 承包商将应由自己承担的工程风险转移给保险公司

31. 由于( )重复出现的概率较大,表现出某种规律性,因而人们可能较成功地预测其发生的概率,从而相对容易采取防范措施。
    A. 纯风险　　B. 技术风险　　C. 基本风险　　D. 投机风险

32. 第三方担保在风险对策中属于( )。
    A. 风险自留　　B. 非保险转移　　C. 风险回避　　D. 风险转移

33. 灾难计划是一组事先编制好的、目的明确的工作程序和具体措施,是在( )风

险事件发生或即将发生时付诸实施的。
　　A. 特殊　　　　　B. 事故　　　　　C. 严重　　　　　D. 安全

34. 在固定总价合同条件下，通货膨胀（　　）。
　　A. 对业主和承包商均没有风险
　　B. 对业主来说没有风险，对承包商来说风险大
　　C. 对业主来说风险小，对承包商来说风险大
　　D. 对业主和承包商均有风险

35. 建设工程风险可以按建设工程中不同单项工程、单位工程的不同风险来分解，即建设工程风险的分解可以按（　　）途径进行。
　　A. 目标维　　　B. 时间维　　　C. 结构维　　　D. 因素维

36. 在相对比较法中，如果认为风险事件偶尔会发生，并且能预期将来有时会发生，这种风险事件发生的概率属于（　　）。
　　A. 特定的　　　B. 不确定的　　　C. 中等的　　　D. 一定的

37. 对于肯定不能排除，但又不能肯定予以确认的风险按（　　）考虑。
　　A. 排除　　　　　　　　　　　　B. 排除与确认并重
　　C. 确认　　　　　　　　　　　　D. 先确认，后排除

38. 对于建设工程风险中不可保风险，必须采取（　　）措施。
　　A. 风险回避　　B. 风险转移　　C. 损失控制　　D. 风险自留

39. 下列关于风险回避的表述中，不正确的是（　　）。
　　A. 回避一种风险，可能产生另一种新的风险
　　B. 回避风险的同时，也失去了从风险中获益的可能性
　　C. 回避风险有时可能不实际或不可能
　　D. 回避风险是一种积极的风险对策

40. 在进行建设工程风险识别时，采用风险调查法的作用在于建立（　　）。
　　A. 初始风险清单　　　　　　　　B. 风险量函数
　　C. 最终的风险清单　　　　　　　D. 建设工程风险清单

41. 风险管理过程中，风险识别和风险评价是两个重要步骤。下列关于这两者的表述中，正确的是（　　）。
　　A. 风险识别和风险评价都是定性的
　　B. 风险识别和风险评价都是定量的
　　C. 风险识别是定性的，风险评价是定量的
　　D. 风险识别是定量的，风险评价是定性的

42. 风险发生概率与风险潜在损失的乘积称为（　　）。
　　A. 风险量　　　B. 风险事件　　　C. 风险因素　　　D. 风险函数

43. 风险对策的决策过程中，一般情况下对各种风险对策的选择原则是（　　）。
　　A. 首先考虑风险转移，最后考虑损失控制
　　B. 首先考虑风险转移，最后考虑风险自留
　　C. 首先考虑风险回避，最后考虑损失控制
　　D. 首先考虑风险回避，最后考虑风险自留

二、多项选择题

1. 计划性风险自留的适用条件有（　　）。
   A. 机会成本很大　　　　　　　　B. 损失无法预测
   C. 既不可回避，又不能预防　　　D. 期望损失不严重
   E. 内部服务优良

2. 从风险管理目标与风险管理主体总体目标一致性的角度来理解，建设工程风险管理更具体表述为（　　）。
   A. 实际投资不超过计划投资　　　B. 实际工期不超过计划工期
   C. 实际质量满足预期的质量要求　D. 建设过程安全
   E. 严格履行合同

3. 投资风险包括的内容有（　　）。
   A. 第三者责任的损失
   B. 法规、价格的变化引起的实际投资超出计划投资的数额
   C. 财产损失，包括材料、设备等财产的损毁或被盗
   D. 资金使用安排不当引起的实际投资超出计划投资的数额
   E. 汇率和利率的变化引起的实际投资超出计划投资的数额

4. 衡量建设工程风险概率的方法有（　　）。
   A. 主观概率法　　　　　　　　　B. 客观概率法
   C. 相对比较法　　　　　　　　　D. 绝对比较法
   E. 概率分布法

5. 建设工程风险的分解可以按（　　）途径进行。
   A. 目标维　　B. 时间维　　C. 方法维　　D. 结构维
   E. 因素维

6. 在建设工程风险对策中，预防计划的具体措施有（　　）。
   A. 组织措施　　B. 技术措施　　C. 经济措施　　D. 管理措施
   E. 合同措施

7. 能充分体现计划性风险自留"计划性"的损失支付方式有（　　）。
   A. 建立非基金储备　　　　　　　B. 从现金净收入中支出
   C. 保险　　　　　　　　　　　　D. 自我保险
   E. 母公司保险

8. 风险管理过程包括（　　）。
   A. 风险识别　　B. 风险评价　　C. 风险对策决策　　D. 实施决策
   E. 风险测试

9. 就施工阶段而言，损失控制计划系统一般由（　　）组成。
   A. 预防计划　　B. 灾难计划　　C. 应急计划　　D. 动态控制
   E. 风险回避

10. 在建设工程风险损失中，下列属于质量风险所导致损失的是（　　）。
    A. 造成工期延误的损失
    B. 为恢复建设工程正常实施所发生的费用

C. 永久性缺陷使建设工程使用造成的损失
D. 延期投入使用的收入损失
E. 复位纠偏、加固补强等补救措施和返工的费用

11. 损失控制措施的作用表现在以下几方面：（　　）。
    A. 使损失最小化　　　　　　　　B. 降低损失发生的概率
    C. 降低损失的严重性　　　　　　D. 使损失后果减少到零
    E. 遏制损失的进一步发展

12. 从建设工程风险的识别来说，风险识别的特点有（　　）。
    A. 个别性　　　B. 客观性　　　C. 主观性　　　D. 复杂性
    E. 不确定性

13. 通过定量方法进行风险评价的作用主要表现在（　　）。
    A. 更准确地认识风险
    B. 保证目标规划的合理性
    C. 保证目标计划的可行性
    D. 灵活掌握风险识别的方法
    E. 合理选择风险对策，形成最佳风险对策组合

14. 在风险识别过程中应遵循的原则是（　　）。
    A. 由粗及细，由细及粗
    B. 严格界定风险内涵并考虑风险因素之间的相关性
    C. 先怀疑，后排除
    D. 排除与确认并重
    E. 正确认识建设工程项目管理与风险管理的关系

15. 非计划性风险自留可能由下列原因产生：（　　）。
    A. 缺乏风险意识　　　　　　　　B. 风险评价失误
    C. 风险决策延误　　　　　　　　D. 风险决策实施延误
    E. 非基金储备不足

16. 在下列风险中，属于按风险产生原因划分的风险是（　　）。
    A. 投机风险　　　B. 政治风险　　　C. 基本风险　　　D. 经济风险
    E. 自然风险

17. 损失机会中客观概率的确定主要有（　　）方法。
    A. 测绘法　　　B. 演绎法　　　C. 统计法　　　D. 归纳法
    E. 估算平均法

18. 在建设工程风险识别过程中，核心工作是（　　）。
    A. 建立建设工程风险清单
    B. 建立初始风险清单
    C. 建设工程风险分解
    D. 识别建设工程风险因素、风险事件及后果
    E. 建立风险量函数

19. 风险识别的不确定性是（　　）的结果。

A. 个别性   B. 主观性   C. 客观性   D. 复杂性

E. 片面性

20. 建设工程的质量风险和安全风险都会引起（　　）。

A. 返工费用   B. 医疗费用

C. 造成工期延误的损失   D. 第三者责任损失

E. 对工程使用造成的损失

21. 以下风险转移的情况属于非保险转移的有（　　）。

A. 建立非基金储备

B. 第三方担保

C. 业主将合同责任和风险转移给对方当事人

D. 承包商进行合同转让或工程分包

E. 制定损失控制措施

22. 在下列风险中，相互之间存在一定联系的是（　　）。

A. 政治风险   B. 社会风险   C. 经济风险   D. 自然风险

E. 技术风险

23. 属于建设工程风险识别方法的有（　　）。

A. 损失控制法   B. 预防计划法

C. 初始清单法   D. 经验数据法

E. 风险调查法

📖 实战练习题答案

一、单项选择题

1. A；　2. D；　3. D；　4. C；　5. D；　6. D；　7. A；　8. C；　9. B；　10. D；
11. B；　12. D；　13. C；　14. A；　15. C；　16. D；　17. A；　18. C；　19. D；　20. B；
21. B；　22. B；　23. D；　24. D；　25. C；　26. B；　27. B；　28. B；　29. D；　30. C；
31. A；　32. B；　33. C；　34. B；　35. C；　36. C；　37. C；　38. C；　39. D；　40. C；
41. C；　42. A；　43. D

二、多项选择题

1. A、C、D、E；　2. A、B、C、D；　3. B、D、E；　4. C、E；
5. A、B、D、E；　6. A、B、D、E；　7. A、D、E；　8. A、B、C、D；
9. A、B、C；　10. A、C、E；　11. A、B、C、E；　12. A、C、D、E；
13. A、B、C、E；　14. A、B、C、D；　15. A、B、C、D；　16. B、D、E；
17. B、C、D；　18. C、D；　19. B、D；　20. C、D；
21. B、C、D；　22. A、B、C；　23. C、D、E

第五章 建设工程监理组织

📖 考纲分解

一、组织和组织结构(了解)

组织	概念	为了使系统达到它特定的目标,使全体参加者经分工与协作以及设置不同层次的权力和责任制度而构成的一种人的组合体
	意思	(1) 目标是组织存在的前提。 (2) 没有分工与协作就不是组织。 (3) 没有不同层次的权力和责任制度就不能实现组织活动和组织目标
	特点	其他要素可以相互代替,而组织不能替代其他要素,也不能被其他要素所替代;但是,组织可以使其他要素合理配合而增值,即可以提高其他要素的使用效益
组织结构	概念	组织内部构成和各部分间所确立的较为稳定的相互关系和联系方式,称为组织结构
	基本内涵	(1) 确定正式关系与职责的形式。 (2) 向组织各个部门或个人分派任务和各种活动的方式。 (3) 协调各个分离活动和任务的方式。 (4) 组织中权力、地位和等级关系
	与职权的关系	组织中的职权指的是组织中成员间的关系,而不是某一个人的属性
	与职责的关系	只要有职位就有职权,只要有职权就有职责
	组织结构图	组织结构图是组织结构简化了的抽象模型。但是,它不能准确、完整地表达组织结构,不能说明职权的程度和评价职位间的横向关系,但仍不失为一种表示组织结构的好办法

二、组织设计(了解)

要点	(1) 组织设计是管理者在系统中建立最有效相互关系的一种合理化的、有意识的过程。 (2) 该过程既要考虑系统的外部要素,又要考虑系统的内部要素。 (3) 组织设计的结果是形成组织结构	
组织构成因素(上小下大)	管理层次	管理层次是指从组织的最高管理者到最基层的实际工作人员之间的等级层次的数量
		管理层次可分为三个层次,即决策层、协调层和执行层、操作层
		组织的最高管理者到最基层的实际工作人员权责逐层递减,而人数却逐层递增
	管理跨度	管理跨度是指一名上级管理人员所直接管理的下级人数。某级管理人员的管理跨度的大小直接取决于这一级管理人员所需协调的工作量。管理跨度越大,领导者需要协调的工作量越大,管理的难度也越大

续表

组织构成因素(上小下大)	管理部门	如果管理部门划分不合理，会造成控制、协调困难，也会造成人浮于事，浪费人力、物力、财力。管理部门的划分要根据组织目标与工作内容确定，形成既有相互分工又有相互配合的组织结构
	管理职能	组织设计确定各部门的职能，应使纵向的领导、检查、指挥灵活，达到指令传递快、信息反馈及时；使横向各部门间相互联系、协调一致，使各部门有职有责、尽职尽责
组织设计原则	1. 集权与分权统一的原则	所谓集权，就是总监理工程师掌握所有监理大权，各专业监理工程师只是其命令的执行者
		所谓分权，是指在总监理工程师的授权下，各专业监理工程师在各自管理的范围内有足够的决策权，总监理工程师主要起协调作用
		项目监理机构是采取集权形式还是分权形式，要根据建设工程的特点，监理工作的重要性，总监理工程师能力、精力及各专业监理工程师的工作经验、工作能力、工作态度等因素进行综合考虑
	2. 专业分工与协作统一的原则	
	3. 管理跨度与管理层次统一的原则	在组织机构的设计过程中，管理跨度与管理层次成反比例关系
	4. 权责一致的原则	
	5. 才职相称的原则	
	6. 经济效率原则	
	7. 弹性原则	组织机构既要有相对的稳定性，不要总是轻易变动，又要随组织内部和外部条件的变化，根据长远目标作出相应的调整与变化，使组织机构具有一定的适应性

三、建设工程组织管理基本模式(熟悉)

	平行承发包模式	设计或施工总分包模式	项目总承包模式	项目总承包管理模式
特点	指业主将建设工程的设计、施工以及材料设备采购的任务经过分解分别发包给若干个设计单位、施工单位和材料设备供应单位，并分别与各方签订合同 首先合理进行工程建设任务分解，然后进行分类综合，确定每个合同的发包内容，以便选择适当的承建单位	指业主将全部设计或施工任务发包给一个设计单位或一个施工单位作为总包单位，总包单位可以将其部分任务再分包给其他承包单位，形成一个设计总包合同或一个施工总包合同以及若干个分包合同的结构模式	指业主将工程设计、施工、材料和设备采购等工作全部发包给一家承包公司，由其进行实质性设计、施工和采购工作，最后向业主交出一个已达到动用条件的工程。按这种模式发包的工程也称"交钥匙工程"	指业主将工程建设任务发包给专门从事项目组织管理的单位，再由它分包给若干设计、施工和材料设备供应单位，并在实施中进行项目管理 与项目总承包的不同之处：前者不直接进行设计与施工，没有自己的设计和施工力量，而是将承接的设计和施工任务分包出去，他们专心致力于建设工程管理；后者有自己的设计、施工实体，是设计、施工、材料和设备采购的主要力量

续表

	平行承发包模式	设计或施工总分包模式	项目总承包模式	项目总承包管理模式
优点	有利于缩短工期	有利于工期控制	缩短建设周期	进度控制有利
	有利于质量控制	有利于质量控制	有利于投资控制,但并不意味着项目总承包的价格低	合同关系简单、组织协调比较有利
		有利于投资控制		
	有利于业主选择承建单位	有利于建设工程的组织管理,业主协调工作量减少,有利于业主的合同管理	合同关系简单,组织协调工作量小	
缺点	投资控制难度大	总包报价可能较高	质量控制难度大	监理工程师对分包的确认工作十分关键;风险相对较大,应持慎重态度
			招标发包工作难度大,合同管理难度一般较大	项目总承包管理单位自身经济实力一般比较弱,而承担的风险相对较大,因此建设工程采用这种承发包模式应持慎重态度
	合同数量多,组织协调工作量大;会造成合同管理困难	建设周期较长	业主择优选择承包方范围小	

四、建设工程监理委托模式(掌握)

平行承发包模式	业主委托1家监理单位监理	要求被委托的监理单位应该具有较强的合同管理与组织协调能力,并能做好全面规划工作。可以组建多个监理分支机构对各承建单位分别实施监理
	业主委托多家监理单位监理	各监理单位之间的相互协作与配合需要业主进行协调
设计或施工总分包模式	某些大、中型项目的监理实践中,业主首先委托一个"总监理工程师单位"总体负责建设工程的总规划和协调控制,形成业主委托"总监理工程师单位"进行监理的模式	
	业主可以委托1家监理单位进行实施阶段全过程的监理,也可按设计阶段和施工阶段分别委托监理单位	监理工程师必须做好对分包单位资质的审查、确认工作
项目总承包模式	业主应委托1家监理单位提供监理服务	
项目总承包管理模式	业主应委托1家监理单位进行监理	

五、建设工程监理实施程序(掌握)

(一)确定项目总监理工程师,成立项目监理机构	一般情况下,监理单位在承接工程监理任务时,在参与工程监理的投标、拟定监理方案(大纲)以及与业主商签委托监理合同时,即应选派称职的人员主持该项工作。在监理任务确定并签订委托监理合同后,该主持人即可作为项目总监理工程师	
(二)编制建设工程监理规划		
(三)制定各专业监理实施细则		
(四)规范化地开展监理工作	工作的时序性	监理的各项工作都应按一定的逻辑顺序先后展开,从而使监理工作能有效地达到目标而不致造成工作状态的无序和混乱

续表

（四）规范化地开展监理工作	职责分工的严密性	建设工程监理工作是由不同专业、不同层次的专家群体共同来完成的，他们之间严密的职责分工是协调进行监理工作的前提和实现监理目标的重要保证
	工作目标的确定性	在职责分工的基础上，每一项监理工作的具体目标都应是确定的，完成的时间也应有时限规定，从而能通过报表资料对监理工作及其效果进行检查和考核
（五）参与验收，签署建设工程监理意见		
（六）向业主提交建设工程监理档案资料		
（七）监理工作总结		监理工作完成后，项目监理机构应及时从两个方面进行监理工作总结。其一，是向业主提交的监理工作总结。其二，是向监理单位提交的监理工作总结

六、建设工程监理实施原则（掌握）

（一）公正、独立、自主的原则	
（二）权责一致的原则	
（三）总监理工程师负责制的原则	（1）总监理工程师是工程监理的责任主体 （2）总监理工程师是工程监理的权力主体
（四）严格监理、热情服务的原则	对承建单位进行严格监理；为业主提供热情的服务
（五）综合效益的原则	既要考虑业主的经济效益，也必须考虑与社会效益和环境效益的有机统一

七、建立项目监理机构的步骤（掌握）

监理单位与业主签订委托监理合同后，在实施建设工程监理之前，应建立项目监理机构。项目监理机构的组织形式和规模，应根据委托监理合同的服务内容、服务期限、工程类别、规模、技术复杂程度、工程环境等因素确定

（一）确定项目监理机构目标	建设工程监理目标是项目监理机构建立的前提，项目监理机构的建立应根据委托监理合同中确定的监理目标，制定总目标并明确划分监理机构的分解目标		
（二）确定监理工作内容	根据监理目标和委托监理合同中规定的监理任务，明确列出监理工作内容，并进行分类归并及组合。监理工作的归并及组合应便于监理目标控制，并综合考虑监理工程的组织管理模式、工程结构特点、合同工期要求、工程复杂程度、工程管理及技术特点；还应考虑监理单位自身组织管理水平、监理人员数量、技术业务特点等		
	如果建设工程进行实施阶段全过程监理，监理工作划分可按设计阶段和施工阶段分别归并和组合		
（三）项目监理机构的组织结构设计	1.选择组织结构形式	基本原则是：有利于工程合同管理，有利于监理目标控制，有利于决策指挥，有利于信息沟通	
	2.确定管理层次与管理跨度	决策层	总监理工程师和其他助手
		中间控制层（协调层和执行层）	各专业监理工程师
		作业层（操作层）	监理员、检查员等
	3.划分项目监理机构部门		
	4.制定岗位职责及考核标准		
	5.安排监理人员	项目总监应由具有3年以上同类工程监理工作经验的人员担任；总监代表：2年以上；专监：1年以上。项目监理机构的监理人员应专业配套、数量满足建设工程监理工作的需要	
（四）制定工作流程和信息流程			

八、项目监理机构的组织形式（掌握）

	特　点	优　点	缺　点
直线制	项目监理机构中任何一个下级只接受惟一上级的命令。各级部门主管人员对所属部门的问题负责，项目监理机构中不再另设投资控制、进度控制、质量控制及合同管理等职能部门	适用于能划分为若干相对独立的子项目的大、中型建设工程	实行没有职能部门的"个人管理"，这就要求总监理工程师博晓各种业务，通晓多种知识技能，成为"全能"式人物
		如果业主委托监理单位对建设工程实施阶段全过程监理，项目监理机构的部门还可按不同的建设阶段分解设立直线制监理组织形式。对于小型建设工程，监理单位也可以采用按专业内容分解的直线制监理组织形式	组织机构简单，权力集中，命令统一，职责分明，决策迅速，隶属关系明确	
职能制	把管理部门和人员分为两类：一类是以子项目监理为对象的直线指挥部门和人员；另一类是以投资控制、进度控制、质量控制及合同管理为对象的职能部门和人员。监理机构内的职能部门按总监理工程师授予的权利和监理职责有权对指挥部门发布指令	一般适用于大、中型建设工程，如果子项目规模较大时，也可以在子项目层设置职能部门	加强了项目监理目标控制的职能化分工，能够发挥职能机构的专业管理作用，提高管理效率，减轻总监理工程师负担	由于直线指挥部门人员受职能部门多头指令，如果这些指令相互矛盾，将使其在监理工作中无所适从
直线职能制	吸收了直线制监理组织形式和职能制监理组织形式的优点而形成的一种组织形式。直线指挥部门拥有对下级实行指挥和发布命令的权力，并对该部门的工作全面负责；职能部门是直线指挥人员的参谋，他们只能对指挥部门进行业务指导，而不能对指挥部门直接进行指挥和发布命令	保持了直线制组织实行直线领导、统一指挥、职责清楚的优点，另一方面又保持了职能制组织目标管理专业化的优点	职能部门与指挥部门易产生矛盾，信息传递路线长，不利于互通情报
矩阵制	由纵横两套管理系统组成的矩阵形组织结构，一套是纵向的职能系统，另一套是横向的子项目系统	加强了各职能部门的横向联系，具有较大的机动性和适应性，把上下左右集权与分权实行最优的结合，有利于解决复杂难题，有利于监理人员业务能力的培养	纵横向协调工作量大，处理不当会造成扯皮现象，产生矛盾

九、项目监理机构的人员配备及职责分工（掌握）

项目监理机构中配备监理人员的数量和专业应根据监理的任务范围、内容、期限以及工程的类别、规模、技术复杂程度、工程环境等因素综合考虑，并应符合委托监理合同中对监理深度和密度的要求，能体现项目监理机构的整体素质，满足监理目标控制的要求

人员配备	人员结构	合理的专业结构	当监理工程局部有某些特殊性，或业主提出某些特殊的监理要求而需要采用某种特殊的监控手段时，将这些局部的专业性强的监控工作另行委托给有相应资质的咨询机构来承担，也应视为保证了人员合理的专业结构
		合理的技术职务、职称结构	
	人员数量确定	主要影响因素	工程建设强度	工程建设强度=投资/工期 其中，投资和工期是指由监理单位所承担的那部分工程的建设投资和工期

续表

人员配备	人员数量确定	主要影响因素	建设工程复杂程度	涉及因素有：设计活动多少、工程地点位置、气候条件、地形条件、工程地质、施工方法、工程性质、工期要求、材料供应、工程分散程度等
			监理单位的业务水平	
			项目监理机构的组织结构和任务职能分工	有时监理工作需委托专业咨询机构或专业检测、检验机构进行，当然，项目监理机构的监理人员数量可适当减少
		确定方法	项目监理机构人员需要量定额；确定工程建设强度；确定工程复杂程度；套用监理人员需要量定额；根据实际情况确定监理人员数量。施工阶段项目监理机构的监理人员数量一般不少于3人	
基本职责	总监	(1)确定项目监理机构人员的分工和岗位职责；(2)主持编写项目监理规划、审批项目监理实施细则，并负责管理项目监理机构的日常工作；(3)审查分包单位的资质，并提出审查意见；(4)检查和监督监理人员的工作，根据工程项目的进展情况可进行人员调配，对不称职的人员应调换其工作；(5)主持监理工作会议，签发项目监理机构的文件和指令；(6)审定承包单位提交的开工报告、施工组织设计、技术方案、进度计划；(7)审核签署承包单位的申请、支付证书和竣工结算；(8)审查和处理工程变更；(9)主持或参与工程质量事故的调查；(10)调解建设单位与承包单位的合同争议、处理索赔、审批工程延期；(11)组织编写并签发监理月报、监理工作阶段报告、专题报告和项目监理工作总结；(12)审核签认分部工程和单位工程的质量检验评定资料，审查承包单位的竣工申请，组织监理人员对待验收的工程项目进行质量检查，参与工程项目的竣工验收；(13)主持整理工程项目的监理资料		总监理工程师不得将下列工作委托总监理工程师代表：(1)主持编写项目监理规划、审批项目监理实施细则；(2)签发工程开工/复工报审表、工程暂停令、工程款支付证书、工程竣工报验单；(3)审核签认竣工结算；(4)调解建设单位与承包单位的合同争议、处理索赔、审批工程延期；(5)根据工程项目的进展情况进行监理人员的调配，调换不称职的监理人员
	总代	(1)负责总监理工程师指定或交办的监理工作；(2)按总监理工程师的授权，行使总监理工程师的部分职责和权力		
	专监	(1)负责编制本专业的监理实施细则；(2)负责本专业监理工作的具体实施；(3)组织、指导、检查和监督本专业监理员的工作，当人员需要调整时，向总监理工程师提出建议；(4)审查承包单位提交的涉及本专业的计划、方案、申请、变更，并向总监理工程师提出报告；(5)负责本专业分项工程验收及隐蔽工程验收；(6)定期向总监理工程师提交本专业监理工作实施情况报告，对重大问题及时向总监理工程师汇报和请示；(7)根据本专业监理工作实施情况做好监理日记；(8)负责本专业监理资料的收集、汇总及整理，参与编写监理月报；(9)核查进场材料、设备、构配件的原始凭证、检测报告等质量证明文件及其质量情况，根据实际情况认为有必要时对进场材料、设备、构配件进行平行检验，合格时予以签认；(10)负责本专业的工程计量工作，审核工程计量的数据和原始凭证		
	监理员	(1)在专业监理工程师的指导下开展现场监理工作；(2)检查承包单位投入工程项目的人力、材料、主要设备及其使用、运行状况，并做好检查记录；(3)复核或从施工现场直接获取工程计量的有关数据并签署原始凭证；(4)按设计图及有关标准，对承包单位的工艺过程或施工工序进行检查和记录，对加工制作及工序施工质量检查结果进行记录；(5)担任旁站工作，发现问题及时指出并向专业监理工程师报告；(6)做好监理日记和有关的监理记录		

十、组织协调的范围和层次(熟悉)

协调类型	人员/人员界面；系统/系统界面；系统/环境界面		
协调管理的概念	在各界面之间，对所有的活动及力量进行联结、联合、调和的工作		
项目监理机构协调的范围	系统内部的协调		
	系统外部的协调	近外层协调	与近外层关联单位一般有合同关系
		远外层协调	与远外层关联单位一般没有合同关系

十一、项目监理机构组织协调的工作内容(熟悉)

项目监理机构内部的协调	内部人际关系	(1)在人员安排上要量才录用；(2)在工作委任上要职责分明；(3)在成绩评价上要实事求是；(4)在矛盾调解上要恰到好处
	内部组织关系	(1)在目标分解的基础上设置组织机构；(2)明确规定每个部门的目标、职责和权限；(3)事先约定各个部门在工作中的相互关系；(4)建立信息沟通制度；(5)及时消除工作中的矛盾或冲突
	内部需求关系	(1)对监理设备、材料的平衡；(2)对监理人员的平衡
与业主的协调	1. 监理工程师首要理解建设工程总目标、理解业主的意图；2. 利用工作之便做好监理宣传工作；主动帮助业主处理建设工程中的事务性工作；3. 尊重业主，让业主一起投入建设工程全过程	
与承包商的协调	1. 坚持原则，实事求是，严格按规范、规程办事，讲究科学态度	
	2. 协调不仅是方法、技术问题，更多的是语言艺术、感情交流和用权适度问题	
	3. 施工阶段协调工作内容	(1)与承包商项目经理关系的协调；(2)进度问题的协调；(3)质量问题的协调；(4)对承包商违约行为的处理；(5)合同争议的协调；(6)对分包单位的管理；(7)处理好人际关系
与设计单位的协调	监理单位和设计单位没有合同关系，监理单位主要是和设计单位做好交流工作，协调要靠业主的支持	
与政府部门及其他单位的协调	1. 与政府部门的协调；2. 协调与社会团体的关系。 对本部分的协调工作，从组织协调的范围看是属于远外层的管理。对远外层关系的协调，应由业主主持，监理单位主要是协调近外层关系。如果业主将部分或全部远外层关系协调工作委托监理单位承担，则应在委托监理合同专用条件中明确委托的工作和相应的报酬	

十二、建设工程监理组织协调的方法(熟悉)

(一)会议协调法	是建设工程监理中最常用的一种协调方法，实践中常用的会议协调法包括第一次工地会议、监理例会、专业性监理会议等
(二)交谈协调法	交谈包括面对面的交谈和电话交谈两种形式。无论是内部协调还是外部协调，这种方法使用频率都是相当高的
	其作用在于：(1)保持信息畅通。(2)寻求协作和帮助。(3)及时发布工程指令
(三)书面协调法	书面协调方法的特点是具有合同效力，一般常用于以下几个方面：(1)不需要双方直接交流的书面报告、报表、指令和通知等；(2)需要以书面形式向各方提供详细信息和情况通报的报告、信函和备忘录等；(3)事后对会议记录、交谈内容或口头指令的书面确认
(四)访问协调法	访问法主要用于外部协调中，有走访和邀访两种形式
(五)情况介绍法	情况介绍法通常是与其他协调方法紧密结合在一起的，它可能是在一次会议前，或是一次交谈前，或是一次走访或邀访前向对方进行的情况介绍。形式上主要是口头的，有时也伴有书面的。介绍往往作为其他协调的引导，目的是使别人首先了解情况

📖 答疑解析

1. 教材 P113，管理层次可分为决策层、协调层和执行层、操作层，为什么说是三个层次呢？

答：教材在此处描写不太细致，介绍了管理层次可分为决策层、协调层和执行层、操作层，以及各层的任务，但未明确表述"协调层和执行层"应属于一个层次，即"中间控制层"，因此不便于理解。相应明确的叙述参见教材 P126。

2. 组织设计原则与建设工程监理实施原则中均包含"权责一致的原则"，两者的含义有何不同？

答：组织设计原则中的"权责一致的原则"是指：在项目监理机构中应明确划分职责、权力范围，做到责任和权力相一致。组织的权责是相对预定的岗位职务来说的，不同的岗位职务应有不同的权责。

建设工程监理实施原则中"权责一致的原则"是指监理工程师承担的职责应与业主授予的权限相一致，在委托监理合同实施中，监理单位应给总监理工程师充分授权，体现权责一致的原则。

3. 平行承发包模式中进行任务分解与确定合同数量、内容时应考虑以下因素：(1) 工程情况；(2) 市场情况；(3) 贷款协议要求。请解释一下"贷款协议要求"对确定合同结构有何影响？

答：部分贷款，如世亚行贷款、外国政府贷款等，贷款人会对贷款的使用范围、承包人资格等提出一些相关要求，做为资金使用方必须按贷款协议条款确定贷款的使用范围、选择承包人，从而会影响建设工程标段的划分等，进而影响建设工程的合同结构。

4. 设计或施工总分包模式有利于工期控制，但建设周期较长，两者是否矛盾？

答：设计或施工总分包模式中，"有利于工期控制"是指总包单位具有控制的积极性，分包单位之间也有相互制约的作用；有利于总体进度的协调控制，也有利于监理工程师控制进度，是从执行过程的控制角度来叙述的；而"建设周期较长"是指不能将设计阶段和施工阶段搭接，施工招标需要的时间也较长，是从总工期设定来考虑的。两者并不矛盾。

5. 建立项目监理机构的步骤中最易混淆的内容有哪些，如何记忆？

答：建立项目监理机构分 4 个步骤，分别是：确定项目监理机构目标、确定监理工作内容、项目监理机构的组织结构设计、制定工作流程和信息流程。其中：组织结构设计又分为选择组织结构形式、确定管理层次与管理跨度、划分项目监理机构部门、制定岗位职责及考核标准、安排监理人员五部分内容。

其中最易混淆的内容是容易把"制定工作流程和信息流程"忘记或作为项目监理机构的组织结构设计的内容来记忆。

因考试时主要是单项选择题或多项选择题，所以记忆的简便方法是仅记忆每个步骤的部分内容，如建立项目监理机构分 4 个步骤可记为"目标、内容、设计、流程"，组织结构设计的内容可记为"形式、跨度、部门、标准、人员"。

6. 如何用简便的方式记忆直线制监理组织形式的主要优点？

答：直线制监理组织形式的主要优点可简记为"简速两明一中"，其含义分别为：简速——组织机构简单，决策迅速；两明——职责分明，隶属关系明确；一中——命令统一，权力集中。

7. 如何简便记忆直线职能制监理组织形式的优缺点？

答：直线职能制监理组织形式吸收了直线制监理组织形式和职能制监理组织形式的优点，即直线制的直线领导、统一指挥、职责清楚等优点，以及职能制组织目标管理专业化的优点。

需注意直线职能制监理组织形式、职能制监理组织形式的缺点的不同之处：直线职能制监理组织形式的缺点是职能部门与指挥部门易产生矛盾，信息传递路线长，不利于互通情报；职能制监理组织形式的缺点是由于直线指挥部门人员受职能部门多头指令，如果这些指令相互矛盾，将使其在监理工作中无所适从。

8. 决策层由总监理工程师和其他助手组成。其他助手是指总监理工程师代表吗？

答：决策层由总监理工程师、总监理工程师代表和部分专业监理工程师组成，参见教材表5-3"施工阶段项目监理机构监理人员要求的技术职称结构"。

9. 当监理工程局部有某些特殊性，或业主提出某些特殊的监理要求而需要采用某种特殊的监控手段时，将这些局部的专业性强的监控工作另行委托给有相应资质的咨询机构来承担，也应视为保证了人员合理的专业结构。请问，仅能委托给有咨询机构来承担吗？

答：委托专业咨询机构或专业检测、检验机构进行，均视为保证了人员合理的专业结构。

10. 按总监理工程师、总监理工程师代表的职责，"审批工程延期"能委托总监理工程师代表吗？

答：按教材，总监理工程师不得将下列工作委托总监理工程师代表：

(1) 主持编写项目监理规划、审批项目监理实施细则；

(2) 签发工程开工/复工报审表、工程暂停令、工程款支付证书、工程竣工报验单；

(3) 审核签认竣工结算；

(4) 调解建设单位与承包单位的合同争议、处理索赔；

(5) 根据工程项目的进展情况进行监理人员的调配，调换不称职的监理人员。

但依据《建设工程监理规范》，其中第(4)应为"调解建设单位与承包单位的合同争议、处理索赔、审批工程延期"，即"审批工程延期"不能委托总监理工程师代表。

当教材与法规有冲突时，应以法规为准。

11. 专业监理工程师和监理员的职责最易混淆的是哪些？

答：专业监理工程师和监理员的职责容易混淆的内容对比，见下表。

专业监理工程师	监理员职责
根据本专业监理工作实施情况做好监理日记	做好监理日记和有关的监理记录
负责本专业的工程计量工作，审核工程计量的数据和原始凭证	复核或从施工现场直接获取工程计量的有关数据并签署原始凭证
核查进场材料、设备、构配件的原始凭证、检测报告等质量证明文件及其质量情况，根据实际情况认为有必要时对进场材料、设备、构配件进行平行检验，合格时予以签认	检查承包单位投入工程项目的人力、材料、主要设备及其使用、运行状况，并做好检查记录
	担任旁站工作，发现问题及时指出并向专业监理工程师报告

113

12. 对分包单位而言，当分包合同条款与总包合同发生抵触时，如何处理？

答： 当分包合同条款与总包合同发生抵触时，以总包合同为准；但这是站在业主角度或监理单位角度而言。如站在分包单位角度，应以分包合同条款为准，即分包单位与总包单位之间以分包合同为准，总包单位与业主之间以总包合同为准。

📖 例题解析

1. 组织设计一般应遵循的基本原则之一是（　　）。
   A. 分权合理　　　B. 跨度适中　　　C. 责任明确　　　D. 经济效率

   答案：D

   【解析】 组织设计原则：(1)集权与分权统一的原则；(2)专业分工与协作统一的原则；(3)管理跨度与管理层次统一的原则；(4)权责一致的原则；(5)才职相称的原则；(6)经济效率原则；(7)弹性原则。

2. 监理机构的组织活动效应并不等于机构内单个监理人员工作效应的简单相加，这体现了组织机构活动的（　　）原理。
   A. 动态相关性　　　　　　　　　B. 要素有用性
   C. 主观能动性　　　　　　　　　D. 规律效应性

   答案：A

   【解析】 动态相关性原理指：事物在组合过程中，由于相关因子的作用，可以发生质变，"1+1≥2 或 <2"，整体效应不等于其局部效应的简单相加。组织管理者的重要任务就在于使组织机构活动的整体效应大于其局部效应之和。

3. 与建设工程平行承发包模式相比，建设工程设计或施工总分包模式的优点是（　　）。
   A. 有利于投资控制　　　　　　　B. 有利于质量控制
   C. 有利于缩短建设周期　　　　　D. 合同价格较低

   答案：A

   【解析】 见下表。

	优　点	缺　点
平行承发包模式	(1) 有利于缩短工期。 (2) 有利于质量控制。 (3) 有利于业主选择承建单位	(1) 合同数量多，会造成合同管理困难。 (2) 投资控制难度大
设计或施工总分包模式	(1) 有利于建设工程的组织管理，有利于业主的合同管理。 (2) 有利于投资控制。 (3) 有利于质量控制。 (4) 有利于工期控制。	(1) 建设周期较长。 (2) 总包报价可能较高

4. 某工程项目的建设单位通过招标与某监理单位签订了施工阶段委托监理合同，总监理工程师应根据（　　）组建项目监理机构。
   A. 监理大纲和监理规划　　　　　B. 监理大纲和委托监理合同
   C. 委托监理合同和监理规划　　　D. 监理规划和监理实施细则

答案：B

【解析】 确定项目总监理工程师，成立项目监理机构

一般情况下，监理单位在承接工程监理任务时，在参与工程监理的投标、拟定监理方案（大纲）以及与业主商签委托监理合同时，即应选派称职的人员主持该项工作。在监理任务确定并签订委托监理合同后，该主持人即可作为项目总监理工程师。

监理机构的人员构成是监理投标书中的重要内容，是业主在评标过程中认可的，总监理工程师在组建项目监理机构时，应根据监理大纲内容和签订的委托监理合同内容组建，并在监理规划和具体实施计划执行中进行及时的调整。

5. 在建立项目监理机构的工作步骤中，最后需要完成的工作是（　　）。
   A. 制定工作流程和信息流程　　　B. 制定岗位职责和考核标准
   C. 确定组织结构和组织形式　　　D. 安排监理人员和辅助人员
   答案：A

【解析】 监理单位在组建项目监理机构时，一般按以下步骤进行：(1)确定项目监理机构目标。(2)确定监理工作内容。(3)项目监理机构的组织结构设计：①选择组织结构形式；②确定管理层次与管理跨度；③划分项目监理机构部门；④制定岗位职责及考核标准；⑤安排监理人员。(4)制定工作流程和信息流程。

6. 下列关于项目监理机构组织形式的表述中，正确的是（　　）。
   A. 职能制监理组织形式最适用于小型建设工程
   B. 职能制监理组织形式具有较大的机动性和适应性
   C. 直线职能制监理组织形式的缺点是职能部门与指挥部门易产生矛盾
   D. 矩阵制监理组织形式的优点之一是其中任何一个下级只接受惟一上级的指令
   答案：C

【解析】 职能制监理组织形式一般适用于大、中型建设工程，如果子项目规模较大时，也可以在子项目层设置职能部门。这种组织形式的主要优点是加强了项目监理目标控制的职能化分工，能够发挥职能机构的专业管理作用，提高管理效率，减轻总监理工程师负担。缺点是由于直线指挥部门人员受职能部门多头指令，如果这些指令相互矛盾，将使其在监理工作中无所适从。

直线职能制监理组织形式保持了直线制组织实行直线领导、统一指挥、职责清楚的优点，另一方面又保持了职能制组织目标管理专业化的优点；其缺点是职能部门与指挥部门易产生矛盾，信息传递路线长，不利于互通情报。

矩阵制监理组织形式的优点是加强了各职能部门的横向联系，具有较大的机动性和适应性，把上下左右集权与分权实行最优的结合，有利于解决复杂难题，有利于监理人员业务能力的培养。缺点是纵横向协调工作量大，处理不当会造成扯皮现象，产生矛盾。

7. 在建设工程监理过程中，要保证项目的参与各方围绕建设工程开展工作，使项目目标顺利实现，监理单位最重要也最困难的工作是（　　）。
   A. 合同管理　　B. 组织协调　　C. 目标控制　　D. 信息管理
   答案：B

【解析】 项目监理机构的协调管理就是在"人员/人员界面"、"系统/系统界面"、"系统/环境界面"之间，对所有的活动及力量进行联结、联合、调和的工作。在建设工程监

理中，要保证项目的参与各方围绕建设工程开展工作，使项目目标顺利实现，组织直辖市工作最为重要，也最为困难，是监理工作能否成功的关键，只有通过积极的组织直辖市才能实现整个系统全面协调控制的目的。

8. 监理单位在进行项目监理机构组织设计时，应根据工程的特点、监理工作的重要程度、总监理工程师的能力和各专业监理工程师的工作经验等，决定项目监理机构（　　）。
   A. 采取集权形式还是分权形式   B. 内部的协作关系
   C. 管理层次的数量   D. 与外部环境的适应性
答案：A
【解析】 项目监理机构是采取集权形式还是分权形式，要根据建设工程的特点，监理工作的重要性，总监理工程师能力、精力及各专业监理工程师的工作经验、工作能力、工作态度等因素进行综合考虑。

9. 在项目监理机构中，当人数一定时，管理跨度与管理层次的关系表现为（　　）。
   A. 恒定值   B. 正相关   C. 正比例   D. 反比例
答案：D
【解析】 管理跨度与管理层次统一的原则
在组织机构的设计过程中，管理跨度与管理层次成反比例关系。

10. 项目总承包模式具有的优点之一是（　　）。
    A. 合同关系简单   B. 合同管理难度小
    C. 合同价格低   D. 有利于质量控制
答案：A
【解析】 项目总承包模式的优点：(1)合同关系简单，组织协调工作量小。(2)缩短建设周期。(3)利于投资控制。
缺点：(1)招标发包工作难度大。合同条款不易准确确定，容易造成较多的合同争议。因此，虽然合同量最少，但是合同管理的难度一般较大。(2)业主择优选择承包方范围小。由于承包范围大、介入项目时间早、工程信息未知数多，因此承包方要承担较大的风险，而有此能力的承包单位数量相对较少，往往导致竞争性降低，合同价格较高。(3)质量控制难度大。

11. 与总分包模式相比，建设工程平行承发包模式的优点是（　　）。
    A. 有利于质量控制   B. 有利于投资控制
    C. 有利于缩短工期   D. 有利于合同管理
答案：C
【解析】

	优　点	缺　点
平行承发包模式	(1) 有利于缩短工期。 (2) 有利于质量控制。 (3) 有利于业主选择承建单位。	(1) 合同数量多，会造成合同管理困难。 (2) 投资控制难度大
设计或施工总包模式	(1) 有利于建设工程的组织管理，有利于业主的合同管理。 (2) 有利于投资控制。 (3) 有利于质量控制。 (4) 有利于工期控制	(1) 建设周期较长。 (2) 总包报价可能较高

12. 签订监理合同后，监理单位实施建设工程监理的首要工作是(　　)。
    A. 编制监理大纲　　　　　　　　B. 编制监理规划
    C. 编制监理实施细则　　　　　　D. 组建项目监理机构
答案：D
【解析】 监理单位与业主签订委托监理合同后，在实施建设工程监理之前，应建立项目监理机构。项目监理机构的组织形式和规模，应根据委托监理合同规定的服务内容、服务期限、工程类别、规模、技术复杂程度、工程环境等因素确定。

13. 建设工程监理组织协调方法中，最具有合同效力的是(　　)。
    A. 访问协调法　　B. 书面协调法　　C. 情况介绍法　　D. 交谈协调法
答案：B
【解析】 当会议或者交谈不方便或不需要时，或者需要精确地表达自己的意见时，就会用到书面协调的方法。书面协调方法的特点是具有合同效力。

14. 监理实施与监理组织设计都应遵循(　　)原则。
    A. 公正、独立、自主　　　　　　B. 权责一致
    C. 分工与协作统一　　　　　　　D. 综合效益
答案：B
【解析】 建设工程监理实施原则包括：公正、独立、自主的原则；权责一致的原则；总监理工程师负责制的原则；严格监理、热情服务的原则；综合效益的原则。组织设计原则包括：集权与分权统一的原则；专业分工与协作统一的原则；管理跨度与管理层次统一的原则；权责一致的原则；才职相称的原则；经济效率原则；弹性原则。

15. 设计过程中，需要在不同设计阶段之间进行纵向的反复协调，这种协调(　　)。
    A. 仅限于同一专业之间的协调
    B. 仅限于不同专业之间的协调
    C. 可能是同一专业之间的协调，也可能是不同专业之间的协调
    D. 表现为不同设计深度的协调
答案：C
【解析】 设计工作需要反复协调，可能是同一专业之间的协调，也可能是不同专业之间的协调。

16. 建设工程监理组织协调中，主要用于外部协调的方法是(　　)。
    A. 会议协调法　　　　　　　　　B. 交谈协调法
    C. 书面协调法　　　　　　　　　D. 访问协调法
答案：D
【解析】 访问协调法主要用于外部协调中，有走访和邀访两种形式。

17. 在组织机构的设计过程中，当人数一定时，管理跨度与管理层次的关系是(　　)。
    A. 职能关系　　B. 正比关系　　C. 反比关系　　D. 直线关系
答案：C
【解析】 管理跨度与管理层次成反比例关系。应该在通盘考虑影响管理跨度的各种因素后，在实际运用中根据具体情况确定管理层次。

18. 关于监理组织常用的四种结构形式，下述说法不正确的是(　　)。

A. 直线制监理组织形式具有组织机构简单、权力集中、隶属关系明确的优点
B. 职能制监理组织形式是将管理部门和人员分为两类
C. 直线职能制监理组织形式具有直线制和职能制监理组织的优点
D. 矩阵制监理组织形式中职能部门有权对指挥部门发布指令

答案：D

【解析】 矩阵制由纵向管理职能系统和横向管理职能系统组成，职能部门无权对指挥部门发布指令。该形式加强了各职能部门的横向联系，有较大的机动性和适应性；把上下左右集权与分权实行了最优的结合，有利于解决复杂难题，有利于业务能力的培养。但是，纵横向协调工作量大，处理不当会造成扯皮现象，产生矛盾。

19. 建设工程平行承发包模式的缺点是（　　）。
    A. 业主选择承包单位范围小　　　B. 投资控制难度大
    C. 进度控制难度大　　　　　　　D. 质量控制难度大

答案：D

【解析】 平行承发包模式的缺点：(1)合同关系复杂，组织协调工作量大；(2)投资控制难度大，总合同价不易确定；(3)工程招标任务量大，施工过程中设计变更和修改较多。

20. 建设工程监理的基本程序宜按（　　）实施。
    A. 编制建设工程监理大纲、监理规划、监理细则，开展监理工作
    B. 编制监理规划，成立项目监理机构，编制监理细则，开展监理工作
    C. 编制监理规划，成立项目监理机构，开展监理工作，参加工程竣工验收
    D. 成立项目监理机构，编制监理规划，开展监理工作，向业主提交工程监理档案资料

答案：D

【解析】 建设工程监理实施，首先是确定总监理工程师、成立监理机构，然后依次为编制建设工程监理规划；制定监理实施细则；规范化地开展监理工作；参与验收，签署建设工程监理意见；向业主提交建设工程监理档案资料；监理工作总结。

21. 工程建设强度是影响监理机构人员数量的主要因素之一，其数值（　　）。
    A. 与投资成正比，与工期成反比　　B. 与工期成正比，与投资成反比
    C. 与投资和工期成正比　　　　　　D. 与投资和工期成反比

答案：A

【解析】 建设强度是指单位时间内投入的建设工程资金的数量，等于投资与工期之比（即投资/工期）。

22. 建立项目监理机构的基本程序是（　　）。
    A. 任命总监理工程师，编制监理规划，制定工作流程
    B. 签订监理合同，任命总监理工程师，确定监理机构目标，制定工作流程
    C. 确定监理机构目标，确定监理工作内容，组织结构设计，制定工作流程和信息流程
    D. 选择组织结构形式，确定管理层次与跨度，划分监理机构部门，制定考核标准

答案：C

【解析】 建设工程监理目标是项目监理机构建立的前提，因此确定监理目标是第一步。组建一个完善的监理机构的步骤和内容：确定监理目标，确定监理工作内容，组织结构设计，制定工作流程和信息流程。

23. 监理组织机构中，拥有职能部门的监理组织形式有（　　）。
　　A. 直线制和职能制　　　　　　　B. 职能制和矩阵制
　　C. 直线制和直线职能制　　　　　D. 矩阵制和直线制
　答案：B
【解析】 监理组织机构中，职能制、直线职能制和矩阵制监理组织形式均拥有职能部门。

24. 在建设工程监理实施中，总监理工程师代表监理单位全面履行建设工程委托监理合同，承担合同中监理单位与业主方约定的监理责任与义务，因此，监理单位应给总监理工程师充分授权，这体现了（　　）的监理实施原则。
　　A. 公正、独立、自主　　　　　　B. 权责一致
　　C. 总监理工程师是责任主体　　　D. 总监理工程师是权力主体
　答案：B
【解析】 权责一致原则：监理工程师承担的职责应与业主授予的权限一致，即承担合同中监理单位与业主方约定的监理责任与义务，同时监理单位应给总监理工程师充分授权。监理工程师的监理职权，除了应体现在业主与监理单位之间签订的委托监理合同之中，还应作为业主与承建单位之间建设工程合同的合同条件。

25. 组建一个完善的监理组织机构的步骤是（　　）。
　　A. 确定监理机构目标、确定监理工作内容、监理机构的组织结构设计、制定监理工作流程和信息流程
　　B. 选择组织结构形式、确定管理层次和管理跨度、划分监理机构部门、制定岗位职责和考核标准、选派监理人员
　　C. 确定监理机构目标、选择组织结构形式、制定工作流程和信息流程、确定监理工作内容
　　D. 选择组织结构形式、分解监理机构目标、配备监理人员、制定工作制度、编制工作计划
　答案：A
【解析】 建设工程监理目标是项目监理机构建立的前提，因此确定监理目标是第一步。组建一个完善的监理组织机构的步骤：确定监理机构目标，确定监理工作内容，组织结构设计，制定工作流程和信息流程。

26. 项目总承包模式具有的优点之一是（　　）。
　　A. 合同关系简单　　　　　　　　B. 招标发包难度小
　　C. 有利于质量控制　　　　　　　D. 合同价格低
　答案：A
【解析】 项目总承包模式的优点包括：（1）合同关系简单，协调工作量小；（2）缩短建设周期，设计阶段与施工阶段相互搭接；（3）有利于投资控制，可以提高项目的经济性，但这并不意味着项目总承包的价格低。

27. 同时适用于平行承发包、设计或施工总分包、项目总承包模式的委托监理模式是业主（ ）。

　　A. 按不同合同标段委托多家监理单位　　B. 按不同建设阶段委托监理单位
　　C. 委托一家监理单位　　D. 委托多家监理单位
　　答案：C
　　【解析】 建设工程监理模式如下表所示。

平行承发包模式	业主委托1家监理单位监理
	业主委托多家监理单位监理
设计或施工总分包模式	可以委托1家监理单位进行实施阶段全过程的监理
	也可按设计阶段和施工阶段分别委托监理单位
项目总承包模式	业主应委托1家监理单位提供监理服务
项目总承包管理模式	业主应委托1家监理单位进行监理

28. 监理工程师邀请建设行政主管部门的负责人员到施工现场对工程进行指导性巡视，属于组织协调方法中的（ ）。

　　A. 专家会议法　　B. 书面协调法
　　C. 情况介绍法　　D. 访问协调法
　　答案：D
　　【解析】 访问协调法主要用于外部协调中，有走访和邀访两种形式。"监理工程师邀请建设行政主管部门的负责人员到施工现场对工程进行指导性巡视"属于邀访。

29. 监理工作的规范化体现在（ ）。

　　A. 工作目标的确定性　　B. 监理实施细则的针对性
　　C. 职责分工的严密性　　D. 工作的时序性
　　E. 组织机构的稳定性
　　答案：A、C、D
　　【解析】 监理工作的规范化体现在：(1)工作的时序性；(2)职责分工的严密性；(3)工作目标的确定性。

30. 项目监理机构的组织设计和建设工程监理实施均应遵循（ ）的原则，但两者却有着不同的内涵。

　　A. 集权与分权统一　　B. 分工与协作统一
　　C. 才职相称　　D. 权责一致
　　答案：D
　　【解析】 建设工程监理实施原则包括：公正、独立、自主的原则；权责一致的原则；总监理工程师负责制的原则；严格监理、热情服务的原则；综合效益的原则。项目监理机构的组织设计原则包括：集权与分权统一的原则；专业分工与协作统一的原则；管理跨度与管理层次统一的原则；权责一致的原则；才职相称的原则；经济效率原则；弹性原则。

31. 建设工程监理目标是项目监理机构建立的前提，应根据（ ）确定的监理目标建立项目监理机构。

A. 监理实施细则 B. 委托监理合同
C. 监理大纲 D. 监理规划

答案：B

【解析】 建设工程监理目标是项目监理机构建立的前提，项目监理机构的建立应根据委托监理合同确定的监理目标，制定总目标并明确划分监理机构的分解目标。

32. 有效的组织设计在提高组织活动效能方面起着重大的作用，下列关于组织构成因素的表述中，正确的是（   ）。

A. 组织的最高管理者到最基层的实际工作人员权责逐层递增
B. 管理部门的划分要根据组织目标与工作内容确定
C. 管理层次是指一名上级管理人员所直接管理的下级人数
D. 管理跨度越大，领导者需要协调的工作量越小，管理难度越小

答案：B

【解析】 组织的最高管理者到最基层的实际工作人员权责逐层递减。管理跨度是指一名上级管理人员所直接管理的下级人数，管理跨度越大，领导者需要协调的工作量越大，管理难度越大。

33. 某工程项目监理机构具有统一指挥、职责分明、目标管理专业化的特点，则该项目监理机构的组织形式为（   ）。

A. 直线制　　B. 职能制　　C. 直线职能制　　D. 矩阵制

答案：C

【解析】 直线职能制既保持了直线制组织的直线领导、统一指挥、职责清楚，又保持了职能制组织的目标管理专业化。

34. 建设工程监理工作由不同专业、不同层次的专家群体共同来完成，（   ）体现了监理工作的规范化，是进行监理工作的前提和实现监理目标的重要保证。

A. 目标控制的动态性 B. 职责分工的严密性
C. 监理指令的及时性 D. 监理资料的完整性

答案：B

【解析】 监理工作的规范化体现在：(1)工作的时序性；(2)职责分工的严密性；(3)工作目标的确定性。

35. 对建设单位而言，项目总承包模式的主要缺点是（   ）。

A. 质量控制难度大 B. 不利于缩短建设工期
C. 组织协调工作量大 D. 不利于投资控制

答案：A

【解析】 项目总承包模式的缺点包括：(1)招标发包工作难度大，合同管理的难度较大；(2)业主择优选择承包方范围小，往往导致合同价格较高；(3)质量控制难度大。

36. 组织构成需要考虑的因素包括（   ）。

A. 管理层次　　B. 管理职权　　C. 管理职能　　D. 管理部门
E. 管理人员

答案：A、C、D

【解析】 组织构成一般是上小下大的形式，由管理层次、管理跨度、管理部门、管理职能四大因素组成。各因素是密切相关、相互制约的。

37. 项目监理机构的组织形式和规模，应根据( )等因素确定。
    A. 委托监理合同的服务内容   B. 委托监理合同的服务期限
    C. 建设工程的技术复杂程度   D. 建设工程的类别、规模
    E. 建设工程的承包模式
    答案：A、B、C、D

【解析】 监理单位与业主签订委托监理合同后，在实施建设工程监理之前，应建立项目监理机构。项目监理机构的组织形式和规模，应根据委托监理合同的服务内容、服务期限、工程类别、规模、技术复杂程度、工程环境等因素确定。

38. 确定项目监理机构人员数量的步骤包括( )。
    A. 确定工程建设强度和工程复杂程度
    B. 确定项目监理机构的工作目标和工作内容
    C. 确定项目监理机构的管理层次及管理跨度
    D. 测定、编制项目监理机构监理人员需要量定额
    E. 套用监理人员需要量定额，并根据实际情况确定监理人员数量
    答案：A、D、E

【解析】 项目监理机构人员数量的确定方法可按如下步骤进行：(1)项目监理机构人员需要量定额。(2)确定工程建设强度。(3)确定工程复杂程度。(4)根据工程复杂程度和工程建设强度套用监理人员需要量定额。(5)根据实际情况确定监理人员数量。

39. 项目监理机构的组织设计应遵循( )等基本原则。
    A. 公正、独立、自主   B. 分工与协作统一
    C. 稳定性与适应性统一   D. 严格监理与热情服务
    E. 总监理工程师负责制
    答案：B、C

【解析】 组织设计原则：(1)集权与分权统一的原则；(2)专业分工与协作统一的原则；(3)管理跨度与管理层次统一的原则；(4)权责一致的原则；(5)才职相称的原则；(6)经济效率原则；(7)弹性原则。组织机构既要有相对的稳定性，不要总是轻易变动，又要随组织内部和外部条件的变化，根据长远目标作出相应的调整与变化，使组织机构具有一定的适应性。

40. 下列关于委托建设工程监理的说法中，正确的有( )。
    A. 项目总承包模式下，建设单位宜分阶段委托监理单位监理
    B. 设计或施工总分包模式下，建设单位只委托一家监理单位监理
    C. 项目总承包管理模式下，建设单位应只委托一家监理单位监理
    D. 平行承发包模式下，建设单位应只委托一家监理单位监理
    E. 平行承发包模式下，建设单位可以委托一家或多家监理单位监理
    答案：C、E

【解析】 建设工程监理委托模式包括：
(1) 平行承发包模式条件下的监理委托模式

与建设工程平行承发包模式相适应的监理委托模式有以下两种主要形式：①业主委托1家监理单位监理；②业主委托多家监理单位监理。

(2) 设计或施工总分包模式条件下的监理委托模式

对设计或施工总分包模式，业主可以委托1家监理单位进行实施阶段全过程的监理，也可以分别按照设计阶段和施工阶段分别委托监理单位。

(3) 项目总承包模式条件下的监理委托模式

在项目总承包模式下，业主应委托1家监理单位提供监理服务。在这种模式下，监理工作时间跨度大，监理工程师应具备较全面的知识，重点做好合同管理工作。

(4) 项目总承包管理模式条件下的监理委托模式

在项目总承包管理模式下，业主应委托1家监理单位进行监理，这样可明确管理责任，便于监理工程师对项目总承包管理合同和项目总承包管理单位进行分包等活动的监理。

41. 监理单位在组建项目监理机构时，所选择的组织结构形式应有利于( )。

　　A. 确定监理目标　　　　　　　B. 控制监理目标
　　C. 工程合同管理　　　　　　　D. 信息沟通
　　E. 确定监理工作内容

答案：B、C、D

【解析】 组织结构形式选择的基本原则是：有利于工程合同管理，有利于监理目标控制，有利于决策指挥，有利于信息沟通。

42. 总监理工程师应承担的职责有( )等。

　　A. 审查承包单位的竣工申请　　　B. 参与工程项目的竣工验收
　　C. 主持分项工程验收及隐蔽工程验收　D. 根据监理工作实际情况记录监理日记
　　E. 主持整理工程项目的监理资料

答案：A、B、E

【解析】 主持分项工程验收及隐蔽工程验收、根据监理工作实际情况记录监理日记属于专业监理工程师的职责。

43. 项目监理机构的工作效率在很大程度上取决于人际关系的协调，总监理工程师在进行项目监理机构内部人际关系的协调时，可从( )等方面进行。

　　A. 部门职能划分　　　　　　　B. 监理设备调配
　　C. 工作职责委任　　　　　　　D. 人员使用安排
　　E. 信息沟通制度

答案：C、D

【解析】 总监理工程师应首先抓好人际关系的协调，做到：(1)在人员安排上量才录用；(2)在工作委任上职责分明；(3)在成绩评价上实事求是；(4)在矛盾调解上要恰到好处。

44. 项目监理机构的组织结构设计步骤有( )。

　　A. 确定监理工作内容　　　　　B. 选择组织结构形式
　　C. 确定管理层次和管理跨度　　D. 划分项目监理机构部门
　　E. 制定岗位职责和考核标准

答案：B、C、D、E

【解析】 组建一个完善的监理组织机构的步骤和内容：确定监理目标，确定监理工作内容，组织结构设计(包括选择组织结构形式、制定岗位职责和考核标准、划分项目监理机构部门、合理确定管理层次和管理跨度、选派监理人员)，制定工作流程和信息流程。

45. 建设工程监理实施的原则之一是严格监理、热情服务。这一原则的基本内涵有（ ）。

    A. 严格按照国家政策、法规、规范和标准控制建设工程目标
    B. 对工程建设承包单位严格监理、热情服务
    C. 认真履行职责，不超越业主授予的权限
    D. 按委托监理合同的要求，多方位为业主提供服务
    E. 维护业主的正当权益

    答案：A、D、E

【解析】 监理工程师应坚持"严格监理、热情服务"的原则，即监理工程师应严格按照国家政策、法规、规范和标准控制建设工程目标，对承建单位在工程建设中的建设行为进行严格的监理。监理工程师还应按照监理合同多方位、多层次地为业主提供良好的服务，维护业主的正当权益。

46. 对建设单位而言，平行承发包模式的主要缺点有（ ）。

    A. 协调工作量大   B. 投资控制难度大
    C. 不利于缩短工期   D. 质量控制难度大
    E. 选择承包方范围小

    答案：A、B

【解析】 平行承发包模式的缺点有：(1)合同关系复杂，组织协调工作量大；(2)投资控制难度大，总合同价不易确定；(3)工程招标任务量大，施工过程中设计变更和修改较多。

47. 总监理工程师在项目监理工作中的职责包括（ ）。

    A. 审查和处理工程变更   B. 审批项目监理实施细则
    C. 负责隐蔽工程验收   D. 主持整理工程项目的监理资料
    E. 当人员需要调整时，向监理公司提出建议

    答案：A、B、D

【解析】 "负责隐蔽工程验收"属于专业监理工程师的职责，总监理工程师负责检查和监督监理人员的工作，根据工程项目的进展情况可进行人员调配，对不称职的人员应调换其工作。

48. 影响项目监理机构人员数量的主要因素有（ ）。

    A. 工程复杂程度   B. 监理单位业务范围
    C. 监理人员专业结构   D. 监理人员技术职称结构
    E. 监理机构组织结构和任务职能分工

    答案：A、E

【解析】 影响项目监理机构人员数量的主要因素有工程建设强度、工程复杂程度、监理单位的业务水平、监理机构组织结构和任务职能分工等。

49. 建设工程监理组织应选择适宜的结构形式,以适应监理工作的需要。组织结构形式选择的基本原则有(   )。

  A. 有利于项目决策　　　　　　B. 有利于目标规划
  C. 有利于合同管理　　　　　　D. 有利于目标控制
  E. 有利于信息沟通

答案：A、C、D、E

【解析】 组织结构形式选择的基本原则是：有利于工程合同管理,有利于监理目标控制,有利于决策指挥,有利于信息沟通。

50. 总监理工程师不得将(   )等工作委托给总监理工程师代表。

  A. 审批项目监理实施细则　　　B. 审定承包单位的施工组织设计
  C. 审核和处理工程变更　　　　D. 调换不称职的监理人员
  E. 审核签认竣工结算

答案：A、D、E

【解析】 总监理工程师不得将下列工作委托给总监理工程师代表：(1)主持编写项目监理规划、审批项目监理实施细则；(2)签发工程开工/复工报审表、工程暂停令、工程款支付证书、工程竣工报验单；(3)审核签认竣工结算；(4)调解建设单位与承包单位的合同争议、处理索赔、审批延期；(5)根据工程项目的进展情况进行监理人员的调配,调换不称职的监理人员。

📖 实战练习题

一、单项选择题

1. 组织机构简单,权力集中,命令统一,决策迅速的监理组织形式是(   )。
  A. 直线制　　　　　　　　　　B. 职能制
  C. 直线职能制　　　　　　　　D. 矩阵制

2. 针对工程项目平行承发包模式的缺点,在业主委托一家监理单位监理的条件下,要求监理单位有较强的(   )能力。
  A. 质量控制与组织协调　　　　B. 质量控制与合同管理
  C. 质量控制与投资控制　　　　D. 合同管理与组织协调

3. 组织的最高管理者到最基层的实际工作人员(   )。
  A. 权责逐层递减,人数逐层递减　　B. 权责逐层递减,人数逐层递增
  C. 权责逐层递增,人数逐层递减　　D. 权责逐层递增,人数逐层递增

4. 根据我国建设工程监理程序的规定,项目监理组织开展监理工作的第一步是(   )。
  A. 明确监理范围
  B. 签订监理合同
  C. 委托监理任务
  D. 确定项目总监理工程师,成立项目监理机构

5. "直接调动和组织人力、财力、物力等具体活动内容,坚决贯彻管理指令"是组织

中( )的任务。

A. 协调层　　　　B. 执行层　　　　C. 决策层　　　　D. 操作层

6. 对监理人员的平衡，搞好各专业监理工程师的配合，属于项目监理机构内部( )的协调。

A. 人际关系　　　B. 需求关系　　　C. 组织关系　　　D. 计划安排

7. 对择优选择承建单位最有利的工程承发包模式是( )。

A. 平行承发包　　　　　　　　　B. 设计和施工总分包
C. 项目总承包　　　　　　　　　D. 设计和施工联合体承包

8. 在委托监理的情况下，应将业主对监理工程师的授权明确反映在委托监理合同和承包合同之中，这一要求体现了工程建设监理的( )原则。

A. 总监理工程师负责制　　　　　B. 公正、独立、自主
C. 权责一致　　　　　　　　　　D. 实事求是

9. 在建设工程监理中，监理工程师应运用合理的技能，谨慎而勤奋地工作，这体现了建设工程监理实施中( )的原则。

A. 权责一致　　　　　　　　　　B. 公正独立
C. 严格监理　　　　　　　　　　D. 热情服务

10. 监理人员应规范化地开展监理工作，其具体表现不包括( )。

A. 工作的序时性　　　　　　　　B. 职责分工的严密性
C. 工作目标的确定性　　　　　　D. 与承包商意见统一

11. 某工程总合同价6000万元，合同工期3个月，则工程建设强度为( )万元。

A. 1500　　　　B. 2000　　　　C. 2400　　　　D. 2900

12. 第一次工地会议纪要应由( )负责起草，并经与会各方代表会签。

A. 设计单位代表　　　　　　　　B. 施工单位代表
C. 业主代表　　　　　　　　　　D. 项目监理机构

13. 审核签认竣工结算属于( )的职责。

A. 总监理工程师　　　　　　　　B. 监理员
C. 总监理工程师代表　　　　　　D. 专业监理工程师

14. 矩阵制监理组织形式的主要优点是( )。

A. 权力集中，隶属关系明确　　　B. 命令统一，决策迅速
C. 发挥职能机构的专业管理作用　D. 机动性大，适应性好

15. 与工程项目平行承发包模式相比较，总分包模式的缺点是( )。

A. 不利于投资控制　　　　　　　B. 建设周期较长
C. 不利于质量控制　　　　　　　D. 合同关系复杂

16. 系统外部协调分为近外层和远外层协调，他们不同之处在于( )。

A. 控制关系不同　　　　　　　　B. 隶属关系不同
C. 合同关系不同　　　　　　　　D. 利益关系不同

17. 根据《建设工程监理规范》，核查进场材料、设备、构配件的原始凭证和检测报告等质量证明文件，是( )的职责。

A. 总监理工程师　　　　　　　　B. 总监理工程师代表

C. 专业监理工程师　　　　　　　D. 监理员

18. 建立和健全总监理工程师负责制就是要（　　）。
    A. 公正、独立、自主地实施监理
    B. 确立总监理工程师的核心地位
    C. 调动监理工作人员的积极性
    D. 形成以总监理工程师为首的高效能的决策指挥体系

19. 建设工程项目平行承发包模式的缺点是（　　）。
    A. 不利于缩短工期　　　　　　　B. 不利于质量控制
    C. 不利于业主选择承建单位　　　D. 不利于投资控制

20. 按照《建设工程监理规范》，（　　）是专业监理工程师的职责。
    A. 负责编制本专业的监理实施细则　　B. 负责编写监理规划
    C. 组织编写并签收监理月报等　　　　D. 担任旁站工作

21. （　　）是建设工程监理工作中最常见的协调方法。
    A. 会议协调法　　　　　　　　　B. 交谈协调法
    C. 书面协调法　　　　　　　　　D. 情况介绍法

22. 监理工程师在建设工程监理中必须尊重科学、尊重事实，组织各方协同配合，维护有关各方的合法权益，这体现了在建设工程监理实施中坚持（　　）原则。
    A. 公正、独立、自主　　　　　　B. 要素有用性
    C. 严格监理、热情服务　　　　　D. 主观能动性

23. 在建设工程监理管理层次中，（　　）由各专业监理工程师组成，负责监理规划的落实，监理目标控制及合同实施的管理。
    A. 决策层　　　B. 执行层　　　C. 作业层　　　D. 操作层

24. 运用科学的运行制度，现代化的管理手段，建立高效能的决策指挥体系，体现了建设工程实施的（　　）原则。
    A. 权责一致　　　　　　　　　　B. 综合效益
    C. 公正、独立、自主　　　　　　D. 总监理工程师负责制

25. 按职能分解的监理组织形式一般适合于（　　）。
    A. 中型建设项目　　　　　　　　B. 大、中型建设项目
    C. 小型建设项目　　　　　　　　D. 大型建设项目

26. 项目总承包模式的优点之一是（　　）。
    A. 缩短建设周期　　　　　　　　B. 合同争议较少
    C. 有利于业主选择承建单位　　　D. 合同价格较低

27. 管理跨度的大小直接取决于这一级管理人员（　　）。
    A. 所管辖的人数　　　　　　　　B. 所要协调的工作量
    C. 职权的大小　　　　　　　　　D. 职位的高低

28. （　　）是项目监理机构建立的前提。
    A. 总监理工程师　　　　　　　　B. 建设工程监理规划
    C. 建设工程监理目标　　　　　　D. 建设工程监理合同

29. 总监理工程师主持编制建设工程监理规划，组织实施监理活动，对监理工作总

结、监督、评价，这体现了总监理工程师是工程监理的（　　）主体。

  A. 责任　　　　　B. 权力　　　　　C. 利益　　　　　D. 权利

30. 对设计或施工总分包模式，业主除了可以委托一家监理单位进行实施阶段全过程监理之外，还可以（　　）。

  A. 委托一家监理单位进行设计阶段监理，委托多家监理单位进行施工阶段监理
  B. 委托多家监理单位进行设计阶段监理，委托一家监理单位进行施工阶段监理
  C. 委托一家监理单位进行设计阶段监理，委托一家监理单位进行施工阶段监理
  D. 委托多家监理单位进行设计阶段监理，委托多家监理单位进行施工阶段监理

31. 审查确认分包单位资质是（　　）的职责。

  A. 总监理工程师　　　　　　　　　B. 专业监理工程师
  C. 总监理工程师代表　　　　　　　D. 监理员

32. 严格监理、热情服务的原则是指（　　）。

  A. 对承建单位既要严格监理又要热情服务
  B. 对业主既要热情服务又要严格监理
  C. 对承建单位严格监理，对业主热情服务
  D. 对业主严格监理，对承建单位热情服务

33. 建设工程监理工作中，（　　）的特点是具有合同的效力。

  A. 交谈协调法　　　　　　　　　　B. 情况介绍法
  C. 访问协调法　　　　　　　　　　D. 书面协调法

34. 建设工程监理组织协调中，主要用于外部协调的方法是（　　）。

  A. 会议协调法　　　　　　　　　　B. 交谈协调法
  C. 书面协调法　　　　　　　　　　D. 访问协调法

35. 下列适用于外部协调的方法是（　　）。

  A. 会议协调法　　　　　　　　　　B. 情况介绍法
  C. 书面协调法　　　　　　　　　　D. 访问协调法

36. 下列关于组织结构基本内涵的表述中，不正确的是（　　）。

  A. 主要解决组织中的工作流程设计　　B. 协调各个分离活动和任务的形式
  C. 确定组织中权力、地位和等级关系　D. 向组织各部门分配任务的方式

37. 建设工程施工实行平行发包时，若业主委托多家监理单位实施监理，则"总监理工程师单位"在监理工作中的主要职责是（　　）。

  A. 协调、管理各承建单位的工作
  B. 协调、管理各监理单位的工作
  C. 协调业主与各参建单位的关系
  D. 协调、管理各承建单位和监理单位的工作

二、多项选择题

1. 建设工程项目总承包模式的优点不包括（　　）。

  A. 有利于投资控制　　　　　　　　B. 有利于质量控制
  C. 缩短建设周期　　　　　　　　　D. 合同关系简单
  E. 招标发包工作容易

2. 工程项目监理中，总监理工程师主要承担（　　）职责。
   A. 检查监督监理人员的工作　　B. 检查施工单位的工艺过程或施工工序
   C. 审核工程计量的数据和原始凭证　　D. 主持或参与工程质量事故的调查
   E. 审查和处理工程变更

3. 总监理工程师负责制的内涵是（　　）。
   A. 总监理工程师是工程监理的责任主体
   B. 总监理工程师是工程监理的义务主体
   C. 总监理工程师是工程监理的权力主体
   D. 总监理工程师是工程监理的利益主体
   E. 总监理工程师是工程监理的协调主体

4. 监理单位受业主委托对建设工程实施监理时，应遵循（　　）的基本原则。
   A. 公正、独立、自立　　B. 守法、诚信、公正、科学
   C. 严格监理、热情服务　　D. 综合效益
   E. 才职相称

5. 建设工程的协调分为（　　）。
   A. 人员/人员界面　　B. 人员/系统界面
   C. 系统/环境界面　　D. 系统/系统界面
   E. 人员/环境界面

6. 总监理工程师不得将（　　）委托给总监理工程师代表。
   A. 审核签认竣工结算
   B. 调解建设单位与承建单位合同争议，处理索赔
   C. 签发开工/复工报审表
   D. 参加工程质量事故调查
   E. 调换不称职人员

7. 在下列组织形式中，可能对基层监理人员产生矛盾命令的监理组织形式是（　　）监理组织。
   A. 按子项目分解的　　B. 按建设阶段分解的
   C. 职能制　　D. 直线职能制
   E. 矩阵制

8. 影响项目监理机构人员数量的主要因素有（　　）。
   A. 监理单位已有监理工程师的人数
   B. 工程建设强度
   C. 建设工程复杂程度
   D. 监理单位的业务水平
   E. 项目监理机构的组织结构和任务职能分工

9. 项目监理机构的组织设计一般要遵循（　　）等。
   A. 总监理工程师负责制原则　　B. 权责一致原则
   C. 才职相称原则　　D. 弹性原则
   E. 集权与分权统一的原则

10. 项目监理机构组织结构形式的选择应遵循的基本原则有（　　）。
    A. 有利于分工合作　　　　　　　　B. 有利于合同管理
    C. 有利于决策指挥　　　　　　　　D. 有利于监理目标控制
    E. 有利于信息沟通

11. 建设工程平行承发包模式中，进行任务分解与确定合同数量、内容时要考虑的因素有（　　）。
    A. 工程情况　　　　　　　　　　　B. 市场情况
    C. 贷款协议要求　　　　　　　　　D. 业主对施工方要求
    E. 分包的实力

12. 建设工程平行承发包模式的缺点之一是投资控制难度大，主要表现在（　　）。
    A. 总合同价较高　　　　　　　　　B. 总合同价不易确定
    C. 需控制多个合同价格　　　　　　D. 施工过程中设计变更和修改较多
    E. 建设单位之间竞争不激烈

13. 从项目监理机构的角度出发，属于近外层关联单位的有（　　）。
    A. 建设单位　　　　　　　　　　　B. 设计单位
    C. 施工单位　　　　　　　　　　　D. 政府主管部门
    E. 工程毗邻单位

14. 在建设工程监理中规范化地开展监理工作，具体体现在（　　）等方面。
    A. 工作目标的确定性　　　　　　　B. 职责分工的严密性
    C. 权责一致性　　　　　　　　　　D. 工作的时序性
    E. 组织协调性

15. 建设工程设计或施工总分包模式的优点有（　　）。
    A. 有利于投资控制　　　　　　　　B. 有利于质量控制
    C. 有利于工期控制　　　　　　　　D. 建设周期较短
    E. 总包报价可能较低

16. 专业监理工程师的职责包括（　　）。
    A. 审核签署支付证书
    B. 负责编制本专业的监理实施细则
    C. 复核工程计量的有关数据并签署原始凭证
    D. 核查进场材料、设备、构配件的原始凭证
    E. 做好监理日记

17. 直线制监理组织形式的优点有（　　）。
    A. 组织机构简单　　　　　　　　　B. 权力集中
    C. 命令统一　　　　　　　　　　　D. 具有较大的机动性和适应性
    E. 职责分明

18. 建设工程平行承发包模式的优点有（　　）。
    A. 有利于缩短工期　　　　　　　　B. 有利于质量控制
    C. 有利于投资控制　　　　　　　　D. 有利于业主选择承建单位
    E. 有利于合同管理

19. 组织作为生产要素之一，具有（　　）的特点。
    A. 可以替代其他生产要素　　　　B. 不能被其他生产要素替代
    C. 能使其他生产要素合理配置　　D. 可以提高其他生产要素的使用效益
    E. 对提高经济效益具有作用
20. 项目监理机构的组织形式和规模，应根据委托监理合同规定的（　　）等因素确定。
    A. 服务内容、期限　　　　　　　B. 工程类别、规模
    C. 技术复杂程度　　　　　　　　D. 工程环境
    E. 承建商的要求
21. 建设工程实行施工总分包时，被监理的单位可能包括（　　）。
    A. 设计总包单位　　　　　　　　B. 施工总包单位
    C. 材料设备供应单位　　　　　　D. 设计分包单位
    E. 施工分包单位
22. 项目监理机构内部需求关系的协调主要包括对（　　）的平衡。
    A. 监理设备　　B. 监理资金　　C. 监理资料　　D. 监理时间
    E. 监理人员

📖 实战练习题答案

一、单项选择题

1. A； 2. D； 3. B； 4. D； 5. B； 6. B； 7. A； 8. C； 9. D； 10. D；
11. B； 12. D； 13. A； 14. D； 15. B； 16. C； 17. C； 18. D； 19. D； 20. A；
21. A； 22. A； 23. B； 24. D； 25. B； 26. A； 27. C； 28. D； 29. B； 30. C；
31. A； 32. C； 33. D； 34. D； 35. D； 36. A； 37. B

二、多项选择题

1. B、E；　　　　　2. A、D、E；　　　　3. A、C；　　　　　4. A、C、D；
5. A、C、D；　　　6. A、B、C、E；　　　7. C、E；　　　　　8. B、C、D、E；
9. B、C、D、E；　　10. B、C、D、E；　　 11. A、B、C；　　　12. B、C、D；
13. A、B、C；　　　14. A、B、D；　　　　15. B、C、D、E；　　16. B、D、E；
17. A、B、C、E；　　18. A、B、D；　　　　19. B、C、D、E；　　20. A、B、C、D；
21. B、C、E；　　　22. A、E

131

第六章 建设工程监理规划

考纲分解

一、建设工程监理工作文件的构成（熟悉）

监理大纲		又称监理方案，它是监理单位在业主开始委托监理的过程中，特别是在业主进行监理招标过程中，为承揽到监理业务而编写的监理方案性文件
	作用	一是使业主认可监理大纲中的监理方案，从而承揽到监理业务
		二是为项目监理机构今后开展监理工作制定基本的方案
	编制人员	监理单位经营部门或技术管理部门人员，也应包括拟定的总监理工程师
监理规划		监理单位接受业主委托并签订委托监理合同之后，在项目总监理工程师的主持下，根据委托监理合同，在监理大纲的基础上，结合工程的具体情况，广泛收集工程信息和资料的情况下制定，经监理单位技术负责人批准，用来指导项目监理机构全面开展监理工作的指导性文件
		从内容范围上讲，监理大纲与监理规划都是围绕着整个项目监理机构所开展的监理工作来编写的，但监理规划的内容要比监理大纲更翔实、更全面
监理实施细则		在监理规划的基础上，由项目监理机构的专业监理工程师针对建设工程中某一专业或某一方面的监理工作编写，并经总监理工程师批准实施的操作性文件
	作用	指导本专业或本子项目具体监理业务的开展
三者之间的关系		三者是相互关联的，都是建设工程监理工作文件的组成部分，之间存在着明显的依据性关系：在编写规划时，一定要严格根据监理大纲的有关内容来编写；在制定监理实施细则时，一定要在监理规划的指导下进行
		一般来说，监理单位开展监理活动应当编制以上工作文件，但这也不是一成不变的。对于简单的监理活动只编写监理实施细则就可以了，而有些建设工程也可以制定较详细的监理规划，而不再编写监理实施细则

二、建设工程监理规划的作用（掌握）

（一）指导项目监理机构全面开展监理工作	监理规划的基本作用就是指导项目监理机构全面开展监理工作。建设工程监理的中心目的是协助业主实现建设工程的总目标
（二）监理规划是建设监理主管机构对监理单位监督管理的依据	
（三）监理规划是业主确认监理单位履行合同的主要依据	
（四）监理规划是监理单位内部考核的依据和重要的存档资料	

三、建设工程监理规划编写的依据（掌握）

建设工程监理规划编写的依据	1. 工程建设方面的法律、法规
	2. 政府批准的工程建设文件
	3. 建设工程监理合同
	4. 其他建设工程合同
	5. 监理大纲

四、建设工程监理规划编写的要求（掌握）

（一）基本构成内容应当力求统一	这是监理工作规范化、制度化、科学化的要求。基本构成内容应包括：目标规划、监理组织、目标控制、合同管理和信息管理
（二）具体内容应具有针对性	监理规划是指导某一个特定建设工程监理工作的技术组织文件，它的具体内容应与这个建设工程相适应
（三）监理规划应当遵循建设工程的运行规律	监理规划是针对一个具体建设工程编写的，而不同的建设工程具有不同的工程特点、工程条件和运行方式。这也决定了建设工程监理规划必然与工程运行客观规律具有一致性，必须把握、遵循建设工程运行的规律
	监理规划要随着建设工程的展开进行不断的补充、修改和完善
	不可能一气呵成地完成监理规划
（四）项目总监理工程师是监理规划编写的主持人	监理规划应当在项目总监理工程师主持下编写制定，这是建设工程监理实施项目总监理工程师责任制的必然要求
	吸收其中水平比较高的专业监理工程师共同参与编写
	充分听取业主的意见，最大限度地满足他们的合理要求
	按照本单位的要求进行编写
（五）监理规划一般要分阶段编写	监理规划编写阶段可按工程实施的各阶段来划分，前一阶段工程实施所输出的工程信息就成为后一阶段监理规划信息
	监理规划的编写还要留出必要的审查和修改的时间
（六）监理规划的表达方式应当格式化、标准化	
（七）监理规划应该经过审核	监理单位的技术主管部门是内部审核单位，其负责人应当签认。监理规划是否要经过业主的认可，由委托监理合同或双方协商确定

五、建设工程监理规划的内容（掌握）

（一）建设工程概况	（五）监理工作依据	（九）监理工作程序
（二）监理工作范围	（六）项目监理机构的组织形式	（十）监理工作方法及措施
（三）监理工作内容	（七）项目监理机构的人员配备计划	（十一）监理工作制度
（四）监理工作目标	（八）项目监理机构的人员岗位职责	（十二）监理设施

监理工作方法及措施	投资目标控制	(1) 投资目标分解	按投资费用组成分解；按年度、季度分解；按建设工程实施阶段分解；按建设工程组成分解		
		(2) 投资使用计划			
		(3) 投资目标实现的风险分析			
		(4) 工作流程与措施	工作流程图		
			具体措施	组织措施	建立健全项目监理机构，完善职能分工及有关制度，落实投资控制责任
				技术措施	在设计阶段，推行限额设计和优化设计；在招标投标阶段，合理确定标底及合同价；对材料、设备采购，通过质量价格比选，合理确定生产供应单位；在施工阶段，通过审核施工组织设计和施工方案，使组织施工合理化
				经济措施	及时进行计划费用与实际费用的分析比较。对原设计或施工方案提出合理化建议并被采用，由此产生的投资节约按合同规定予以奖励
				合同措施	按合同条款支付工程款，防止过早、过量的支付。减少施工单位的索赔，正确处理索赔事宜等

监理工作方法及措施	投资目标控制	（5）投资控制的动态比较		投资目标分解值与概算值的比较；概算值与施工图预算值的比较；合同价与实际投资的比较
		（6）投资控制表格		
	进度目标控制	（1）工程总进度计划		
		（2）总进度目标分解		年度、季度进度目标；各阶段的进度目标；各子项目进度目标
		（3）进度目标实现的风险分析		
		（4）工作流程与措施	工作流程图	
			具体措施	组织措施	落实进度控制责任，建立进度控制协调制度
				技术措施	建立多级网络计划体系，监控承建单位的作业实施计划
				经济措施	对工期提前者实行奖励；对应急工程实行较高的计件单价；确保资金的及时供应等
				合同措施	按合同要求及时协调各方的进度，以确保建设工程的形象进度
		（5）进度控制的动态比较：进度目标分解值与进度实际值的比较；进度目标值的预测分析		
		（6）进度控制表格		
	质量目标控制	（1）质量控制目标的描述		设计质量、材料质量、设备质量、土建施工质量及设备安装质量控制目标；其他说明
		（2）质量目标实现的风险分析		
		（3）工作流程与措施	工作流程图	
			具体措施	组织措施	建立健全项目监理机构，完善职责分工，制定有关质量监督制度，落实质量控制责任
				技术措施	协助完善质量保证体系；严格事前、事中和事后的质量检查监督
				经济措施及合同措施	严格质检和验收，不符合合同规定质量要求的拒付工程款；达到业主特定质量目标要求的，按合同支付质量补偿金或奖金
		（4）质量目标状况的动态分析		
		（5）质量控制表格		
	合同管理	（1）合同结构		可以以合同结构图的形式表示
		（2）合同目录一览表		
		（3）工作流程与措施		工作流程图；具体措施
		（4）合同执行状况的动态分析		
		（5）合同争议调解与索赔处理程序		
		（6）合同管理表格		
	信息管理	（1）信息分类表		
		（2）机构内部信息流程图		
		（3）工作流程与措施		工作流程图；具体措施
		（4）信息管理表格		

续表

监理工作方法及措施	组织协调	（1）与建设工程有关的单位	系统内的单位	业主、设计单位、施工单位、材料和设备供应单位、资金提供单位等
			系统外的单位	政府建设行政主管机构、政府其他有关部门、工程毗邻单位、社会团体等
		（2）协调分析：1)建设工程系统内的单位协调重点分析；2)建设工程系统外的单位协调重点分析		
		（3）协调工作程序		投资控制协调程序；进度控制协调程序；质量控制协调程序；其他方面工作协调程序
		（4）协调工作表格		
	安全监理	(1)安全监理职责描述；(2)安全监理责任的风险分析；(3)安全监理的工作流程和措施；(4)安全监理状况的动态分析；(5)安全监理工作所用图表		
监理工作制度	施工招标阶段	(1)招标准备工作有关制度；(2)编制招标文件有关制度；(3)标底编制及审核制度；(4)合同条件拟定及审核制度；(5)组织招标实务有关制度等		
	施工阶段	(1)设计文件、图纸审查制度；(2)施工图纸会审及设计交底制度；(3)施工组织设计审核制度；(4)工程开工申请审批制度；(5)工程材料，半成品质量检验制度；(6)隐蔽工程分项(部)工程质量验收制度；(7)单位工程、单项工程总验收制度；(8)设计变更处理制度；(9)工程质量事故处理制度；(10)施工进度监督及报告制度；(11)监理报告制度；(12)工程竣工验收制度；(13)监理日志和会议制度		
	项目监理机构内部工作制度	(1)监理组织工作会议制度；(2)对外行文审批制度；(3)监理工作日志制度；(4)监理周报、月报制度；(5)技术、经济材料及档案管理制度；(6)监理费用预算制度		
监理设施	业主提供满足监理工作需要的如下设施：(1)办公设施；(2)交通设施；(3)通讯设施；(4)生活设施			
	根据建设工程类别、规模、技术复杂程度、建设工程所在地的环境条件，按委托监理合同的约定，配备满足监理工作需要的常规检测设备和工具			

六、建设工程监理规划的审核（熟悉）

（一）监理范围、工作内容及监理目标的审核	看其是否理解了业主对该工程的建设意图，监理范围、监理工作内容是否包括了全部委托的工作任务，监理目标是否与合同要求和建设意图相一致	
（二）项目监理机构结构的审核	组织机构	在组织形式、管理模式等方面是否合理，是否结合了工程实施的具体特点，是否能够与业主的组织关系和承包方的组织关系相协调等
	人员配备	派驻监理人员的专业满足程度；人员数量的满足程度；专业人员不足时采取的措施是否恰当；派驻现场人员计划表
（三）工作计划审核	在工程进展中各个阶段的工作实施计划是否合理、可行，审查其在每个阶段中如何控制建设工程目标以及组织协调的方法	
（四）投资、进度、质量控制方法和措施的审核	对三大目标的控制方法和措施应重点审查，看其如何应用组织、技术、经济、合同措施保证目标的实现，方法是否科学、合理、有效	
（五）监理工作制度审核	主要审查监理的内、外工作制度是否健全	

📖 答疑解析

1. 监理规划是业主确认监理单位履行合同的主要依据。请问，编制完成监理规划后，应何时报送业主？

答：监理规划应在签订委托监理合同，收到施工合同、施工组织设计（技术方案）、设计图纸文件后一个月内，由总监理工程师组织完成该工程项目的监理规划编制工作，经监理单位技术负责人审核批准；监理规划是否要经过业主的认可，由委托监理合同或双方协商确定，但应在召开第一次工地会议前报送业主。

2. 建设工程监理规划编写的依据与《建设工程监理规范》相比，略有不同，考试时如何作答？

答：按教材，建设工程监理规划编写的依据包括五个方面：(1)工程建设方面的法律、法规(①国家颁布的有关工程建设的法律、法规；②工程所在地或所属部门颁布的工程建设相关的法规、规定和政策；③工程建设的各种标准、规范也必须遵守和执行)；(2)政府批准的工程建设文件(①政府工程建设主管部门批准的可行性研究报告、立项批文。②政府规划部门确定的规划条件、土地使用条件、环境保护要求、市政管理规定)；(3)建设工程监理合同；(4)其他建设工程合同；(5)监理大纲。

按《建设工程监理规范》4.1.2编制监理规划应依据：建设工程的相关法律、法规及项目审批文件；与建设工程项目有关的标准、设计文件、技术资料；监理大纲、委托监理合同文件以及与建设工程项目相关的合同文件。

两者相比较，从文字上而言，按教材上"政府批准的工程建设文件"包含的内容与"项目审批文件"所包含的范围不太一致，"设计文件"在教材中并未明确叙述。

考试时，一般均是按"概论""信息""法规"的顺序出题，应依据题目的次序估算应按教材做答，还是按监理规范做答。

3. 建设工程监理规划编写要求部分应重点记忆哪些内容？

答：对于建设工程监理规划编写要求的七部分小标题均应牢固记忆，同时应掌握每个小标题所包含的具体含义。相对而言，其中的(三)监理规划应当遵循建设工程的运行规律、(五)监理规划一般要分阶段编写更为重要。

监理规划应当遵循建设工程的运行规律主要注意以下三点：(1)监理规划是针对一个具体建设工程编写的，而不同的建设工程具有不同的工程特点、工程条件和运行方式；(2)监理规划要随着建设工程的展开进行不断的补充、修改和完善；(3)不可能一气呵成地完成监理规划。

监理规划一般要分阶段编写主要注意以下两点：(1)监理规划编写阶段可按工程实施的各阶段来划分，前一阶段工程实施所输出的工程信息就成为后一阶段监理规划信息；(2)监理规划的编写还要留出必要的审查和修改的时间。

4. 建设工程监理规划的内容包括"监理工作依据"，其与"建设工程监理规划编写的依据"有何不同？

答：按教材，建设工程监理规划编写的依据包括五部分内容，而监理工作依据仅包括四部分内容，两者相比，缺少"监理大纲"。即监理大纲属于监理规划编写的依据，而不属于监理工作依据。

5. 建设工程概况的内容中包括"建设工程项目结构图与编码系统"。请介绍一下什么是项目结构图？项目结构图与组织结构图、合同结构图有何不同？

答：项目结构图是一个重要的组织工具，它通过树状图的方式对一个项目的结构进行逐层分解，以反映组成该项目的所有工作任务（该项目的组成部分）。同一个建设项目可有不同的项目结构的分解方法，项目结构的分解应和整个工程实施的部署相结合，并和将采用的合同结构相结合。项目的结构编码依据项目结构图，对项目结构的每一层的每一个组成部分进行编码。

项目结构图、组织结构图和合同结构图的区别如下表所示。

组织工具	表达的含义	图中矩形框的含义	矩形框连接的表达
项目结构图	对一个项目的结构进行逐层分解，以反映组成该项目的所有工作任务	一个项目的组成部分	直线
组织结构图	反映一个组织系统中各组成部分（组成元素）之间的组织关系（指令关系）	一个组织系统中的组成部分（工作部门）	单向箭线
合同结构图	反映一个建设项目参与单位之间的合同关系	一个建设项目的参与单位	双向箭线

6. 什么是管理模式？常见的建设工程组织管理模式有哪些？

答：管理模式指管理所采用的基本思想和方式，是指一种成型的、能供人们直接参考运用的完整的管理体系，需设计出一整套具体的管理理念、管理内容、管理工具、管理程序、管理制度和管理方法论体系并将其反复运用于企业，使企业在运行过程中自觉加以遵守的管理规则。

建设工程组织管理基本模式：平等承发包模式、设计或施工总分包模式、项目总承包模式、项目总承包管理模式。

建设工程组织管理新型模式：CM 模式、EPC 模式、Partnering 模式、Project Controlling 模式。

📖 例题解析

1. 下列关于监理大纲、监理规划和监理实施细则之间关系的表述中，正确的是(　　)。
   A. 监理大纲的内容比监理规划的内容更全面、更翔实
   B. 监理实施细则应在监理规划的基础上进行编写
   C. 监理大纲应按监理规划的有关内容编写
   D. 三者编写顺序为监理规划、监理大纲和监理实施细则

   答案：B

   【解析】监理实施细则又简称监理细则，是在监理规划的基础上，由项目监理机构的专业监理工程师针对建设工程中某一专业或某一方面的监理工作编写，并经总监理工程师批准实施的操作性文件。

2. 监理规划内容要随着建设工程的展开不断地补充、修改和完善，这符合监理规划

编写中( )的要求。
  A. 基本构成内容应力求统一   B. 具体内容应具有针对性
  C. 应当遵循建设工程的运行规律   D. 一般要分阶段编写
答案：C

【解析】 监理规划应当遵循建设工程的运行规律：
  监理规划是针对一个具体建设工程编写的，而不同的建设工程具有不同的工程特点、工程条件和运行方式。这也决定了建设工程监理规划必然与工程运行客观规律具有一致性，必须把握、遵循建设工程运行的规律。
  此外，监理规划要随着建设工程的展开进行不断的补充、修改和完善。其目的是使建设工程能够在监理规划的有效控制之下。
  监理规划要把握建设工程运行的客观规律，就需要不断地收集大量的编写信息，不可能一气呵成地完成监理规划。

3. 可以作为编制建设工程监理规划依据的是( )。
  A. 施工组织设计   B. 施工合同
  C. 施工平面布置图   D. 施工进度计划
答案：B

【解析】 建设工程监理规划编写的依据：工程建设方面的法律、法规；政府批准的工程建设文件；建设工程监理合同；其他建设工程合同；监理大纲。

4. 监理大纲、监理规划和监理实施细则之间互相关联，下列表述中正确的是( )。
  A. 监理大纲和监理规划都应依据签订的委托监理合同内容编写
  B. 监理单位开展监理工作均须编制监理大纲、监理规划和监理实施细则
  C. 监理规划和监理实施细则均须经监理单位技术负责人签认
  D. 建设工程监理工作文件包括监理大纲、监理规划和监理实施细则
答案：D

【解析】 建设工程监理工作文件是指监理单位投标时编制的监理大纲、监理合同签订以后编制的监理规划和专业监理工程师编制的监理实施细则。

5. 下列监理工程师对质量控制的措施中，属于技术措施的是( )。
  A. 落实质量控制责任   B. 制定质量控制协调程序
  C. 严格质量控制工作流程   D. 严格进行平行检验
答案：D

【解析】 组织措施：建立健全项目监理机构，完善职责分工，制定有关质量监督制度，落实质量控制责任。
  技术措施：协助完善质量保证体系；严格事前、事中和事后的质量检查监督。
  经济措施及合同措施：严格质检和验收，不符合合同规定质量要求的拒付工程款；达到业主特定质量目标要求的，按合同支付质量补偿金或奖金。

6. 从监理大纲、监理规划和监理实施细则内容的关联性来看，监理规划的作用是( )。
  A. 指导项目监理机构全面开展监理工作
  B. 指导监理企业全面开展监理工作
  C. 作为业主确认监理单位履行合同的依据

D. 作为监理单位内部考核的依据
　　答案：A
　　【解析】 建设工程监理规划有以下几方面作用：(1)指导项目监理机构全面开展监理工作，这是监理规划的基本作用；(2)是建设监理主管机构对监理单位监督管理的依据；(3)是业主确认监理单位履行合同的主要依据；(4)是监理单位内部考核的依据和重要的存档资料。

7. 由项目监理机构的专业监理工程师编写，并经总监理工程师批准实施的监理文件是(　　)。
　　A. 监理大纲　　　　　　　　　　B. 监理规划
　　C. 监理实施细则　　　　　　　　D. 监理合同
　　答案：C
　　【解析】 监理实施细则是在监理规划的基础上，由专业监理工程师针对建设工程中某一专业或某一方面监理工作编写，并经总监理工程师批准实施的操作性文件，其作用是指导本专业或本子项目具体监理业务的开展。

8. 监理规划中，属质量目标控制方法与措施的内容为(　　)。
　　A. 质量目标规划　　　　　　　　B. 质量目标审核
　　C. 质量目标状况的动态分析　　　D. 质量信息及时归档保存
　　答案：C
　　【解析】 质量目标控制方法与措施的内容包括：(1)质量控制目标描述；(2)质量目标实现的风险分析；(3)质量控制的工作流程与措施；(4)质量目标状况的动态分析；(5)质量控制表格。

9. 建设工程监理规划要随着建设工程的展开不断补充、修改和完善，这反映了监理规划(　　)的编写要求。
　　A. 具体内容应具有针对性　　　　B. 应当遵循建设工程运行规律
　　C. 一般宜分阶段编写　　　　　　D. 应由总监理工程师主持编写
　　答案：B
　　【解析】 监理规划应当遵循建设工程的运行规律，要随着建设工程的展开进行不断的补充、修改和完善，为此，需要不断收集大量的编写信息。

10. 建设工程监理规划的审核应侧重于(　　)是否与合同要求和业主建设意图一致。
　　A. 监理范围、工作内容及监理目标
　　B. 项目监理机构结构
　　C. 投资、进度、质量目标控制方法和措施
　　D. 监理工作制度
　　答案：C
　　【解析】 监理规划的审核内容主要包括：(1)监理范围、工作内容及监理目标；(2)项目监理机构结构；(3)监理工作计划；(4)投资、进度、质量目标控制方法和措施(应重点审查)；(5)监理工作制度审核。

11. 下列关于建设工程监理规划的说法，不正确的是(　　)。
　　A. 监理规划在监理单位接受业主委托并签订委托监理合同后编制

B. 监理规划由总监理工程师批准实施
C. 监理规划的内容比监理大纲更翔实、更全面
D. 监理大纲、监理规划和监理实施细则之间存在依据性关系

答案：B

【解析】 监理规划由监理单位的技术主管部门审核，技术负责人签认；同时，还应按合同约定提交给业主，由业主确认并监督实施。

12. 下列关于监理大纲、监理规划、监理实施细则的表述中，错误的是( )。
    A. 它们共同构成了建设工程监理工作文件
    B. 监理单位开展监理活动必须编制上述文件
    C. 监理规划依据监理大纲编制
    D. 监理实施细则经总监理工程师批准后实施

答案：B

【解析】 一般来说，监理单位开展监理活动应当编制监理大纲、监理规划、监理实施细则等工作文件，但非一成不变。对于简单的监理活动只编写监理实施细则就可以了，而有些建设工程也可以只制定较详细的监理规划，而不再编写监理实施细则。

13. 就监理单位内部而言，监理规划的作用主要体现在( )。
    A. 作为对项目监理机构及其人员工作进行考核的依据
    B. 作为业主确认监理单位履行合同的依据
    C. 作为监理主管部门对监理单位监督管理的依据
    D. 指导项目监理机构全面开展监理工作
    E. 作为监理单位的重要存档资料

答案：A、D、E

【解析】 建设工程监理规划的作用：指导项目监理机构全面开展监理工作；建设监理主管机构对监理单位监督管理的依据；是业主确认监理单位履行合同的主要依据；监理单位内部考核的依据和重要的存档资料。

14. 监理单位技术负责人审核监理规划时，主要审核( )。
    A. 监理范围与工作内容是否包括了全部委托的工作任务
    B. 监理组织形式、管理模式等是否合理
    C. 监理的内、外工作制度是否健全
    D. 项目监理机构是否有保证监理目标实现的充分依据
    E. 监理工作计划是否符合国家强制性标准

答案：A、B、C

【解析】 主要审核内容见下表。

监理规划审核的内容	监理范围、工作内容及监理目标的审核		依据监理招标文件和委托监理合同，看其是否理解了业主对该工程的建设意图，监理范围、监理工作内容是否包括了全部委托的工作任务，监理目标是否与合同要求和建设意图相一致
	项目监理机构结构的审核	组织机构	在组织形式、管理模式等方面是否合理，是否结合了工程实施的具体特点，是否能够与业主的组织关系和承包方的组织关系相协调等
		人员配备	

监理规划审核的内容	工作计划审核	在工程进展中各个阶段的工作实施计划是否合理、可行，审查其在每个阶段中如何控制建设工程目标以及组织协调的方法
	投资、进度、质量控制方法和措施的审核	对三大目标的控制方法和措施应重点审查，看其如何应用组织、技术、经济、合同措施保证目标的实现，方法是否科学、合理、有效
	监理工作制度审核	主要审查监理的内、外工作制度是否健全

15. 下列关于建设工程监理规划编写要求的表述中，正确的有（ ）。
   A. 监理工作的组织、控制、方法、措施等是必不可少的内容
   B. 由总监理工程师组织监理单位技术管理部门人员共同编制
   C. 要随建设工程的展开进行不断的补充、修改和完善
   D. 可按工程实施的各阶段来划分编写阶段
   E. 留有必要的时间，以便监理单位负责人进行审核签认
   答案：A、C、D

【解析】 建设工程监理规划编写的要求（掌握），见下表。

（一）基本构成内容应当力求统一	这是监理工作规范化、制度化、科学化的要求。基本构成内容应包括：目标规划、监理组织、目标控制、合同管理和信息管理
（二）具体内容应具有针对性	监理规划是指导某一个特定建设工程监理工作的技术组织文件，它的具体内容应与这个建设工程相适应
（三）监理规划应当遵循建设工程的运行规律	监理规划是针对一个具体建设工程编写的，而不同的建设工程具有不同的工程特点、工程条件和运行方式。这也决定了建设工程监理规划必然与工程运行客观规律具有一致性，必须把握、遵循建设工程运行的规律
	监理规划要随着建设工程的展开进行不断的补充、修改和完善
	不可能一气呵成地完成监理规划
（四）项目总监理工程师是监理规划编写的主持人	监理规划应当在项目总监理工程师主持下编写制定，这是建设工程监理实施项目总监理工程师责任制的必然要求
	吸收其中水平比较高的专业监理工程师共同参与编写
	充分听取业主的意见，最大限度地满足他们的合理要求
	按照本单位的要求进行编写
（五）监理规划一般要分阶段编写	监理规划编写阶段可按工程实施的各阶段来划分，前一阶段工程实施所输出的工程信息就成为后一阶段监理规划信息
	监理规划的编写还要留出必要的审查和修改的时间
（六）监理规划的表达方式应当格式化、标准化	
（七）监理规划应该经过审核	监理单位的技术主管部门是内部审核单位，其负责人应当签认。监理规划是否要经过业主的认可，由委托监理合同或双方协商确定

16. 监理规划中的投资、进度、质量目标控制方法和措施应包括（ ）等内容。
   A. 风险分析   B. 目标规划
   C. 动态比较   D. 协调分析
   E. 工作流程
   答案：A、C、E

【解析】 监理规划中的投资、进度、质量三大目标控制的共同内容有：风险分析、工作流程与措施、动态比较（或分析）、控制表格。合同管理与信息管理的共同内容是分类、工作流程与措施以及有关表格。

17. 下列关于监理规划的说法中，正确的有（　　）。
    A. 监理规划的表述方式不应该格式化、标准化
    B. 监理规划具有针对性才能真正起到指导具体监理工作的作用
    C. 监理规划要随着建设工程的展开不断地补充、修改和完善
    D. 监理规划编写阶段不能按工程实施的各阶段来划分
    E. 监理规划在编写完成后需进行审核并经批准后方可实施
    答案：B、C、E

【解析】 监理规划的表述方式应该格式化、标准化，从而使控制的规划显得更明确、更简洁、更直观。监理规划一般应分阶段编写，即按工程实施的各阶段划分编写。

18. 下列仅属于施工阶段监理工作制度的有（　　）。
    A. 施工组织设计审核制度　　　　B. 合同条件拟定及审批制度
    C. 对外行文审批制度　　　　　　D. 设计交底制度
    E. 工程竣工验收制度
    答案：A、D、E

【解析】 "合同条件拟定及审批制度"属于"施工招标阶段监理工作制度"，"对外行文审批制度"属于"监理机构内部工作制度"。

19. 建设工程监理规划的具体内容应具有针对性，其针对性应反映不同工程在（　　）等方面的不同。
    A. 工程项目组织形式　　　　　　B. 监理规划的审核程序
    C. 目标控制措施、方法、手段　　D. 监理规划构成内容
    E. 监理规划的表达方式
    答案：A、C

【解析】 每一个监理规划都是针对某一个具体建设工程的监理工作计划，都必然有它自己的投资目标、进度目标、质量目标，有它自己的项目组织形式和项目监理机构，有它自己的目标控制措施、方法和手段以及信息管理制度和合同管理措施。

20. 监理规划除基本作用外，还具有（　　）等方面的作用。
    A. 指导项目监理机构全面开展监理工作
    B. 监理单位内部考核依据
    C. 监理单位的重要存档资料
    D. 业主确认监理单位履行监理合同的依据
    E. 政府建设主管机构对监理单位监督管理的依据
    答案：B、C、D、E

【解析】 建设工程监理规划有以下几方面作用：(1)指导项目监理机构全面开展监理工作，这是监理规划的基本作用；(2)是政府建设主管机构对监理单位监督管理的依据；(3)是业主确认监理单位履行监理合同的依据；(4)是监理单位内部考核的依据和重要的存档资料。

📖 实战练习题

一、单项选择题

1. 监理工作规范化、制度化、科学化要求建设工程监理规划(　　)。
   A. 其体内容应具有针对性　　　　B. 一般应分阶段编写
   C. 基本构成内容应力求统一　　　D. 应当遵循建设工程的运行规律
2. 监理单位编写的监理实施细则是经总监理工程师批准实施的(　　)文件。
   A. 指导性　　　B. 操作性　　　C. 说明性　　　D. 方案性
3. 建设工程监理工作文件的构成不包括(　　)。
   A. 监理大纲　　　　　　　　　　B. 监理规范
   C. 监理规划　　　　　　　　　　D. 监理实施细则
4. (　　)既是建设工程监理依据又是监理规划的编写依据。
   A. 工程项目环境调查资料　　　　B. 政府批准的建设工程文件
   C. 项目监理大纲　　　　　　　　D. 工程实施过程输出的信息
5. 业主提供满足监理工作需要的设施不包括(　　)。
   A. 办公设施　　B. 交通设施　　C. 检查设施　　D. 通讯设施
6. 监理规划是经监理单位(　　)批准,用来指导项目监理机构全面开展监理工作的指导性文件。
   A. 监理工程师　　　　　　　　　B. 法人代表
   C. 总经理　　　　　　　　　　　D. 技术负责人
7. 监理规划是开展监理工作的重要文件,它对业主的作用是(　　)。
   A. 指导开展项目管理工作　　　　B. 监督监理单位全面履行监理合同
   C. 监督管理监理单位的活动　　　D. 提供工程竣工的档案资料
8. 监理单位参加设计单位向施工单位的技术交底是(　　)的监理工作。
   A. 立项阶段　　　　　　　　　　B. 设计阶段
   C. 施工准备阶段　　　　　　　　D. 施工阶段
9. 监理规划要随着建设工程的开展不断补充、修改和完善,这表明监理规划(　　)。
   A. 应分阶段编写　　　　　　　　B. 具体内容应有针对性
   C. 基本内容应力求统一　　　　　D. 应遵循建设工程的运行规律
10. 施工竣工验收阶段建设监理工作的主要内容不包括(　　)。
    A. 受理单位工程竣工验收报告
    B. 根据施工单位的竣工报告,提出工程质量检验报告
    C. 组织工程预验收
    D. 组织竣工验收
11. 下列属于监理规划编制依据的是(　　)。
    A. 业主的要求　　　　　　　　　B. 建设工程监理合同
    C. 建设工程承包合同　　　　　　D. 监理实施细则
12. 监理规划应当在(　　)基础上制定。

A. 监理招标文件 B. 监理大纲
   C. 监理组织机构 D. 监理实施细则
13. 对监理规划的审核，其审核内容包括( )。
   A. 依据监理合同审核监理目标是否符合合同要求和建设单位建设意图
   B. 审核监理组织机构、建设工程组织管理模式等是否合理
   C. 审核监理方案中投资、进度、质量控制点与控制方法是否适应施工组织设计中的施工方案
   D. 审查监理制度是否与工程建设参与各方的制度协调一致
14. 对材料、设备采购，通过质量价格比选，合理确定生产供应单位属于投资控制的( )。
   A. 组织措施　　B. 技术措施　　C. 经济措施　　D. 合同措施

二、多项选择题
1. 建设工程监理规划的编写要求有( )。
   A. 基本内容应力求统一 B. 具体内容应具有针对性
   C. 满足监理实施细则的要求 D. 表达方式应格式化、标准化
   E. 应遵循建设工程的运行规律
2. 监理单位编制监理大纲的作用有( )。
   A. 使业主认可监理大纲中的监理方案，从而承揽到监理业务
   B. 拟派往项目监理机构的监理人员情况介绍
   C. 为项目监理机构今后开展监理工作制定基本的方案
   D. 用来指导项目监理机构全面开展监理工作的指导性文件
   E. 将提供给业主的阶段性监理文件
3. 建设工程施工准备阶段建设监理工作的主要内容不包括( )。
   A. 审查分包单位的资质 B. 办理招标申请
   C. 组织优化设计 D. 参加设计单位向施工单位的技术交底
   E. 监督检查施工单位质量保证体系及安全技术措施
4. 对监理规划内容中人员配备方案应从以下( )等方面审核。
   A. 专业满足程度 B. 人员数量的满足程度
   C. 专业人员不足时采取的措施是否恰当 D. 派驻现场人员计划表
   E. 职称结构
5. 监理单位对投资控制的技术措施是( )。
   A. 合理确定标底 B. 推行优化设计
   C. 质量价格比选 D. 审核施工方案
   E. 严格事前监督
6. 建设工程投资目标分解方法有( )。
   A. 按建设工程的投资费用组成分解 B. 按年度、季度分解
   C. 按建设目标分解 D. 按建设工程实施阶段分解
   E. 按建设工程组成分解
7. 监理实施细则是在( )制定的。

A. 签订监理合同前 B. 监理招标过程中
C. 监理规划制定后 D. 正式开展监理活动前
E. 开展监理工作过程中
8. 施工招标阶段监理工作制度包括(　　)。
A. 编制招标文件有关制度 B. 合同条件拟定及审核制度
C. 设计文件、图纸审查制度 D. 组织招标实务有关制度
E. 施工组织设计审核制度
9. 监理大纲的主要内容有(　　)。
A. 拟派往项目监理机构的监理人员情况简介
B. 拟达到的三大控制的目标
C. 拟采用的监理方案
D. 将提供给业主的阶段性监理文件
E. 估计所需的监理费用
10. 建设工程项目设计阶段监理工作的主要内容有(　　)。
A. 编写设计要求文件 B. 参与主要设备、材料的选型
C. 审核主要设备、材料清单 D. 组织设计文件的报批
E. 编制建设工程投资概算

实战练习题答案

一、单项选择题
1. C； 2. B； 3. B； 4. B； 5. C； 6. D； 7. B； 8. C； 9. D； 10. D；
11. B； 12. B； 13. A； 14. B
二、多项选择题
1. A、B、D、E； 2. A、C； 3. B、C； 4. A、B、C、D；
5. A、B、C； 6. A、B、D、E； 7. C、D； 8. A、B、D；
9. A、C、D； 10. A、B、C、D

第七章 国外工程项目管理相关情况介绍

考纲分解

一、建设项目管理的类型(熟悉)

按管理主体分	业主方的项目管理	在大多数情况下,业主没有能力自己实施建设项目管理,需要委托专业化的建设项目管理公司为其服务
	设计单位的项目管理	
	施工单位的项目管理	
	材料、设备供应单位的项目管理	除了特大型建设工程的设备系统之外,在大多数情况下,材料、设备供应单位的项目管理比较简单
按服务对象分	为业主服务的项目管理	最为普遍,所涉及的问题最多,也最复杂
	为设计单位服务的项目管理	主要是为设计总包单位服务,这种情况很少见
	为施工单位服务的项目管理	应用虽然较为普遍,但服务范围却较为狭窄	即使是具有相当高的项目管理水平和能力的大型施工单位,也可能需要委托专业化建设项目管理公司为其提供相应的服务
按服务阶段分	施工阶段的项目管理	
	实施阶段全过程的项目管理	实施阶段全过程的项目管理和工程建设全过程的项目管理所占的比例越来越大,成为专业化建设项目管理公司主要的服务领域
	工程建设全过程的项目管理	

二、咨询工程师的素质(熟悉)

咨询工程师应具备以下素质才能胜任这一职业:1. 知识面宽;2. 精通业务;3. 协调、管理能力强;4. 责任心强;5. 不断进取,勇于开拓。

三、工程咨询公司的服务对象和内容(熟悉)

服务对象	可以是业主、承包商、国际金融机构和贷款银行,工程咨询公司也可以与承包商联合投标承包工程	
为业主服务	是工程咨询公司最基本、最广泛的业务	
	既可以是全过程服务(包括实施阶段全过程和工程建设全过程),也可以是阶段性服务;既可以是全方位服务,也可以是某一方面的服务	
	一般来说,除了生产准备和调试验收之外,其余各阶段工作业主都可能单独委托工程咨询公司来完成	
为承包商服务	一是为承包商提供合同咨询和索赔服务	
	二是为承包商提供技术咨询服务	
	三是为承包商提供工程设计服务	

续表

为贷款方服务	一是对申请贷款的项目进行评估	
	二是对已接受贷款的项目的执行情况进行检查和监督	
联合承包工程	在国际上，一些大型工程咨询公司往往与设备制造商和土木工程承包商组成联合体，参与项目总承包或交钥匙工程的投标，中标后共同完成项目建设的全部任务	
	在少数情况下，工程咨询公司甚至可以作为总承包商，承担项目的主要责任和风险，而承包商则成为分包商	
	工程咨询公司还可能参与 BOT 项目，甚至作为这类项目的发起人和策划公司	

四、CM 模式（熟悉）

概念	在采用快速路径法时，从建设工程的开始阶段就雇佣具有施工经验的 CM 单位（或 CM 经理）参与到建设工程实施工程中来，以便为设计人员提供施工方面的建议且随后负责管理施工过程				
	这种安排的目的是将建设工程的实施作为一个完整的过程来对待，并同时考虑设计和施工的因素，力求使建设工程在尽可能短的时间内、以尽可能经济的费用和满足要求的质量建成并投入使用				
	不要将 CM 模式与快速路径法混为一谈。CM 模式则是以使用 CM 单位为特征的建设工程组织管理模式，具有独特的合同关系和组织形式				
类型	CM 单位对设计单位没有指令权，只能向设计单位提出一些合理化建议，CM 单位与设计单位之间是协调关系。这是 CM 模式与全过程建设项目管理的重要区别				
	代理型 CM 模式（纯粹 CM 模式）	CM 单位是业主的咨询单位，业主与 CM 单位签订咨询服务合同，CM 合同价就是 CM 费，其表现形式可以是百分率或固定数额的费用			
		业主分别与多个施工单位签订所有的工程施工合同			
	非代理型 CM 模式（风险型 CM 模式，在英国称为管理承包）	业主与 CM 单位所签订的合同包括 CM 服务的内容及工程施工承包的内容			
		CM 单位与施工单位和材料、设备供应单位签订合同。业主一般不与施工单位签订工程施工合同，对专业性很强的工程内容和工程专用材料、设备，业主也可能与少数施工单位和供应单位签订合同			
		与总分包模式的根本区别	CM 单位与各个分包商直接签订合同，但 CM 单位对各分包商的资格预审、招标、议标和签约都对业主公开并必须经过业主的确认才有效		
			CM 单位介入工程时间较早（一般在设计阶段介入），且不承担设计任务，CM 单位并不向业主直接报出具体数额的价格，而是报 CM 费		
		CM 合同价	CM 费		业主往往要求在 CM 合同中预先确定一个具体数额的保证最大价格（简称 GMP，包括总的工程费用和 CM 费）
			工程本身的费用	CM 单位与各分包商、供应商的合同价之和	
适用情况	需要有具备丰富施工经验的高水平的 CM 单位	（1）设计变更可能性较大的建设工程； （2）时间因素最为重要的建设工程； （3）因总的范围和规模不确定而无法准确定价的建设工程			

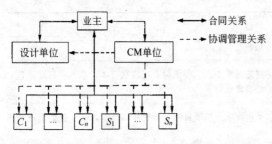

代理型 CM 模式的合同关系和协调管理关系

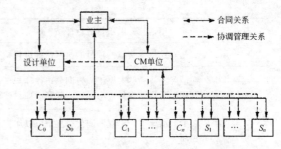

非代理型 CM 模式的合同关系和协调管理关系

五、EPC 模式（熟悉）

概念	在EPC模式中，不仅包括具体的设计工作，而且可能包括整个建设工程内容的总体策划以及整个建设工程实施组织管理的策划和具体工作	
	与项目总承包模式（D+B模式）相比，EPC模式将服务范围进一步向建设工程的前期延伸，业主只要大致说明一下投资意图和要求，其余工作均由EPC承包单位来完成	
	EPC模式特别强调适用于工厂、发电厂、石油开发和基础设施等建设工程	
	采购包括工程、服务、货物采购	在EPC模式中，采购主要是指货物采购即材料和工程设备的采购。EPC模式中，材料和工程设备的采购完全由EPC承包单位负责
		在D+B模式中，大多数材料和工程设备通常是由项目总承包单位采购，但业主可能保留对部分重要工程设备和特殊材料的采购权
特征	承包商承担大部分风险	在EPC模式条件下，承包商的承包范围包括设计，自然要承担设计风险
		在其他模式下均由业主承担的"一个有经验的承包商不可预见且无法合理防范的自然力的作用"的风险，在EPC模式中也由承包商承担
		在EPC标准合同条件中还有一些条款也加大了承包商的风险
	业主或业主代表管理工程实施	业主不聘请"工程师"来管理工程，而是自己或委派业主代表来管理工程	业主代表应是业主的全权代表。如果要更换业主代表，只需提前14天通知承包商，不需征得承包商的同意
		业主或业主代表管理工程显得较为宽松，不太具体和深入	对承包商所应提交的文件仅仅是"审阅"，而在其他模式则是"审阅和批准"
			对工程材料、工程设备的质量管理，虽然也有施工期间检验的规定，但重点是在竣工检验，必要时还可能作竣工后检验
	业主或业主代表管理工程实施	业主参与工程管理工作很少，对大部分施工图纸不需要经过业主审批，但在实践中，业主或业主代表参与工程管理的深度并不统一	
	总价合同	EPC合同更接近于固定总价合同（若法规变化仍允许调整合同价格）	
		EPC模式所适用的工程一般规模均较大、工期较长，且具有相当的技术复杂性。在这类工程上采用接近固定的总价合同，也就称得上是特征了	
适用条件	同时满足	（1）在招标阶段，业主给予投标人充分的资料和时间；从工程本身来看，所包含的地下隐藏工作不能太多，承包商在投标前无法进行勘察的工作区域也不能太大	

续表

适用条件	同时满足	（2）业主或业主代表不能过分地干预承包商的工作，也不要审批大多数的施工图纸。从质量控制的角度考虑，应突出对承包商过去业绩的审查，尤其是在其他采用 EPC 模式的工程上的业绩，并注重对承包商投标书中技术文件的审查以及质量保证体系的审查
		（3）工程的期中支付款应由业主直接按合同规定支付。可以按月度支付，也可以按阶段支付；在合同中可以规定每次支付款的具体数额，也可以规定每次支付款占合同价的百分比

六、Partnering 模式（了解）

概述	概念	Partnering 模式意味着业主与建设工程参与各方在相互信任、资源共享的基础上达成一种短期或长期的协议；在充分考虑参与各方利益的基础上确定建设工程共同的目标；建立工作小组，及时沟通以避免争议和诉讼的产生，相互合作、共同解决建设工程实施过程中出现的问题，共同分担工程风险和有关费用，以保证参与各方目标和利益的实现
	协议	Partnering 协议不仅仅是业主与施工单位双方之间的协议，而需要建设工程参与各方共同签署 / 一是提出 Partnering 模式的时间可能与签订 Partnering 协议的时间相距甚远
		二是 Partnering 协议的参与者未必一次性全部到位
		Partnering 协议没有确定的起草方，必须经过参与各方的充分讨论后确定该协议的内容，经参与各方一致同意后共同签署。目前尚没有标准、统一的 Partnering 协议的格式
	特征	1. 出于自愿；2. 高层管理的参与；3. Partnering 协议不是法律意义上的合同；4. 信息的开放性
	与其他模式的比较（略）	
要素	1. 长期协议；2. 共享；3. 信任；4. 共同的目标；5. 合作	
适用情况	partnering 模式并不能作为一种独立存在的模式，并不存在什么适用范围的限制。特别适用于：1. 业主长期有投资活动的建设工程；2. 不宜采用公开招标或邀请招标的建设工程；3. 复杂的不确定因素较多的建设工程；4. 国际金融组织贷款的建设工程	

七、Project Controlling 模式（了解）

概念	ProjectControlling 方实质上是建设工程业主的决策支持机构。Project Controlling 模式的核心就是以工程信息流处理的结果（或简称信息流）指导和控制工程的物质流。Project Controlling 模式是适应大型建设工程业主高层管理人员决策需要而产生的，是工程咨询和信息技术相结合的产物。Project Controlling 模式的出现反映了建设项目管理专业化发展的一种新的趋势，即专业分工的细化。 既可以是全过程、全方位的服务，也可以仅仅是某一阶段的服务或仅仅是某一方面的服务；既可以是建设工程实施过程中的实务性服务（旁站监理）或综合管理服务，也可以是为业主提供决策支持服务		
类型	单平面	当业主方只有一个管理平面，一般只设置一个 Project Controlling 机构	
	多平面	当项目规模大到业主方必须设置多个管理平面时，Project Controlling 方可以设置多个平面与之对应	
与建设项目管理的比较	相同点	工作属性	都属于工程咨询服务
		控制目标	都是控制项目的投资、进度和质量三大目标
		控制原理	都是采用动态控制、主动控制与被动控制相结合并尽可能采用主动控制

149

续表

		建设项目管理咨询单位	Project Controlling 咨询单位
与建设项目管理的比较	不同之处		
	服务对象不尽相同	既可以为业主服务，也可能为设计单位和施工单位服务	只为业主服务
	地位不同	在业主或业主代表的直接领导下，具体负责项目建设过程的管理工作，业主或业主代表可在合同规定的范围内向建设项目管理咨询单位在该项目上的具体工作人员下达指令	直接向业主的决策层负责，相当于业主决策层的智囊，为其提供决策支持，业主不向 Project Controlling 咨询单位在该项目上的具体工作人员下达指令
	服务时间不尽相同	可以为业主仅仅提供施工阶段的服务，也可以为业主提供实施阶段全过程乃至工程建设全过程的服务，其中以实施阶段全过程服务在国际上最为普遍	一般不为业主仅仅提供施工阶段的服务，而是为业主提供实施阶段全过程和工程建设全过程的服务，甚至还可能提供项目策划阶段的服务
	工作内容不同	围绕项目目标控制有许多具体工作	不参与项目具体的实施过程和管理工作，其核心工作是信息处理
	权力不同	具体负责项目建设过程的管理工作，直接面对设计单位、施工单位以及材料和设备供应单位，因而对这些单位具有相应的权力	不直接面对这些单位，对这些单位没有任何指令权和其他管理方面的权力
需要注意的问题	(1) Project Controlling 模式一般适用于大型和特大型建设工程。 (2) Project Controlling 模式不能作为一种独立存在的模式。 (3) Project Controlling 模式不能取代建设项目管理。 (4) Project Controlling 咨询单位需要建设工程参与各方的配合		

答疑解析

1. FIDIC 出版的《业主/咨询工程师标准服务协议书》简称"白皮书"，请介绍一下 FIDIC 出版的其他类似出版物？

答：FIDIC（国际咨询工程师联合会）于 1913 年由欧洲五国独立的咨询工程师协会在比利时根特成立，现在瑞士洛桑，是国际上最有权威的被世界银行认可的咨询工程师组织。

FIDIC 编制的出版物有：《业主与咨询工程师标准服务协议书》（白皮书）、《施工合同条件》（新红皮书）、《永久设备和设计—建造合同条件》（新黄皮书）、《EPC/交钥匙项目合同条件》（银皮书）、合同的简短格式（绿皮书）等，被世界银行、亚洲开发银行等国际和区域发展援助金融机构作为实施项目的合同协议范本。

2. 在国际上，一些大型工程咨询公司往往与设备制造商和土木工程承包商组成联合体，参与项目总承包或交钥匙工程的投标，中标后共同完成项目建设的全部任务。请解释一下什么是联合体？与合作体有何不同？

答：联合体是一种临时性的组织，是为承担某项任务而成立的，任务完成后，联合体自动解散。组成联合体的目的是增强投标竞争能力，减少联合体各方因支付巨额履约保证金而产生的资金负担，分散联合体各方的投标风险，弥补有关各方技术力量的相对不足，提高共同承担的项目完工的可靠性。

联合体各方的投入，可以根据各方的特点和优势决定，以互补的优势实现整体的竞争力。联合体的经济分配可以根据投入资源的价值（即按照投入的量占合同金额的百分比）进行分配，也可以协商确定百分比。联合体各方承担连带责任。

从业主的角度看，采用施工联合体发包一是可以分散风险，联合体中任何一家公司倒闭，其他成员必须承担其经济责任；二是组织协调与管理比较简单。因此，对承发包双方都有利。

合作体即合作、合伙、联合的意思。它可以用于合作承担设计任务、施工任务、供货任务、项目管理任务以及其他咨询服务等，可以形成设计合作体、施工合作体、总承包合作体、项目管理合作体等。它适用于那些工作范围可以明确界定的任务。合作体在形式上和合同结构上与联合体一样，但是实质有所区别。合作体各方都没有足够的力量完成特定的任务，但投入的力量完整，彼此能够互相协调。合作体各方按照合同约定各自独立完成任务，各自承担民事责任。

3. 请简单介绍一下什么是 BOT 项目？

答：BOT 即建设—经营—转让，是指政府通过契约授予私营企业以一定期限的特许专营权，许可其融资建设和经营特定的公用基础设施，并准许其通过向用户收取费用或出售产品以清偿贷款，回收投资并赚取利润；特许权期限届满时，该基础设施无偿移交给政府。

BOT 项目具有以下特征：(1)私营企业基于许可取得通常由政府部门承担的建设和经营特定基础设施的专营权（由招标方式进行）；(2)由获专营权的私营企业在特许权期限内负责项目的建设、经营、管理，并用取得的收益偿还贷款；(3)特许权期限届满时，项目公司须无偿将该基础设施移交给政府。其演变形式有：BOO、BOOT 等。

4. 非代理 CM 模式下，如实际工程费用超过了 GMP，超出部分由 CM 单位承担，这样理解对吗？

答：GMP 是保证最大价格的简称，包括总的工程费用和 CM 费。如果实际工程费用加 CM 费超过了 GMP，超出部分由 CM 单位承担；如果仅仅实际工程费用超过了 GMP，则超出部分肯定要由 CM 单位承担，同时未超过 GMP 的部分工程费用（相当于 CM 费部分）也要由 CM 单位承担。

5. 请简单介绍一下 D＋B 模式、EPC 模式？

答：建设项目总承包模式包括设计和施工总承包(D＋B)和设计、采购、施工总承包(EPC)两种模式，D＋B 模式主要适用于以房屋建筑为主的民用建设项目，EPC 模式主要适用于以大型装置或工艺过程为主要核心技术的工业建设领域，特别适用于工厂、发电厂、石油开发和基础设施等建设工程。

D＋B 模式的特点：1)有利于投资控制，能够降低工程造价；2)有利于进度控制，并缩短工期；3)有利于合同管理；4)利于组织与协调；5)对于质量控制，随具体情况而有差异。

对建设项目业主而言，有利于建设项目系统管理和综合控制，减轻业主管理负担；有利于充分利用项目总承包企业的管理资源，最大限度地降低建设项目风险；符合国际惯例和国际承包市场的运行规则；对建筑施工企业而言，从一开始就参与设计阶段工作，能将其各方面的丰富知识和经验充分地融于设计中；能促进建筑施工企业自身的生产发展，提高劳动生产率；对设计单位而言，由于施工企业的设计力量能够迅速编制施工图设计文件，使设计单位减少工作量；建设项目结束后可以参与利润的分配。

设计、采购和施工总承包(EPC)与 D+B 模式相比，EPC 模式将服务范围进一步向建设工程的前期延伸，业主只要大致说明一下投资意图和要求，其余工作均由 EPC 承包单位来完成。

基本内容：进行初步设计(视需要)、详细设计，负责设备材料采购、施工安装和试运行指导等。另外，还可以包括许多后续服务。如某建设项目 EPC 总承包招标文件中规定，EPC 总承包的工作范围包括但不限于设计、制造、采购、运输及储存、建设、安装、调试试验及检查、竣工、试运行、消缺、考核验收、技术和售后服务、人员培训等，同时也包括提供所有必要的材料、备品备件、专用工具、消耗品以及相关的技术资料等。

EPC 总承包可以针对一个建设项目的全部功能系统进行总承包，也可以针对其中某个功能系统进行总承包。

📖 例题解析

1. 在国外工程咨询公司的服务内容中，除了(　　)之外，其余各阶段工作业主都可能单独委托工程咨询公司来完成。
   A. 工程设计　　　　　　　　　B. 工程招标与设备采购
   C. 生产准备和调试验收　　　　D. 项目后评价
   答案：C

【解析】 为业主服务是工程咨询公司最基本、最广泛的业务。工程咨询公司为业主服务既可以是全过程服务(包括实施阶段全过程和工程建设全过程)，也可以是阶段性服务。

一般来说，除了生产准备和调试验收之外，其余各阶段工作业主都可能单独委托工程咨询公司来完成。

2. 下列关于非代理型 CM 模式的表述中，正确的是(　　)。
   A. CM 合同价就是 CM 费　　　　B. CM 单位与施工单位之间是总分包关系
   C. CM 模式又称为风险型 CM 模式　D. CM 单位通常由设计单位担任
   答案：C

【解析】 非代理型 CM 模式又称为风险型 CM 模式，在英国称为管理承包。

3. 下列关于 EPC 模式的表述中，正确的是(　　)。
   A. 该模式适用于工厂、发电厂、石油开发和基础设施等建设工程
   B. 采用该模式时，大多数材料和工程设备由项目总承包单位采购
   C. 该模式采用可调总价合同
   D. 该模式条件下业主承担大部分风险
   答案：A

【解析】 在 EPC 模式中，不仅包括具体的设计工作，而且可能包括整个建设工程内容的总体策划以及整个建设工程实施组织管理的策划和具体工作。与项目总承包模式(D+

152

B模式)相比,EPC模式将服务范围进一步向建设工程的前期延伸,业主只要大致说明一下投资意图和要求,其余工作均由EPC承包单位来完成。EPC模式特别强调适用于工厂、发电厂、石油开发和基础设施等建设工程。

4. Partnering模式特别适用于( )的建设工程。
   A. 业主长期有投资活动　　　　　B. 承包商承担大部分风险
   C. 时间因素最为重要　　　　　　D. 业主需要信息决策支持
   答案：A

【解析】 partnering模式的特点决定了它特别适用于以下几种类型的建设工程：(1)业主长期有投资活动的建设工程；(2)不宜采用公开招标或邀请招标的建设工程；(3)复杂的不确定因素较多的建设工程；(4)国际金融组织贷款的建设工程。

5. 在建设工程中不能独立存在的组织管理模式是( )模式。
   A. EPC　　　　　　　　　　　　B. 平行承发包
   C. CM　　　　　　　　　　　　D. Proiect Controlling
   答案：D

【解析】 应用Project Controlling模式需要注意的问题：(1)Project Controlling模式一般适用于大型和特大型建设工程。(2)Project Controlling模式不能作为一种独立存在的模式。(3)Project Controlling模式不能取代建设项目管理。(4)Project Controlling咨询单位需要建设工程参与各方的配合。

6. 按服务对象划分的三类项目管理,其共同点是( )。
   A. 服务范围均较宽　　　　　　　B. 服务阶段均为施工阶段
   C. 服务主体均为专业化项目管理公司　D. 服务对象均没有项目管理能力
   答案：C

【解析】 见下表。

按服务对象分	为业主服务的项目管理	最为普遍,所涉及的问题最多,也最复杂	
	为设计单位服务的项目管理	主要是为设计总包单位服务,这种情况很少见	
	为施工单位服务的项目管理	应用虽然较为普遍,但服务范围却较为狭窄	即使是具有相当高的项目管理水平和能力的大型施工单位,也可能需要委托专业化建设项目管理公司为其提供相应的服务

7. 下列关于Partnering协议的表述中,正确的是( )。
   A. Partnering协议是法律意义上的合同
   B. Partnering协议均由业主方负责起草
   C. Partnering模式一经提出就要签订Partnering协议
   D. Partnering的参与者未必一次性全部到位
   答案：D

【解析】 Partnering协议不仅仅是业主与施工单位双方之间的协议,而需要建设工程参与各方共同签署。注意两个问题：一是提出Partnering模式的时间可能与签订Partnering 协议的时间相距甚远，通常由业主提出采用该模式，在策划阶段或设计阶段开始前就提出，但可能在施工阶段开始前才签订 Partnering 协议；二是 Partnering 协议的参与者未必一次性全部到位，例如最初该协议的签署方可能不包括材料设备供应单位。

需要说明的是，Partnering 协议没有确定的起草方，必须经过参与各方的充分讨论后确定该协议的内容，经参与各方一致同意后共同签署。

8. Project Controlling 与 Partnering 模式的共同之处是（　　）。
　　A. 信息共享　　　　　　　　B. 不能独立存在
　　C. 长期协议　　　　　　　　D. 协调机制
　答案：B
【解析】 Project Controlling 模式不能作为一种独立存在的模式。在这一点上，Project Controlling 模式与 Partnering 模式有共同之处。

9. 在风险型 CM 模式下，CM 合同价格为（　　）。
　　A. CM 费＋与 CM 单位签订合同的各分包商、供应商合同价
　　B. CM 费＋所有施工单位合同价＋所有供应单位合同价
　　C. CM 费
　　D. CM 费＋GMP
　答案：A
【解析】 CM 单位与施工单位之间似乎是总分包关系……二是由于 CM 单位介入工程时间较早（一般在设计阶段介入），且不承担设计任务，所以 CM 单位并不向业主直接报出具体数额的价格，而是报 CM 费，至于工程本身的费用则是今后 CM 单位与各分包商、供应商的合同价之和。也就是说，CM 合同价由以上两部分组成，但在签订 CM 合同时，该合同价尚不是一个确定的具体数据，而主要是确定计价原则和方式，本质上属于成本加酬金合同的一种特殊形式。

10. 在 EPC 模式下，如果业主想更换业主代表，需提前（　　）。
　　A. 14d 通知承包商，并征得承包商同意
　　B. 14d 通知承包商，无须征得承包商同意
　　C. 42d 通知承包商，并征得承包商同意
　　D. 42d 通知承包商，无须征得承包商同意
　答案：B
【解析】 在 EPC 模式条件下，业主不聘请"工程师"来管理工程，而是自己或委派业主代表来管理工程。业主代表应是业主的全权代表。如果要更换业主代表，只需提前 14d 通知承包商，不需征得承包商的同意。与其他模式不同。

11. EPC 模式条件下，工程质量控制的重点在（　　）。
　　A. 施工期间检验　　　　　　B. 竣工检验
　　C. 竣工后检验　　　　　　　D. 设计图纸审查
　答案：B
【解析】 EPC 模式条件下，业主不聘请"工程师"来管理工程，而是自己或委派业主代表来管理工程。如果业主想更换业主代表时，只需提前 14d 通知承包商即可，不需征得承包商的同意。业主或业主代表管理工程显得较为宽松，不太具体和深入。虽然也有施工

期间检验的规定,但重点是在竣工检验,必要时还可能作竣工后检验(排除了承包商不在场作竣工后检验的可能性)。

12. 下列非代理型 CM 模式的表述中,正确的是( )。
    A. CM 单位一般在设计阶段介入,对设计单位有指令权
    B. CM 单位一般在设计阶段介入,对设计单位没有指令权
    C. CM 单位在施工阶段介入,对施工单位有指令权
    D. CM 单位在施工阶段介入,对施工单位没有指令权

答案:B

【解析】 采用非代理型 CM 模式时,业主与设计单位签合同,一般不与施工单位签订工程施工合同,由 CM 单位与施工单位签订合同,但也可能在某些情况下,对某些专业性很强的工程内容和工程专用材料、设备,业主与少数施工单位和材料、设备供应单位签订合同。CM 单位介入工程时间较早(一般在设计阶段介入)且不承担设计任务,对设计单位没有指令权。

13. 下列建设工程组织管理模式中,不能独立存在的模式是( )。
    A. CM 模式   B. D+B 模式
    C. EPC 模式   D. Partnering 模式

答案:D

【解析】 Partnering 模式总是与总分包、项目总承包和 CM 模式等建设工程组织管理模式中的一种结合使用,不是一种独立存在的模式。

14. 从国际工程市场的发展情况看,工程咨询的发展趋势之一是工程咨询公司( )。
    A. 与业主通过签订 Partnering 协议建立伙伴关系,为其提供长期咨询服务
    B. 与国际大财团或金融机构紧密联系,通过项目融资取得工程咨询业务
    C. 与工程设备、材料供应商组成联合体,向业主提供设备、材料及咨询服务
    D. 与工程设计单位组成联合体,承接工程设计任务

答案:B

【解析】 工程咨询的发展趋势之一是工程咨询与工程承包相互渗透、相互融合,具体表现在以下两种情况:一是工程咨询公司与工程承包公司相结合,组成大的集团企业或采用临时联合方式,承接交钥匙工程(或项目总承包工程);二是工程咨询公司与国际大财团或金融机构紧密联系,通过项目融资取得工程咨询业务。

15. 在采用传统的建设工程组织管理模式时,建筑师或工程师的工作内容是( )。
    A. 提供设计文件、监督施工
    B. 提供设计文件、组织施工招标
    C. 提供设计文件、组织施工招标、监督施工、组织工程竣工验收
    D. 提供设计文件、组织施工招标、监督施工、审核和签署工程结算报告

答案:D

【解析】 第二次世界大战以前,在工程建设领域占绝对主导地位的是传统的建设工程组织管理模式,即设计—招标—建造模式。采用这种模式时,业主与建筑师或工程师(房屋建筑工程适用建筑师,其他土木工程适用工程师)签订专业服务合同。建筑师或工程师不仅负责提供设计文件,而且负责组织施工招标工作来选择总包商,还要在施工阶段对施

工单位的施工活动进行监督并对工程结算报告进行审核和签署。

16. 在采用EPC模式时,合同价格( )。
   A. 较低且接近于固定   B. 较低但不固定
   C. 较高且接近于固定   D. 较高但不固定
   答案:C
   【解析】 总价合同并不是EPC模式独有,但是与其他模式相比,EPC合同更接近于固定总价合同,而且合同价格较高。

17. 非代理型CM模式的合同价( )。
   A. 就是GMP
   B. 就是CM费
   C. 是由CM单位直接向业主报出具体数额的价格
   D. 不是一个确定的具体数据,主要是确定计价原则和方式
   答案:D
   【解析】 非代理型CM模式的CM合同价由CM费和工程本身的费用(是今后CM单位与各分包商、供应商的合同价之和)两部分组成。在签订CM合同时,该合同价尚不是一个确定的具体数据,主要是确定计价原则和方式,本质上属于成本加酬金合同的一种特殊形式。

18. 下列关于工程咨询作用的表述中,错误的是( )。
   A. 为客户提供信息和先进技术   B. 担当工程纠纷的仲裁人
   C. 为决策者提供科学合理的建议   D. 保证工程的顺利实施
   答案:B
   【解析】 工程咨询是智力服务,是知识的转让,可有针对性地向客户提供可供选择的方案、计划或有参考价值的数据、调查结果、预测分析等,亦可实际参与工程实施过程的管理。工程咨询的作用:(1)为决策者提供科学合理的建议;(2)保证工程的顺利实施;(3)为客户提供信息和先进技术;(4)发挥准仲裁人的作用;(5)促进国际工程领域的交流和合作。

19. Project Controlling与建设项目管理的不同之处是( )。
   A. 工作属性   B. 工作内容
   C. 控制目标   D. 控制原理
   答案:B
   【解析】 Projectcontrolling与建设项目管理的不同之处,主要在:服务对象、地位、服务时间、工作内容和权力。

20. CM模式应用的局部效果可能较好,而总体效果可能不理想的是( )的工程。
   A. 设计变更可能性较大
   B. 时间因素最为重要
   C. 质量因素最为重要
   D. 因总的范围和规模不确定而无法准确定价
   答案:C
   【解析】 CM模式的适用情况包括:(1)设计变更可能性较大的建设工程;(2)时间因

素最为重要的建设工程；(3)因总的范围和规模不确定而无法准确定价的建设工程。

21. 在EPC模式条件下，工程质量管理的重点是（ ）。
   A. 竣工检验　　　　　　　　　B. 竣工后检验
   C. 施工期间检验　　　　　　　D. 施工期间和竣工检验
   答案：A
   【解析】 在EPC模式下，业主不聘请"工程师"来管理工程，而是自己或委派业主代表来管理工程。业主或业主代表管理工程显得较为宽松，不太具体和深入。虽然也有施工期间检验的规定，但重点是在竣工检验，必要时还可能作竣工后检验(排除了承包商不在场作竣工后检验的可能性)。

22. 在EPC模式中由业主代表管理工程实施的情况下，下列表述中正确的有（ ）。
   A. 如果业主想更换业主代表时，只需提前14d通知承包商即可
   B. 业主代表管理工程较为宽松，不太具体和深入
   C. 业主代表要先审查承包商的结算报告，再签发支付证书
   D. 必要时业主代表可能对工程质量作竣工后检验
   E. 为避免发生争议，应在EPC合同通用条件中规定调价公式
   答案：A、B、D
   【解析】 EPC模式中业主不聘请"工程师"来管理工程，而是自己或委派业主代表来管理工程。如果业主想更换业主代表时，只需提前14d通知承包商即可，不需征得承包商的同意。业主或业主代表管理工程显得较为宽松，不太具体和深入。虽然也有施工期间检验的规定，但重点是在竣工检验，必要时还可能作竣工后检验(排除了承包商不在场作竣工后检验的可能性)。与其他模式相比，EPC合同更接近于固定总价合同，没有其他模式合同条件中规定的调价公式。工程的期中支付款应由业主直接按照合同规定支付，不像其他模式那样先由工程师审查工程量和承包商的结算报告，再决定和签发支付证书。

23. 下列关于代理型CM模式的表述中，正确的有（ ）。
   A. GMP数额的谈判是CM合同谈判的焦点和难点
   B. CM单位对设计单位没有指令权
   C. 业主与少数施工单位和材料、设备供应单位签订合同
   D. CM单位是业主的咨询单位
   E. 代理型CM模式的管理效果没有非代理型CM模式的管理效果好
   答案：B、D
   【解析】 采用代理型CM模式时，CM单位是业主的咨询单位，业主与CM单位签订咨询服务合同，CM合同价就是CM费，其表现形式可以是百分率(以今后陆续确定的工程费用总额为基数)或固定数额的费用。业主分别与多个施工单位签订所有的工程施工合同。代理型中的CM单位通常是由具有较丰富的施工经验的专业CM单位或咨询单位担任。在CM模式中，无论是代理型CM模式，还是非代理型CM模式，CM单位与设计单位之间都是协调关系，CM单位对设计单位没有指令权。在非代理型CM模式中，GMP数额的谈判是CM合同谈判的焦点和难点。

24. 国际上，工程咨询公司为承包商提供的服务包括（ ）。
   A. 为承包商提供合同咨询和索赔服务

B. 为大中型承包商提供技术咨询服务
C. 作为承包商的设计分包商，承担详细设计
D. 作为承包商的设计分包商，承担全部或绝大部分工程设计
E. 与承包商联合承包工程，承担全部或绝大部分工程设计

答案：A、C、D

【解析】 工程咨询公司为承包商提供的服务主要有：(1)提供合同咨询和索赔服务；(2)提供技术咨询业务(服务对象大多是技术实力不太强的中小承包商)；(3)提供工程设计服务。

工程设计服务具体表现为：①工程咨询公司仅承担详细设计；②工程咨询公司承担全部或绝大部分设计工作，其前提是承包商以项目总承包或交钥匙方式承包工程，且承包商没有能力自己完成工程设计。

25. 工程咨询公司主要为承包商提供（　　）服务。
    A. 合同咨询和索赔　　　　　　B. 技术咨询
    C. 材料设备采购　　　　　　　D. 工程设计
    E. 调试验收

答案：A、B、D

【解析】 工程咨询公司为承包商服务主要有以下几种情况：一是为承包商提供合同咨询和索赔服务。二是为承包商提供技术咨询服务。三是为承包商提供工程设计服务。

26. 下列关于风险型 CM 模式的表述中，正确的有（　　）。
    A. GPM 低于合理值时，CM 单位承担的风险就增大
    B. 设计深度越深，就越能确定一个合理的 GMP
    C. 签订 CM 合同时，就合同价而言，主要是确定计价原则和方式
    D. CM 单位与所有承包商、供应商签订分包合同
    E. CM 单位对设计单位有指令权

答案：A、B、C

【解析】 需要说明的是，CM 单位对设计单位没有指令权，只能向设计单位提出一些合理化建议，因而 CM 单位与设计单位之间是协调关系。这一点同样适用于非代理型 CM 模式。

非代理型 CM 模式又称为风险型 CM 模式，在英国称为管理承包。采用非代理型 CM 模式时，业主一般不与施工单位签订工程施工合同，但也可能在某些情况下，对某些专业性很强的工程内容和工程专用材料、设备，业主与少数施工单位和材料、设备供应单位签订合同。业主与 CM 单位所签订的合同既包括 CM 服务的内容，也包括工程施工承包的内容；而 CM 单位则与施工单位和材料、设备供应单位签订合同。

签订 CM 合同时，该合同价尚不是一个确定的具体数据，而主要是确定计价原则和方式，本质上属于成本加酬金合同的一种特殊形式。

GMP 过高失去了控制工程费用的意义，业主风险增大；GMP 过低，CM 单位风险加大，因此，GMP 具体数额的确定就成为 CM 合同谈判中的一个焦点和难点。确定一个合理的 GMP，一方面取决于 CM 单位的水平和经验，另一方面更主要的是取决于设计所达到的深度。

27. 国际上的工程咨询公司也可以作为(   )来联合承包工程。
   A. 总承包商与施工企业合作
   B. BOT 项目的发起人与其他公司合作
   C. 联合体中的一方
   D. 分包商承担设计工作
   E. 分包商承担施工管理工作

   答案：A、B、C

   【解析】 （四）联合承包工程
   在国际上，一些大型工程咨询公司往往与设备制造商和土木工程承包商组成联合体，参与项目总承包或交钥匙工程的投标，中标后共同完成项目建设的全部任务。在少数情况下，工程咨询公司甚至可以作为总承包商，承担项目的主要责任和风险，而承包商则成为分包商。工程咨询公司还可能参与 BOT 项目，甚至作为这类项目的发起人和策划公司。
   虽然联合承包工程的风险相对较大，但可以给工程咨询公司带来更多的利润，而且在有些项目上可以更好地发挥工程咨询公司在技术、信息、管理等方面的优势。如前所述，采用多种形式参与联合承包工程，已成为国际上大型工程咨询公司拓展业务的一个趋势。

28. 下列关于非代理型 CM 模式的表述中，正确的是(   )。
   A. CM 单位对设计单位有指令权
   B. 业主可能与少数施工单位和材料、设备供应单位签订合同
   C. CM 单位在设计阶段就参与工程实施
   D. 业主与 CM 单位签订咨询服务合同
   E. GMP 的具体数额是 CM 合同谈判中的焦点和难点

   答案：B、C、D、E

   【解析】 对于非代理型 CM 模式，CM 单位对设计单位没有指令权；业主一般不与施工单位签订工程施工合同，但可能与少数施工单位和材料、设备供应单位签订合同。业主与 CM 单位签订咨询服务合同既包括 CM 服务的内容，也包括工程施工承包的内容。CM 单位则与施工单位和材料、设备供应单位签订合同。在非代理型 CM 模式中，GMP 数额的谈判是 CM 合同谈判的焦点和难点。

29. 在 EPC 模式中承包商承担的风险包括(   )。
   A. 业主代表的工作失误风险
   B. 设计风险
   C. 一个有经验的承包商不可预见且无法合理防范的自然力风险
   D. 对业主新提供数据的核查和解释风险
   E. 为圆满完成工程今后发生的一切困难和费用风险

   答案：B、C、D、E

   【解析】 EPC 模式中承包商承担的风险有：设计风险；自然力风险；现场数据核查和解释(业主不对其提供的现场数据的准确性、充分性和完整性负责)风险；不可预见的困难等。在其他模式中享有的"一个有经验的承包商不可预见且无法合理防范的自然力的作用"的风险的索赔权，在该模式中不复存在。

30. 下列关于 Project Controlling 模式的表述中，正确的是(   )。
   A. Project Controlling 方是业主的决策支持机构

159

B. Project Controlling 模式的核心是以工程的信息流指导和控制工程的物质流
C. 业主可以向 Project Controlling 方的具体工作人员下达指令
D. 采用 Project Controlling 模式时，不再需要建设项目管理咨询单位的信息管理工作
E. Project Controlling 模式是工程咨询与信息技术相结合的产物

答案：A、B、E

【解析】 Project Controlling 模式是工程咨询与信息技术相结合的产物。Project Controlling 方实质上是建设工程业主的决策支持机构。Project Controlling 模式的核心是以工程信息流处理的结果（或简称信息流）指导和控制工程的物质流。Project Controlling 单位直接向业主的决策层负责，相当于业主决策层的智囊，为其提供决策支持，业主不向 Project Controlling 单位在该项目上的具体工作人员下达指令。Project Controlling 模式不能取代建设项目管理，不能因为有了 Project Controlling 咨询单位的信息处理工作，而淡化或弱化建设项目管理咨询公司常规的信息管理工作。

31. 工程咨询公司参与联合承包工程的形式有（　　）。
    A. 工程咨询公司与土木工程承包商和设备制造商组成联合体
    B. 工程咨询公司作为总承包商，承包商作为分包商
    C. 承包商作为总承包商，工程咨询公司作为分包商
    D. 工程咨询公司作为 BOT 项目的发起人
    E. 财团作为 BOT 项目发起人，工程咨询公司参与 BOT 项目

答案：A、B、D

【解析】 大型工程咨询公司可能与设备制造商和土木工程承包商组成联合体，参与项目总承包或交钥匙工程的投标，中标后共同完成项目建设的全部任务。在少数情况下，工程咨询公司可以作为总承包商，还可能参与 BOT 项目，甚至作为这类项目的发起人和策划公司。

虽然联合承包工程的风险相对较大，但可以给工程咨询公司带来更多的利润，而且在有些项目上可以更好地发挥工程咨询公司在技术、信息、管理等方面的优势。

32. 建设项目管理的类型可以按（　　）几方面划分。
    A. 管理对象　　　　　　　　B. 管理主体
    C. 服务对象　　　　　　　　D. 服务内容
    E. 服务阶段

答案：B、C、E

【解析】 建设项目管理的类型可从管理主体、服务对象和服务阶段等角度划分。

📖 实战练习题

一、单项选择题

1.（　　）主要是从专业化建设项目管理公司为业主服务的角度考虑。
   A. 按服务对象分　　　　　　B. 按管理主体分
   C. 按管理对象分　　　　　　D. 按服务阶段分

2. 按服务对象分类的建设项目管理的类型中，应用最为普遍的是（　　）的项目管理。

A. 为业主服务 B. 为设计单位服务
C. 为施工单位服务 D. 为供应单位服务
3. 在国际上，工程咨询的发展趋势之一是（　　）。
A. 与工程承包严格分开 B. 与工程承包相互渗透、相互融合
C. 逐步取代工程承包 D. 逐步从工程承包中分离
4. 工程咨询公司的工作不包括（　　）。
A. 为承包商提供合同咨询服务 B. 为承包商提供工程设计服务
C. 为大型承包商提供技术咨询服务 D. 为中小承包商提供技术咨询服务
5. 国外项目管理公司为设计单位提供的项目管理服务，主要是为（　　）服务。
A. 交钥匙工程的设计阶段 B. 设计总承包单位
C. 工艺设计过程 D. 专业化设计单位
6. CM模式与全过程项目管理的重要区别是（　　）。
A. CM单位与设计单位之间是协调关系
B. CM单位对设计单位具有指令权
C. CM单位与施工单位签订工程施工合同
D. CM单位与施工单位之间是协调关系
7. CM模式是以（　　）为特征的建设工程组织管理模式。
A. 快速路径法 B. 边设计边施工
C. 使用CM单位 D. 非代理
8. 在采用非代理型CM模式时，为了促使CM单位加强费用控制工作，业主往往要求在合同中预先确定（　　）。
A. 风险费 B. 固定总价
C. 保证最大价格 D. 保证最低价格
9. 在EPC模式条件下，工程的期中付款应（　　）。
A. 由工程师审查工程量和承包商的结算报告，再决定和签发支付证书
B. 先由工程师签发支付证书，再由业主向承包商支付
C. 由业主直接按照合同规定支付
D. 由工程师直接按照合同规定支付
10. 在EPC模式中，业主方管理工程实施的人员可能是（　　）。
A. 业主代表 B. CM经理
C. EPC经理 D. 工程师
11. 在EPC模式中，采购主要是指（　　）。
A. 工程采购 B. 材料和工程设备采购
C. 服务采购 D. 招标采购
12. 在下列建设工程中，Partnering模式适用于（　　）的建设工程。
A. 设计变更可能性较大 B. 业主长期有投资活动
C. 时间因素最为重要 D. 小型简单
13. Partnering模式要由参与各方共同组成工作小组，要分担风险、共享资源，因此，（　　）是关键因素。

A. 高层管理的参与 B. 出于自愿
C. 信息的开放性 D. 长期协议

14. 在下列内容中，属于 Project Controlling 与建设项目管理共同点的是（　　）。
A. 服务对象相同 B. 工作属性相同
C. 地位相同 D. 工作内容相同

15. Partnering 协议通常是由（　　）签署的协议。
A. 业主与承包商 B. 业主与监理单位
C. 监理单位与承包商 D. 建设工程参与各方共同

16. 下列关于建设项目管理类型的说法中，错误的是（　　）。
A. 按管理主体分为业主的项目管理、施工单位的项目管理和设计单位的项目管理
B. 按服务对象分为为业主服务的项目管理、为设计单位服务的项目管理和为施工单位服务的项目管理
C. 按服务阶段分为施工阶段的项目管理、实施阶段全过程的项目管理和工程建设全过程的项目管理
D. 按控制主体分为业主的项目管理、监理单位的项目管理和政府的项目管理

17. EPC 模式所适用的工程一般具有（　　）特点。
A. 工程规模较大 B. 工期较短
C. 技术简单 D. 质量要求高

18. 咨询工程师开展咨询业务时，不仅涉及与本公司各方面人员的协同工作，而且经常与客户、建设工程参与各方、政府部门、金融机构等发生联系，处理面临的各种问题。这就特别需要咨询工程师具有（　　）的素质。
A. 知识面宽 B. 精通业务
C. 协调、管理能力强 D. 责任心强

二、多项选择题

1. 工程咨询公司为承包商服务内容主要有为承包商提供（　　）。
A. 施工阶段全过程服务 B. 全方位目标控制服务
C. 合同咨询和索赔服务 D. 技术咨询服务
E. 工程设计服务

2. 建设项目管理按服务阶段划分可分为（　　）的项目管理。
A. 施工阶段 B. 设计阶段
C. 可行性研究阶段 D. 实施阶段全过程
E. 工程建设全过程

3. 从国际工程市场的情况来看，工程咨询的发展趋势有：（　　）。
A. 向全过程和全方位服务方向发展 B. 逐渐取代工程承包
C. 与工程承包相互渗透、相互融合 D. 带动本国工程设备、材料和劳务出口
E. 促进国际工程领域的交流和合作

4. 按专业化建设项目管理公司的服务对象分，建设项目管理有（　　）。
A. 为业主服务的项目管理 B. 为监理单位服务的项目管理

C. 为设计单位服务的项目管理　　　　D. 为供应单位服务的项目管理
E. 为施工单位服务的项目管理

5. 关于CM模式的说法，正确的是（　　）。
   A. CM单位与设计单位是协调关系
   B. 与总分包模式有本质的区别
   C. CM单位对设计单位有指令权
   D. 代理型CM模式中，业主与所有施工单位签订施工合同
   E. 采用非代理型CM模式，业主对工程费用不能直接控制

6. EPC模式的基本特征不包括（　　）。
   A. 业主承担大部分风险　　　　　B. 承包商承担大部分风险
   C. 总价合同　　　　　　　　　　D. 单价合同
   E. 业主或业主代表管理工程实施

7. CM模式适用于（　　）的建设工程。
   A. 设计变更可能性较大
   B. 不宜采用公开招标或邀请招标
   C. 复杂的不确定因素较多
   D. 因总的范围和规模不确定而无法准确定价
   E. 时间因素最为重要

8. 在采用EPC模式时，应具备的条件有（　　）。
   A. 有完整、足够详细的设计图纸
   B. 给投标人充分的资料和时间
   C. 业主直接按照合同规定向承包商支付工程款
   D. 业主代表不能过分干预承包商的工作
   E. 业主代表对承包商的施工质量进行严格的监督和检查

9. Partnering模式的构成要素包括（　　）。
   A. 共享　　　　B. 信任　　　　C. 合作　　　　D. 总价合同
   E. 长期协议

10. Partnering协议需要建设工程的（　　）共同签署。
    A. 业主　　　　B. 设计单位　　　　C. 主包商　　　　D. 咨询单位
    E. 主管单位

11. 下列关于Project Controlling模式的表述中，正确的是（　　）。（2005年）
    A. Project Controlling方是业主的决策支持机构
    B. Project Controlling模式的核心是以工程的信息流指导和控制工程的物质流
    C. 业主可以向Project Controlling方的具体工作人员下达指令
    D. 采用Project Controlling模式时，不再需要建设项目管理咨询单位的信息管理工作
    E. Project Controlling模式是工程咨询与信息技术相结合的产物

12. Project Controlling与建设项目管理在以下几方面完全不同（　　）。
    A. 服务属性　　　　　　　　　　B. 地位

C. 服务原理 D. 工作内容
E. 权力
13. 在以下内容中，属于 Partnering 模式特征的是（   ）。
    A. 共同的目标 B. 出于自愿
    C. 高层管理的参与 D. 承包商承担大部分风险
    E. 信息的开放性

实战练习题答案

一、单项选择题
1. D; 2. A; 3. B; 4. C; 5. B; 6. A; 7. C; 8. C; 9. C; 10. A;
11. B; 12. B; 13. A; 14. C; 15. D; 16. D; 17. A; 18. C

二、多项选择题
1. C、D、E; 2. A、D、E; 3. A、C、D; 4. A、C、E;
5. A、B、D、E; 6. A、D; 7. A、D、E; 8. B、C、D;
9. A、B、C、E; 10. A、B、C、D; 11. A、B、E; 12. B、D、E;
13. B、C、E

第八章 建设工程信息管理

📖 考纲分解

一、建设工程信息的收集（熟悉）

项目决策阶段	主要收集外部宏观信息，要收集历史、现在和未来三个时态的信息，具有较多的不确定性	
设计阶段	收集范围广泛，来源较多，不确定性因素较多，难度较大	
施工招标投标阶段	特别要求信息收集人员在了解工程特点和工程量分解上有一定的能力	
施工阶段	施工准备期	在施工招标投标阶段监理未介入时，本阶段是施工阶段信息收集的关键阶段。信息来源较多，更应该组建工程信息合理的流程，确定合理的信息源，规范各方的信息行为，建立必要的信息秩序
	施工实施期	信息来源相对稳定，容易实现规范化，关键是施工单位与监理单位、建设单位信息形式上和汇总上不统一。因此，统一建设各方的信息格式，实现标准化、代码化、规范化是我国目前建设工程必须解决的问题
	竣工保修期	(1) 工程准备阶段文件。 (2) 监理文件。 (3) 施工资料。 (4) 竣工图。 (5) 竣工验收资料

二、建设工程文件档案资料特征（熟悉）

分散性和复杂性	这个特征决定了建设工程文件档案资料是多层次、多环节、相互关联的复杂系统
继承性和时效性	文件档案被积累和继承，同时，建设工程文件档案资料具有很强的时效性
全面性和真实性	真实性是对所有文件档案资料的共同要求，但在建设领域对这方面的要求更为迫切
随机性	部分建设工程文件档案资料的产生有规律性（如各类报批文件），但还有相当一部分文件档案资料的产生是由具体工程事件引发的
多专业性和综合性	建设工程文件档案资料依附于不同的专业对象而存在，又依赖不同的载体而流动

三、建设工程文件档案资料管理职责（熟悉）

归档的含义	(1) 建设、勘察、设计、施工、监理等单位将本单位在工程建设过程中形成的文件向本单位档案管理机构移交。 (2) 勘察、设计、施工、监理等单位将本单位在工程建设过程中形成的文件向建设单位档案管理机构移交。 (3) 建设单位按照现行《建设工程文件归档整理规范》要求，将汇总的该建设工程文件档案向地方城建档案管理部门移交

续表

通用职责	(1) 工程各参建单位填写的建设工程档案应以施工及验收规范、工程合同、设计文件、工程施工质量验收统一标准等为依据。 (2) 工程档案资料应随工程进度及时收集、整理,并应按专业归类,认真书写,字迹清楚,项目齐全、准确、真实,无未了事项。表格应采用统一表格,特殊要求需增加的表格应统一归类。 (3) 工程档案资料进行分级管理,建设工程项目各单位技术负责人负责本单位工程档案资料的全过程组织工作并负责审核,各相关单位档案管理员负责工程档案资料的收集、整理工作。 (4) 对工程档案资料进行涂改、伪造、随意抽撤或损毁、丢失等,应按有关规定予以处罚,情节严重的,应依法追究法律责任
建设单位职责	(1) 在工程招标及与勘察、设计、监理、施工等单位签订协议、合同时,应对工程文件的套数、费用、质量、移交时间等提出明确要求。 (2) 收集和整理工程准备阶段、竣工验收阶段形成的文件,并应进行立卷归档。 (3) 负责组织、监督和检查勘察、设计、施工、监理等单位的工程文件的形成、积累和立卷归档工作;也可委托监理单位监督、检查工程文件的形成、积累和立卷归档工作。 (4) 收集和汇总勘察、设计、施工、监理等单位立卷归档的工程档案。 (5) 在组织工程竣工验收前,应提请当地城建档案管理部门对工程档案进行预验收;未取得工程档案验收认可文件,不得组织工程竣工验收。 (6) 对列入当地城建档案管理部门接收范围的工程,工程竣工验收 3 个月内,向当地城建档案管理部门移交一套符合规定的工程文件。 (7) 必须向参与工程建设的勘察设计、施工、监理等单位提供与建设工程有关的原始资料,原始资料必须真实、准确、齐全。 (8) 可委托承包单位、监理单位组织工程档案的编制工作;负责组织竣工图的绘制工作,也可委托承包单位、监理单位、设计单位完成,收费标准按照所在地相关文件执行
监理单位职责	(1) 应设专人负责监理资料的收集、整理和归档工作,在项目监理部,监理资料的管理应由总监理工程师负责,并指定专人具体实施,监理资料应在各阶段监理工作结束后及时整理归档。 (2) 监理资料必须及时整理、真实完整、分类有序。在设计阶段,对勘察、测绘、设计单位的工程文件的形成、积累和立卷归档进行监督、检查;在施工阶段,对施工单位的工程文件的形成、积累、立卷归档进行监督、检查。 (3) 可以按照委托监理合同的约定,接受建设单位的委托,监督、检查工程文件的形成积累和立卷归档工作。 (4) 编制的监理文件的套数、提交内容、提交时间,应按照现行《建设工程文件归档整理规范》和各地城建档案管理部门的要求,编制移交清单,双方签字、盖章后,及时移交建设单位,由建设单位收集和汇总。监理公司档案部门需要的监理档案,按照《建设工程监理规范》的要求,及时由项目监理部提供
施工单位职责	(1) 实行技术负责人负责制,逐级建立、健全施工文件管理岗位责任制,配备专职档案管理员,负责施工资料的管理工作。工程项目的施工文件应设专门的部门(专人)负责收集和整理。 (2) 建设工程实行总承包的,总承包单位负责收集、汇总各分包单位形成的工程档案,各分包单位应将本单位形成的工程文件整理、立卷后及时移交总承包单位。建设工程项目由几个单位承包的,各承包单位负责收集、整理、立卷其承包项目的工程文件,并应及时向建设单位移交,各承包单位应保证归档文件的完整、准确、系统,能够全面反映工程建设活动的全过程。 (3) 可以按照施工合同的约定,接受建设单位的委托进行工程档案的组织、编制工作。 (4) 按要求在竣工前将施工文件整理汇总完毕,再移交建设单位进行工程竣工验收。 (5) 负责编制的施工文件的套数不得少于地方城建档案管理部门要求,但应有完整施工文件移交建设单位及自行保存,保存期可根据工程性质以及地方城建档案管理部门有关要求确定。如建设单位对施工文件的编制套数有特殊要求的,可另行约定
地方城建档案管理部门职责	(1) 负责接收和保管所辖范围内应当永久和长期保存的工程档案和有关资料。 (2) 负责对城建档案工作进行业务指导,监督和检查有关城建档案法规的实施。 (3) 列入向本部门报送工程档案范围的工程项目,其竣工验收应有本部门参加并负责对移交的工程档案进行验收

四、建设工程档案编制质量要求与组卷方法（熟悉）

归档文件的质量要求	（1）归档的工程文件一般应为原件。 （2）工程文件的内容及其深度必须符合国家有关工程勘察、设计、施工、监理等方面的技术规范、标准和规程。 （3）工程文件的内容必须真实、准确，与工程实际相符合。 （4）工程文件应采用耐久性强的书写材料，不得使用易褪色的书写材料。 （5）工程文件应字迹清楚，图样清晰，图表整洁，签字盖章手续完备。 （6）工程文件中文字材料幅面尺寸规格宜为 A4 幅面。图纸宜采用国家标准图幅。 （7）工程文件的纸张应采用能够长期保存的韧力大、耐久性强的纸张。图纸一般采用蓝晒图，竣工图应是新蓝图。计算机出图必须清晰，不得使用计算机所出图纸的复印件。 （8）所有竣工图均应加盖竣工图章。 （9）利用施工图改绘竣工图，必须标明变更修改依据；凡施工图结构、工艺、平面布置等有重大改变，或变更部分超过图面 1/3 的，应当重新绘制竣工图。 （10）不同幅面的工程图纸应按《技术制图复制图的折叠方法》（GB 10609.3—89）统一折叠成 A4 幅面，图标栏露在外面。 （11）工程档案资料的缩微制品，必须按国家缩微标准进行制作，主要技术指标要符合国家标准，保证质量，以适应长期安全保管。 （12）工程档案资料的照片及声像档案，要求图像清晰，声音清楚，文字说明或内容准确。 （13）工程文件应采用打印的形式并使用档案规定用笔，手工签字，在不能够使用原件时，应在复印件或抄件上加盖公章并注明原件保存处

归档工程文件的组卷要求	立卷的原则和方法	立卷应遵循工程文件的自然形成规律，保持卷内文件的有机联系	
		一个建设工程由多个单位工程组成时，工程文件应按单位工程组卷	
		方法	工程准备阶段文件	可按单位工程、分部工程、专业、形成单位等组卷
			监理文件	可按单位工程、分部工程、专业、阶段等组卷
			施工文件	可按单位工程、分部工程、专业、阶段等组卷
			竣工图	可按单位工程、专业等组卷
			竣工验收文件	可按单位工程、专业等组卷
		要求	案卷不宜过厚，一般不超过 40mm
			案卷内不应有重份文件，不同载体的文件一般应分别组卷
	卷内文件排列	文字材料按事项、专业顺序排列。同一事项的请示与批复、同一文件的印本与定稿、主件与附件不能分开，并按批复在前、请示在后，印本在前、定稿在后，主件在前、附件在后的顺序排列	
		图纸按专业排列，同专业图纸按图号顺序排列	
		既有文字材料又有图纸的案卷，文字材料排前，图纸排后	
	案卷编目	编制卷内文件页号；卷内目录编制；卷内备考表编制	
		案卷封面编制	保管期限分为永久、长期、短期三种期限。 同一卷内有不同保管期限的文件，该卷保管期限应从长
			密级分为绝密、机密、秘密三种。 同一案卷内有不同密级的文件，应以高密级为本卷密级
		卷内目录、卷内备考表、卷内封面应采用 70g 以上白色书写纸制作，幅面统一采用 A4 幅面	

五、建设工程档案验收与移交（掌握）

验收	（1）列入城建档案管理部门档案接收范围的工程，建设单位在组织工程竣工验收前，应提请城建档案管理部门对工程档案进行预验收。建设单位未取得城建档案管理部门出具的认可文件，不得组织工程竣工验收

续表

验收	(2) 城建档案管理部门在进行工程档案预验收时，应重点验收的内容	1) 工程档案分类齐全、系统完整。 2) 工程档案的内容真实、准确地反映工程建设活动和工程实际状况。 3) 工程档案已整理立卷，立卷符合现行《建设工程文件归档整理规范》的规定。 4) 竣工图绘制方法、图式及规格等符合专业技术要求，图面整洁，盖有竣工图章。 5) 文件的形成、来源符合实际，要求单位或个人签章的文件，其签章手续完备。 6) 文件材质、幅面、书写、绘图、用墨、托裱等符合要求。 工程档案由建设单位进行验收，属于向地方城建档案管理部门报送工程档案的工程项目还应会同地方城建档案管理部门共同验收
	(3) 国家、省市重点工程项目或一些特大型、大型的工程项目的预验收和验收，必须有地方城建档案管理部门参加	
	(4) 为确保工程档案的质量，各编制单位、地方城建档案管理部门、建设行政管理部门等要对工程档案进行严格检查、验收。编制单位、制图人、审核人、技术负责人必须进行签字或盖章。对不符合技术要求的，一律退回编制单位进行改正、补齐，问题严重者可令其重做。不符合要求者，不能交工验收	
	(5) 凡报送的工程档案，如验收不合格将其退回建设单位，由建设单位责成责任者重新进行编制，待达到要求后重新报送。检查验收人员应对接收的档案负责	
	(6) 地方城建档案管理部门负责工程档案的最后验收。并对编制报送工程档案进行业务指导、督促和检查	
移交	(1) 列入城建档案管理部门接收范围的工程，建设单位在工程竣工验收后3个月内向城建档案管理部门移交一套符合规定的工程档案	
	(2) 停建、缓建工程的工程档案，暂由建设单位保管	
	(3) 对改建、扩建和维修工程，建设单位应当组织设计单位、监理单位、施工单位据实修改、补充和完善工程档案。对改变的部位，应当重新编写工程档案，并在工程竣工验收后3个月内向城建档案管理部门移交	
	(4) 建设单位向城建档案管理部门移交工程档案时，应办理移交手续，填写移交目录，双方签字、盖章后交接	
	(5) 施工单位、监理单位等有关单位应在工程竣工验收前将工程档案按合同或协议规定的时间、套数移交给建设单位，办理移交手续	

六、建设工程监理文件档案资料管理（掌握）

基本概念	所谓建设工程监理文件档案资料的管理，是指监理工程师受建设单位委托，在进行建设工程监理的工作期间，对建设工程实施过程中形成的与监理相关的文件和档案进行收集积累、加工整理、立卷归档和检索利用等一系列工作
传递流程	在工程全过程中形成的所有资料，都应统一归口传递到信息管理部门，进行集中加工、收发和管理，信息管理部门是监理文件和档案资料传递渠道的中枢
监理文件和档案收文与登记	所有收文应在收文登记表上进行登记，应记录文件名称、文件摘要信息、文件的发放单位、文件编号以及收文日期，必要时应注明接收文件的具体时间，最后由项目监理部负责收文人员签字。 资料管理人员应检查文件档案资料的各项内容填写和记录真实完整，签字认可人员应为符合相关规定的责任人员，并不得以盖章和打印代替手写签认。 有关工程建设照片和声像资料等应注明拍摄日期及所反映工程建设部位等摘要信息。收文登记后应交给项目总监或由其授权的监理工程师进行处理，重要文件内容应在监理日记中记录

续表

监理文件档案资料传阅与登记	由建设工程项目监理部总监理工程师或其授权的监理工程师确定文件、记录是否需传阅				
监理文件资料发文与登记	发文由总监理工程师或其授权的监理工程师签名，并加盖项目监理部图章，对盖章工作应进行专项登记				
监理文件档案资料归档	监理文件档案资料分类存放				
	监理文件档案资料的归档保存中应严格按照保存原件为主、复印件为辅和按照一定顺序归档的原则				
	监理文件有10大类27个		建设单位	监理单位	送城建档案管理部门
	(1) 监理规划	监理规划	长期	短期	保存
		监理实施细则	长期	短期	保存
		监理部总控制计划等	长期	短期	—
	(2) 监理月报中的有关质量问题		长期	长期	保存
	(3) 监理会议纪要中的有关质量问题		长期	长期	保存
	(4) 进度控制	工程开工/复工审批表	长期	长期	保存
		工程开工/复工暂停令	长期	长期	保存
	(5) 质量控制	不合格项目通知	长期	长期	保存
		质量事故报告及处理意见	长期	长期	保存
	(6) 造价控制	预付款报审与支付	短期	—	—
		月付款报审与支付	短期	—	—
		设计变更、洽商费用报审与签认	长期	—	—
		工程竣工决算审核意见书	长期	—	保存
	(7) 分包资质	分包单位资质材料	长期	—	—
		供货单位资质材料	长期	—	—
		试验等单位资质材料	长期	—	—
	(8) 监理通知	有关进度控制的监理通知	长期	长期	—
		有关质量控制的监理通知	长期	长期	—
		有关造价控制的监理通知	长期	长期	—
	(9) 合同与其他事项管理	工程延期报告及审批	永久	长期	保存
		费用索赔报告及审批	长期	长期	—
		合同争议、违约报告及处理意见	永久	长期	保存
		合同变更材料	长期	长期	保存
	(10) 监理工作总结	专题总结	长期	短期	—
		月报总结	长期	短期	—
		工程竣工总结	长期	长期	保存
		质量评估报告	长期	长期	保存
监理文件档案资料借阅、更改与作废	项目监理部存放的文件和档案原则上不得外借。 监理文件档案的更改应由原制定部门相应责任人执行，涉及审批程序的，由原审批责任人执行。若指定其他责任人进行更改和审批时，新责任人必须获得所依据的背景资料。监理文件档案更改后，由信息管理部门填写监理文件档案更改通知单，并负责发放新版本文件。发放过程中必须保证项目参建单位中所有相关部门都得到相应文件的有效版本。文件档案换发新版时，应由信息管理部门负责将原版本收回作废。考虑到日后有可能出现追溯需求，信息管理部门可以保存作废文件的样本以备查阅				

七、建设工程监理表格体系和主要文件档案(掌握)

承包单位用表	工程开工/复工报审表(A1)	施工阶段承包单位向监理单位报请开工和工程暂停后报请复工时填写,如整个项目一次开工,只填报一次,如工程项目中涉及多个单位工程且开工时间不同,则每个单位工程开工都应填报一次	监理工程师审核,认为具备开工条件时,由总监理工程师签署意见,报建设单位
	施工组织设计(方案)报审表(A2)	施工单位在开工前向项目监理部报送施工组织设计(施工方案)的同时,填写施工组织设计(方案)报审表,施工过程中,如经批准的施工组织设计(方案)发生改变,工程项目监理部要求将变更的方案报送时,也采用此表	总监理工程师应组织审查并在约定时间内核准,同时报送建设单位,需要修改时,应由总监理工程师签发书面意见退回承包单位修改后再报,重新审核
	分包单位资格报审表(A3)	审核的主要内容有:(1)分包单位资质(营业执照、资质等级);(2)分包单位业绩材料;(3)拟分包工程内容、范围;(4)专职管理人员和特种作业人员的资格证、上岗证	专业监理工程师和总监理工程师分别签署意见
	＿＿＿＿报验申请表(A4)	主要用于承包单位向监理单位的工程质量检查验收申报。用于隐蔽工程的检查和验收时,承包单位必须完成自检并附有相应工序、部位的工程质量检查记录;用于施工放样报检时应附有承包单位的施工放样成果;用于分项、分部、单位工程质量验收时应附有相关符合质量验收标准的资料及规范规定的表格	
	工程款支付申请表(A5)	在分项、分部工程或按照施工合同付款的条款完成相应工程的质量已通过监理工程师认可后,承包单位要求建设单位支付合同内项目及合同外项目的工程款时,填写本表向工程项目监理部申报。工程项目监理部的专业监理工程师对本表及其附件进行审批,提出审核记录及批复建议	同意付款的,报总监理工程师审批,并将审批结果以"工程款支付证书"(B3)批复给施工单位并通知建设单位。不同意付款时应说明理由
	监理工程师通知回复单(A6)	用于承包单位接到项目监理部的"监理工程师通知单"(B1),并已完成了监理工程师通知单上的工作后,报请项目监理部进行核查。监理工程师应对本表所述完成的工作进行核查,签署意见,批复给承包单位	一般可由专业监理工程师签认,重大问题由总监理工程师签认
	工程临时延期申请表(A7)	当发生工程延期事件并有持续性影响时,承包单位填报本表,向工程项目监理部申请工程临时延期;工程延期事件结束,承包单位向工程项目监理部最终申请确定工程延期的日历天数及延迟后的竣工日期。工程项目监理部对本表所述情况进行审核评估,分别用"工程临时延期审批表"(B4)及"工程最终延期审批表"(B5)批复承包单位项目经理部	
	费用索赔申请表(A8)	用于费用索赔事件结束后,承包单位向项目监理部提出费用索赔时填报。本表经过承包单位项目经理签字	总监理工程师应组织监理工程师进行审查与评估,并与建设单位协商后,在施工合同规定的期限内签署"费用索赔审批表"(B6)或要求承包单位进一步提交详细资料后重新申请,批复承包单位
	工程材料/构配件/设备报审表(A9)	用于承包单位将进入施工现场的工程材料/构配件经自检合格后,由承包单位项目经理签章,向工程项目监理部申请验收;对运到施工现场的设备,经检查包装无破损后,向项目监理部申请验收,并移交给设备安装单位。工程材料/构配件还应注明使用部位	检验合格,监理工程师在本表上签认,注明质量控制资料和材料试验合格的有关说明;检验不合格时,在本表上签批不同意验收,工程材料/构配件/设备应清退出场,也可据情况批示同意进场但不得使用于原拟定部位

续表

承包单位用表	工程竣工报验单(A10)	总监理工程师收到本表及附件后,应组织各专业监理工程师对竣工资料及各专业工程的质量进行全面检查,对检查出的问题,应督促承包单位及时整改	合格后,总监理工程师签署本表,并向建设单位提出质量评估报告,完成竣工预验收
监理单位用表	监理工程师通知单(B1)	是工程项目监理部按照委托监理合同所授予的权限,针对承包单位出现的各种问题而发出的要求承包单位进行整改的指令性文件。监理工程师现场发出的口头指令及要求,也应采用此表事后予以确认	一般可由专业监理工程师签发,但发出前必须经过总监理工程师同意,重大问题应由总监理工程师签发
	工程暂停令(B2)	在建设单位要求且工程需要暂停施工;出现工程质量问题,必须停工处理;出现质量或安全隐患,为避免造成工程质量损失或危及人身安全而需要暂停施工;承包单位未经许可擅自施工或拒绝项目监理部管理;发生了必须暂停施工的紧急事件时;发生上述五种情况中任何一种,总监理工程师应根据停工原因、影响范围,确定工程停工范围,签发工程暂停令,向承包单位下达工程暂停的指令。 签发本表要慎重,应事前与建设单位协商,宜取得一致意见	
	工程款支付证书(B3)	项目监理部收到承包单位报送的"工程款支付申请表"(A5)后用于批复用表,由各专业监理工程师按照施工合同进行审核,及时抵扣工程预付款后,确认应该支付工程款的项目及款额,提出意见,经过总监理工程师审核签认后,报送建设单位,作为支付的证明,同时批复给承包单位,随本表应附承包单位报送的"工程款支付申请表"(A5)及其附件	
	工程临时延期审批表(B4)	用于工程项目监理部接到承包单位报送的"工程临时延期申请表"(A7)后,对申报情况进行调查、审核与评估后,初步做出是否同意延期申请的批复	本表由总监理工程师签发,签发前应征得建设单位同意
	工程最终延期审批表(B5)	用于工程延期事件结束后,工程项目监理部根据承包单位报送的"工程临时延期申请表"(A7)及延期事件发展期间陆续报送的有关资料,对申报情况进行调查、审核与评估后,向承包单位下达的最终是否同意工程延期日数的批复	本表由总监理工程师签发,签发前应征得建设单位同意
	费用索赔审批表(B6)	用于收到施工单位报送的"费用索赔申请表"(A8)后,工程项目监理部针对此项索赔事件,进行全面的调查了解、审核与评估后,做出的批复	本表由专业监理工程师审核后,报总监理工程师签批,签批前应与建设单位、承包单位协商确定批准的赔付金额
各方通用表	监理工作联系单(C1)	适用于参与建设工程的建设、施工、监理、勘察设计和质监单位相互之间就有关事项的联系,发出单位有权签发的负责人应为:建设单位的现场代表(施工合同中规定的工程师)、承包单位的项目经理、监理单位的项目总监理工程师、设计单位的本工程设计负责人、政府质量监督部门的负责监督该建设工程的监督师,不能任何人随便签发,若用正式函件形式进行通知或联系,则不宜使用本表,改由发出单位的法人签发。 若用于混凝土浇灌申请时,可由工程项目经理部的技术负责人签发,工程项目监理部也用本表予以回复,本表可以由土建监理工程师签署	
	工程变更单(C2)	适用于参与建设工程的建设、施工、勘察设计、监理各方使用,在任一方提出工程变更时都要先填该表。 建设单位提出工程变更,填写后由工程项目监理部签发,必要时建设单位应委托设计单位编制设计变更文件并签转项目监理部;承包单位提出工程变更,填写本表后报送项目监理部,项目监理部同意后转呈建设单位,需要时由建设单位委托设计单位编制设计变更文件,并签转项目监理部,施工单位在收到项目监理部签署的"工程变更单"后,方可实施工程变更,工程分包单位的工程变更应通过承包单位办理。 总监理工程师组织监理工程师收集资料,进行调研,并与有关单位磋商,如取得一致意见时,在本表中写明,并经相关的建设单位的现场代表、承包单位的项目经理、监理单位的项目总监理工程师、设计单位的本工程设计负责人等在本表上签字,此项工程变更才生效	

答疑解析

1. 请详细解释一下线分类法、面分类法的相关内容及优缺点。

答：

	线 分 类 法	面 分 类 法
概念	也称为层级分类法，是将分类对象按选定的若干个属性或特征逐次地分成相应的若干个层级目录，并排列成一个有层次的、逐渐展开的树状信息分类体系	将所选定的分类对象的若干个属性或特征视为若干"面"，每个"面"中又可分成彼此独立的若干个类目
原则	由某上一位类划分出下位类类目的总范围应与下位类类目范围相等	根据需要选择分类对象本质的属性或特征作为分类对象的各个面
	当某一个上位类类目划分成若干个下位类类目时，应选择一个划分基准	不同面的类目不应相互交叉，也不能重复出现
	同一层面的同位类目之间存在并列关系，同类目之间不交叉，不重复，并只对应一个上位类	每个面有严格的固定位置
	分类要依次进行，不应有空层或加层	面的选择以及位置的确定应根据实际需要而定
特点	用分类的层级数量与容量来表示	用面及面内的具体类目内容来表示
优点	层次性好，具有良好的逻辑关系	有良好的适应性，利于计算机处理信息
缺点	结构弹性差	不能充分利用容量

2. 关于"新技术、新设备、新工艺、新材料"的信息，主要在哪些阶段进行收集？

答：主要在项目决策阶段、设计阶段、施工招投标阶段进行收集，但各阶段侧重点不同。项目决策阶段应收集：新技术、新设备、新工艺、新材料，专业配套能力方面的信息。设计阶段应收集：同类工程相关信息（采用新材料、新工艺、新设备和新技术的实际效果及存在的问题）。施工招投标阶段应收集：该建设工程采用的新技术、新设备、新材料、新工艺，投标单位对"四新"的处理能力和了解程度、经验、措施。

3. 建设单位短期保存的监理文件有哪些？

答：建设单位短期保存的监理文件仅有 2 项，分别是：预付款报审与支付，月付款报审与支付。

4. 建设单位永久保存的监理文件有哪些？

答：建设单位永久保存的监理文件仅有 2 项，分别是：工程延期报告及审批，合同争议、违约报告及处理意见。

5. 监理单位短期保存的监理文件有哪些？

答：监理单位短期保存的监理文件共有 5 项，分别是：监理规划，监理实施细则，监理部总控制计划，专题总结，月报总结。

6. 如何记忆 10 大类 27 个监理文件的保管期限？

答：建设单位除了 2 个短期、2 个永久，其他均为长期。监理单位涉及造价控制及分包资质的不保存，其他内容中有 5 项为短期保存，其余均为长期。所以仅需记住这几项特殊监理文件保管期限即可。

📖 例题解析

1. 在设计阶段，监理单位为做好设计管理工作，应收集的信息有（　　）。
   A. 工程造价的市场变化规律及所在地区材料、构件、设备、劳动力差异
   B. 同类工程采用新材料、新设备、新工艺、新技术的实际效果及存在问题方面的信息
   C. 项目资金筹措渠道、方式，水、电供应等资源方面的信息
   D. 本工程施工适用的规范、规程、标准，特别是强制性标准的信息

   答案：B

   【解析】 设计阶段的信息收集：(1)可行性研究报告，前期相关文件资料，存在的疑点和建设单位的意图，建设单位前期准备和项目审批完成的情况。(2)同类工程相关信息(采用新材料、新工艺、新设备和新技术的实际效果及存在的问题)。(3)拟建工程所在地相关信息。(4)勘察、测量、设计单位相关信息。(5)工程所在地政府相关信息。(6)设计中的设计进度计划，设计质量保证体系，设计合同执行情况，偏差产生的原因，纠偏措施，专业间设计交接情况，执行规范、规程、技术标准，特别是强制性规范执行的情况，设计概算和施工图预算结果，了解超限额的原因，了解各设计工序对投资的控制等。

   "A. 工程造价的市场变化规律及所在地区材料、构件、设备、劳动力差异"属于施工招投标阶段信息收集的内容；"C. 项目资金筹措渠道、方式，水、电供应等资源方面的信息"属于项目决策阶段信息收集的内容；"D. 本工程施工适用的规范、规程、标准，特别是强制性标准的信息"属于施工实施期信息收集的内容。

2. 监理单位应在工程（　　）将工程档案按合同或协议规定的时间、套数移交给建设单位，办理移交手续。
   A. 竣工验收时　　　　　　　　B. 竣工验收后1个月内
   C. 竣工验收前　　　　　　　　D. 竣工验收后3个月内

   答案：C

   【解析】 建设工程档案验收与移交中规定：
   (1) 列入城建档案管理部门接收范围的工程，建设单位在工程竣工验收后3个月内向城建档案管理部门移交一套符合规定的工程档案。
   (2) 停建、缓建工程的工程档案，暂由建设单位保管。
   (3) 对改建、扩建和维修工程，建设单位应当组织设计单位、监理单位、施工单位据实修改、补充和完善工程档案。对改变的部位，应当重新编写工程档案，并在工程竣工验收后3个月内向城建档案管理部门移交。
   (4) 建设单位向城建档案管理部门移交工程档案时，应办理移交手续，填写移交目录，双方签字、盖章后交接。
   (5) 施工单位、监理单位等有关单位应在工程竣工验收前将工程档案按合同或协议规定的时间、套数移交给建设单位，办理移交手续。

3. 下列关于监理文件和档案收文与登记管理的表述中，正确的是（　　）。
   A. 所有收文最后都应由项目总监理工程师签字

B. 经检查，文件档案资料各项内容填写和记录真实完整，由符合相关规定的责任人员签字认可
C. 符合相关规定责任人员的签字可以盖章代替
D. 有关工程建设照片注明拍摄日期后，交资料员处理

答案：B

【解析】 监理文件和档案收文与登记规定：
所有收文应在收文登记表上进行登记（按监理信息分类别进行登记），应记录文件名称、文件摘要信息、文件的发放单位、文件编号以及收文日期，必要时应注明接收文件的具体时间，最后由项目监理部负责收文人员签字。
资料管理人员应检查文件档案资料的各项内容填写和记录真实完整，签字认可人员应为符合相关规定的责任人员，并不得以盖章和打印代替手写签认。
有关工程建设照片及声像资料等应注明拍摄日期及所反映工程建设部位等摘要信息。
收文登记后应交给项目总监或由其授权的监理工程师进行处理，重要文件内容应在监理日记中记录。

4. 《建设工程文件归档整理规范》规定，监理单位应长期保存的监理文件是（　　）。
 A. 监理实施细则 B. 项目监理机构总控制计划
 C. 设计变更、洽商费用报审与签认 D. 工程延期报告及审批

答案：D

【解析】 监理实施细则（建设单位长期保存，监理单位短期保存，送城建档案管理部门保存）；监理部总控制计划等（建设单位长期保存，监理单位短期保存）；设计变更、洽商费用报审与签认（建设单位长期保存）；工程延期报告及审批（建设单位永久保存，监理单位长期保存，送城建档案管理部门保存）。

5. 依据《建设工程监理规范》，施工单位向监理单位提交混凝土浇灌申请时，应采用的监理表为（　　）。
 A. _____报验申请表（A4）
 B. 工程材料/构配件，设备报审表（A9）
 C. 混凝土浇灌申请表（A11）
 D. 监理工作联系单（C1）

答案：D

【解析】 监理工作联系单（C1）：本表适用于参与建设工程的建设、施工、监理、勘察设计和质监单位相互之间就有关事项的联系，发出单位有权签发的负责人应为：建设单位的现场代表（施工合同中规定的工程师）、承包单位的项目经理、监理单位的项目总监理工程师、设计单位的本工程设计负责人、政府质量监督部门的负责监督该建设工程的监督师，不能任何人随便签发，若用正式函件形式进行通知或联系，则不宜使用本表，改由发出单位的法人签发。若用于混凝土浇灌申请时，可由工程项目经理部的技术负责人签发，工程项目监理部也用本表予以回复，本表可以由土建监理工程师签署。

6. 实施工程建设全过程监理的项目，收集新技术、新设备、新材料和新工艺的信息，应侧重在（　　）。
 A. 项目决策阶段和设计阶段 B. 设计阶段和施工准备阶段

C. 施工准备阶段和施工阶段　　　　　D. 施工阶段和竣工验收阶段
　　答案：A
　　【解析】 (一)项目决策阶段的信息收集：(1)项目相关市场方面的信息。(2)项目资源相关方面的信息。(3)自然环境相关方面的信息。(4)新技术、新设备、新工艺、新材料，专业配套能力方面的信息。(5)政治环境,社会治安状况,当地法律、政策、教育的信息。
　　(二)设计阶段的信息收集：(1)可行性研究报告,前期相关文件资料,存在的疑点和建设单位的意图,建设单位前期准备和项目审批完成的情况。(2)同类工程相关信息(采用新材料、新工艺、新设备和新技术的实际效果及存在的问题)。(3)拟建工程所在地相关信息。(4)勘察、测量、设计单位相关信息。(5)工程所在地政府相关信息。(6)设计中的设计进度计划,设计质量保证体系,设计合同执行情况,偏差产生的原因,纠偏措施,专业间设计交接情况,执行规范、规程、技术标准,特别是强制性规范执行的情况,设计概算和施工图预算结果,了解超限额的原因,了解各设计工序对投资的控制等。

7. 对施工单位工程文件的形成、积累、立卷归档工作进行监督、检查是(　　)的职责。
　　A. 建设单位和施工总承包单位　　　B. 监理单位和施工总承包单位
　　C. 建设单位和监理单位　　　　　　D. 地方城建档案管理部门
　　答案：C
　　【解析】 建设单位职责规定：负责组织、监督和检查勘察、设计、施工、监理等单位的工程文件的形成、积累和立卷归档工作；也可委托监理单位监督、检查工程文件的形成、积累和立卷归档工作。
　　监理单位职责规定：监理资料必须及时整理、真实完整、分类有序。在设计阶段,对勘察、测绘、设计单位的工程文件的形成、积累和立卷归档进行监督、检查；在施工阶段,对施工单位的工程文件的形成、积累、立卷归档进行监督、检查。

8. 需要建设单位长期保存、监理单位短期保存的监理文件是(　　)。
　　A. 监理月报总结　　　　　　　　　B. 不合格项目通知
　　C. 月付款报审与支付　　　　　　　D. 工程延期报告及审批
　　答案：A
　　【解析】 质量控制：不合格项目通知(建设单位长期保存,监理单位长期保存,送城建档案管理部门保存)；
　　造价控制：月付款报审与支付(建设单位短期保存)；
　　合同与其他事项管理：工程延期报告及审批(建设单位永久保存,监理单位长期保存,送城建档案管理部门保存)；
　　监理工作总结：月报总结(建设单位长期保存,监理单位短期保存)；

9. 监理文件档案的更改应由原制定部门相应责任人执行,涉及审批程序的,由(　　)审批。
　　A. 监理公司技术负责人　　　　　　B. 总监理工程师
　　C. 原审批责任人　　　　　　　　　D. 档案管理责任人
　　答案：C
　　【解析】 项目监理部存放的文件和档案原则上不得外借,如政府部门、建设单位或施

175

工单位确有需要,应经过总监理工程师或其授权的监理工程师同意,并在信息管理部门办理借阅手续。监理人员在项目实施过程中需要借阅文件和档案时,应填写文件借阅单,并明确归还时间。信息管理人员办理有关借阅手续时,应在文件夹的内附目录上作特殊标记,避免其他监理人员查阅该文件时,因找不到文件引起工作混乱。

监理文件档案的更改应由原制定部门相应责任人执行,涉及审批程序的,由原审批责任人执行。若指定其他责任人进行更改和审批时,新责任人必须获得所依据的背景资料。监理文件档案更改后,由信息管理部门填写监理文件档案更改通知单,并负责发放新版本文件。发放过程中必须保证项目参建单位中所有相关部门都得到相应文件的有效版本。文件档案换发新版时,应由信息管理部门负责将原版本收回作废。考虑到日后有可能出现追溯需求,信息管理部门可以保存作废文件的样本以备查阅。

10. 某工程案卷内建设工程档案的保管密级有秘密和机密,保管期限有长期和短期,则该工程档案的( )。

    A. 密级为秘密,保管期限为长期   B. 密级为机密,保管期限为长期
    C. 密级为秘密,保管期限为短期   D. 密级为机密,保管期限为短期

答案:B

【解析】 保管期限分为永久、长期、短期三种期限。各类文件的保管期限见现行《建设工程文件归档整理规范》(GB/T 50328—2001)中附录 A 的要求。永久是指工程档案需永久保存。长期是指工程档案的保存期等于该工程的使用寿命。短期是指工程档案保存20年以下。同一卷内有不同保管期限的文件,该卷保管期限应从长。

密级分为绝密、机密、秘密三种。同一案卷内有不同密级的文件,应以高密级为本卷密级。

11. 对于监理例会上意见不一致的重大问题,应( )。

    A. 不记入会议纪要
    B. 不形成会议纪要
    C. 将各方主要观点记入会议纪要中的"会议主要内容"
    D. 将各方主要观点记入会议纪要中的"其他事项"

答案:D

【解析】 监理例会上意见不一致的重大问题,应将各方的主要观点,特别是相互对立的意见记入"其他事项"中。

12. 将分类对象按照所选定的若干属性或特征逐次地分成相应的若干个层级目录,并排列成一个有层次的、逐级展开的树状信息分类体系的分类方法是( )。

    A. 点分类法   B. 面分类法
    C. 线分类法   D. 三维分类法

答案:C

【解析】 线分类法的概念。

13. 某监理公司承担了某工程项目施工阶段的监理任务,在施工实施期,监理单位应收集的信息是( )。

    A. 建筑材料必试项目有关信息
    B. 建设单位前期准备和项目审批完成情况

C. 当地施工单位管理水平、质量保证体系等
D. 产品预计进入市场后的市场占有率、社会需求量等

答案：A

【解析】"建筑材料必试项目有关信息"属于施工实施期应收集的信息，"建设单位前期准备和项目审批完成情况"属于设计阶段应收集的"项目前期资料信息"，"当地施工单位管理水平、质量保证体系等"属于施工招投标阶段应收集的"当地施工企业信息"，"产品预计进入市场后的市场占有率、社会需求量等"属于项目决策阶段收集的"项目市场信息"。

14. 监理单位对建设工程文件档案资料的管理职责是（　　）。
    A. 收集和整理工程准备阶段、竣工验收阶段形成的文件，立卷归档
    B. 提请当地城建档案管理部门对工程档案进行预验收
    C. 对施工单位的工程文件的形成、积累、立卷归档进行监管、检查
    D. 负责组织竣工图的绘制工作

答案：C

【解析】"收集和整理工程准备阶段、竣工验收阶段形成的文件，立卷归档；提请当地城建档案管理部门对工程档案进行预验收；负责组织竣工图的绘制工作"属于建设单位的职责。监理单位可以按照委托监理合同的约定，接受建设单位的委托，监督、检查工程文件的形成、积累和立卷归档工作。

15. 《建设工程监理规范》规定，监理资料的管理应由（　　）。
    A. 总监理工程师负责，并指定专人具体实施
    B. 专业监理工程师负责
    C. 专业监理工程师指定的专人负责实施
    D. 资料员负责

答案：A

【解析】《建设工程监理规范》规定，监理资料的管理应由总监理工程师负责，并指定专人具体实施。

16. 按照现行《建设工程文件归档整理规范》，属于建设单位短期保存的文件是（　　）。
    A. 监理实施细则　　　　　　　　B. 不合格项目通知
    C. 供货单位资质材料　　　　　　D. 月付款报审与支付凭证

答案：D

【解析】"监理实施细则、不合格项目通知、供货单位资质材料"属于建设单位长期保存的文件；"月付款报审与支付凭证"属于建设单位短期保存的文件。"监理实施细则"属于监理单位短期保存的文件。

17. 对施工单位的工程文件的形成、积累、立卷归档工作进行监督、检查是（　　）的职责。
    A. 设计单位和监理单位　　　　　B. 建设单位和监理单位
    C. 建设单位和地方城建档案管理部门　D. 监理单位和地方城建档案管理部门

答案：B

【解析】建设单位负责组织、监督和检查勘察、设计、施工、监理等单位的工程文件

的形成、积累和立卷归档工作；也可委托监理单位监督、检查工程文件的形成、积累和立卷归档工作；监理单位可以按照委托监理合同的约定，接受建设单位的委托，监督、检查工程文件的形成、积累和立卷归档工作。

18. 《建设工程监理规范》中的施工阶段监理工作的基本表式C类表是( )。
   A. 建设单位用表   B. 承包单位用表
   C. 监理单位用表   D. 各方通用表
   答案：D
   【解析】 根据《建设工程监理规范》(GB 50319—2000)，规范中基本表式有3类18个，即：(1)A类表共10个表(A1～A10)，为承包单位用表；(2)B类表共6个表(B1～B6)，为监理单位用表；(3)C类表共2个表(监理工作联系单(C1)、工程变更单(C2))，为各方通用表。

19. 建设工程文件档案资料( )。
   A. 是指工程建设过程中形成的各种形式的信息记录
   B. 是指工程活动中直接形成的具有归档保存价值的各种形式的信息记录
   C. 由建设工程文件和建设工程档案组成
   D. 由建设工程文件、建设工程档案和建设工程资料组成
   答案：C
   【解析】 建设工程文件和档案组成建设工程文件档案资料。建设工程文件是指在工程建设过程中形成的各种形式的信息记录，包括工程准备阶段文件、监理文件、施工文件、竣工图和竣工验收文件，也可简称工程文件。建设工程档案是指在工程建设活动中直接形成的具有归档保存价值的文字、图表、声像等各种形式的历史记录，也可简称工程档案。

20. 第一次工地会议上，建设单位应根据( )宣布对总监理工程师的授权。
   A. 监理规划   B. 监理单位的书面通知
   C. 监理机构职责分工   D. 委托监理合同
   答案：D
   【解析】 工程项目开工前，监理人员应参加由建设单位主持召开的第一次工地会议。在会上，建设单位根据委托监理合同宣布对总监理工程师的授权。

21. 建设工程项目信息可按信息层次划分为管理型、业务性和( )信息。
   A. 内部型   B. 固定型   C. 战略性   D. 历史性
   答案：C
   【解析】 建设工程项目信息可按信息层次划分为管理型、业务性和战略性信息。

22. 《建设工程文件归档整理规范》规定，建设单位应短期保存的监理文件是( )。
   A. 月付款报审与支付凭证   B. 分包单位资质材料
   C. 有关进度控制的监理通知   D. 工程开工、复工审批表
   答案：A
   【解析】 "分包单位资质材料，有关进度控制的监理通知，工程开工、复工审批表"属于建设单位长期保存的文件；"月付款报审与支付凭证"属于建设单位短期保存的文件。

23. 项目监理机构的监理文件档案换发新版时，应由( )负责将原版本收回作废。
   A. 总监理工程师   B. 专业监理工程师

C. 信息管理部门　　　　　　　　D. 监理单位档案室

答案：C

【解析】 项目监理机构的监理文件档案换发新版时，应由信息管理部门负责将原版本收回作废。

24. 建设工程档案是指（　　）。
　　A. 在工程设计、施工等阶段形成的文件
　　B. 工程竣工验收后，真实反映建设工程项目施工结果的图样
　　C. 在工程立项、勘察、设计、招标等工程准备阶段形成的文件
　　D. 工程建设活动中直接形成的具有归档保存价值的文字、图表、声像等各种形式的历史记录

答案：D

【解析】 建设工程档案是指在工程建设活动中直接形成的具有归档保存价值的文字、图表、声像等各种形式的历史记录，也可简称工程档案。

25. 下列监理单位用表中，可由专业监理工程师签发的是（　　）。
　　A. 工程临时延期审批表　　　　B. 工程最终延期审批表
　　C. 监理工作联系单　　　　　　D. 工程变更单

答案：C

【解析】 "工程临时延期审批表、工程最终延期审批表"由总监理工程师签发，签发前应征得建设单位同意，"工程变更单"只能由总监理工程师代表项目监理部签发。

26. 参与工程建设各方共同使用的监理表格有（　　）。
　　A. 工程暂停令　　　　　　　　B. 工程变更单
　　C. 工程款支付证书　　　　　　D. 监理工作联系单
　　E. 监理工程师通知回复单

答案：B、D

【解析】 根据《建设工程监理规范》（GB 50319—2000），规范中基本表式有3类18个，即：(1)A类表共10个表（A1～A10），为承包单位用表；(2)B类表共6个表（B1～B6），为监理单位用表；(3)C类表共2个表（监理工作联系单(C1)、工程变更单(C2)），为各方通用表。

27. 归档工程文件的组卷要求有（　　）。
　　A. 归档的工程文件一般应为原件
　　B. 案卷不宜过厚，一般不超过40mm
　　C. 案卷内不应有重份文件
　　D. 既有文字材料又有图纸的案卷，文字材料排前，图纸排后
　　E. 建设工程由多个单位工程组成时，工程文件按单位工程组卷

答案：B、C、D、E

【解析】 归档工程文件的组卷要求有：(1)一个建设工程由多个单位工程组成时，工程文件应按单位工程组卷。(2)立卷要求：案卷不宜过厚，一般不超过40mm；案卷内不应有重份文件，不同载体的文件一般应分别组卷。(3)既有文字材料又有图纸的案卷，文字材料排前，图纸排后等。

28. 在工程施工中，施工单位需要使用《报验申请表》的情况有(   )。
    A. 工程材料、设备、构配件报验   B. 隐蔽工程的检查和验收
    C. 单位工程质量验收   D. 施工放样报验
    E. 工程竣工报验
    答案：B、C、D
    【解析】《报验申请表》主要用于承包单位向监理单位的工程质量检查验收申报。用于隐蔽工程的检查和验收时，承包单位必须完成自检并附有相应工序、部位的工程质量检查记录；用于施工放样报检时应附有承包单位的施工放样成果；用于分项、分部、单位工程质量验收时应附有相关符合质量验收标准的资料及规范规定的表格。施工单位对施工测量成果、施工试验室报验应采用该表格式。

29. 施工准备期项目监理机构应收集的信息有(   )。
    A. 工地文明施工及安全措施信息
    B. 建筑材料必试项目信息
    C. 施工设备、水、电等能源动态信息
    D. 承包单位和分包单位资质信息
    E. 检测与检验、试验程序和设备信息
    答案：D、E
    【解析】 施工准备期是指从建设工程合同签订到项目开工这个阶段，在施工招投标阶段监理未介入时，本阶段是施工阶段监理信息收集的关键阶段，监理工程师应从如下几点入手收集信息：
    (1) 监理大纲；施工图设计及施工图预算，特别要掌握结构特点，掌握工程难点、要点、特点，掌握工业工程的工艺流程特点、设备特点，了解工程预算体系(按单位工程、分部工程、分项工程分解)；了解施工合同。
    (2) 施工单位项目经理部组成，进场人员资质；进场设备的规格型号、保修记录；施工场地的准备情况；施工单位质量保证体系及施工单位的施工组织设计，特殊工程的技术方案，施工进度网络计划图表；进场材料、构件管理制度；安全保安措施；数据和信息管理制度；检测和检验、试验程序和设备；承包单位和分包单位的资质等施工单位信息。
    (3) 建设工程场地的地质、水文、测量、气象数据；地上、地下管线，地下洞室，地上原有建筑物及周围建筑物、树木、道路；建筑红线，标高、坐标；水、电、气管道的引入标志；地质勘察报告、地形测量图及标桩等环境信息。
    (4) 施工图的会审和交底记录；开工前的监理交底记录；对施工单位提交的施工组织设计按照项目监理部要求进行修改的情况；施工单位提交的开工报告及实际准备情况。
    (5) 本工程需遵循的相关建筑法律、法规和规范、规程，有关质量检验、控制的技术法规和质量验收标准。
    A、B、C属于施工实施期应收集的信息。

30. 建设工程文件档案资料的特征有(   )。
    A. 分散性和复杂性   B. 随机性和动态性
    C. 全面性和真实性   D. 继承性和时效性

E. 多专业性和科学性

答案：A、C、D

【解析】 建设工程文件档案资料有以下方面的特征：(1)分散性和复杂性；(2)继承性和时效性；(3)全面性和真实性；(4)随机性；(5)多专业性和综合性。

31. 根据《建设工程文件归档整理规范》，建设工程归档文件应符合的质量要求和组卷要求有(　　)。

　　A. 归档的工程文件一般应为原件　　B. 工程文件应采用耐久性强的书写材料
　　C. 所有竣工图均应加盖竣工验收图章　　D. 竣工图可按单位工程、专业等组卷
　　E. 不同载体的文件一般应分别组卷

答案：A、B、D、E

【解析】 归档文件的质量要求：归档的工程文件一般应为原件；工程文件应采用耐久性强的书写材料，不得使用易褪色的书写材料；所有竣工图均应加盖竣工图章。

归档工程文件的组卷要求：竣工图可按单位工程、专业等组卷；案卷内不应有重份文件，不同载体的文件一般应分别组卷。

32. 根据《建设工程文件归档整理规范》，建设工程档案验收应符合的要求有(　　)。
　　A. 列入城建档案管理部门档案接收范围的工程，建设单位在组织工程竣工验收前，应提请城建档案管理部门对工程档案进行验收
　　B. 国家、省市重点工程项目或一些特大型、大型工程项目的预验收和验收，必须有地方城建档案管理部门参加
　　C. 对不符合技术要求的建设工程档案，一律直接退回编制单位进行改正、补齐
　　D. 监理单位对编制报送工程档案进行业务指导、督促和检查
　　E. 地方城建档案管理部门负责工程档案的最后验收

答案：B、C、E

【解析】 建设工程档案验收相关规定：

(1)列入城建档案管理部门档案接收范围的工程，建设单位在组织工程竣工验收前，应提请城建档案管理部门对工程档案进行预验收。建设单位未取得城建档案管理部门出具的认可文件，不得组织工程竣工验收。

(2)城建档案管理部门在进行工程档案预验收时，应重点验收以下内容：(略)。

(3)国家、省市重点工程项目或一些特大型、大型的工程项目的预验收和验收，必须有地方城建档案管理部门参加。

(4)为确保工程档案的质量，各编制单位、地方城建档案管理部门、建设行政管理部门等要对工程档案进行严格检查、验收。编制单位、制图人、审核人、技术负责人必须进行签字或盖章。对不符合技术要求的，一律退回编制单位进行改正、补齐，问题严重者可令其重做。不符合要求者，不能交工验收。

(5)凡报送的工程档案，如验收不合格将其退回建设单位，由建设单位责成责任者重新进行编制，待达到要求后重新报送。检查验收人员应对接收的档案负责。

(6)地方城建档案管理部门负责工程档案的最后验收。并对编制报送工程档案进行业务指导、督促和检查。

33. 建设工程档案移交应符合的要求包括(　　)。

A. 列入城建档案管理部门接收范围的工程，建设单位在工程竣工验收后3个月内向城建档案管理部门移交一套符合规定的工程档案

B. 停建、缓建工程的工程档案，暂由建设单位保管

C. 工程档案的质量由建设单位进行检查验收

D. 对改建、扩建和维修工程，由建设单位修改和完善工程档案

E. 建设单位在组织工程竣工验收前，应向城建档案管理部门移交工程档案，办理移交手续

答案：A、B

【解析】 工程档案的质量由各编制单位、地方城建档案管理部门、建设行政管理部门等进行检查验收。停建、缓建工程的工程档案，暂由建设单位保管。对改建、扩建和维修工程，建设单位应当组织设计单位、监理单位、施工单位据实修改、补充和完善工程档案。列入城建档案管理部门接收范围的工程，建设单位在工程竣工验收后3个月内向城建档案管理部门移交一套符合规定的工程档案。

34. 信息的特点包括( )。

  A. 时效性 B. 目的性 C. 系统性 D. 真实性

  E. 连续性

答案：A、C、D

【解析】 信息的特点：真实性、系统性、时效性、不完全性、层次性；系统的特点：整体性、相关性、目的性、层次性、环境适应性。两者不能混淆。

35. 建设工程监理表格体系中，属于承包单位用表的有( )。

  A. 工程暂停令 B. 工程临时延期审批表

  C. 工程款支付申请表 D. 费用索赔审批表

  E. 工程开工/复工报审表

答案：C、E

【解析】 根据《建设工程监理规范》(GB 50319—2000)，规范中基本表式有3类18个，即：(1)A类表共10个表(A1～A10)，为承包单位用表，具体包括：工程开工/复工报审表、施工组织设计(方案)报审表、分包单位资格报审表、报验申请表、工程款支付申请表、监理工程师通知回复单、工程临时延期申请表、费用索赔申请表、工程材料/构配件/设备报审表、工程竣工报验单。(2)B类表共6个表(B1～B6)，为监理单位用表，具体包括：监理工程师通知单、工程暂停令、工程款支付证书、工程临时延期审批表、工程最终延期审批表、费用索赔审批表。(3)C类表共2个表(监理工作联系单(C1)、工程变更单(C2))，为各方通用表。

36. 下列监理文件档案资料中，应当由建设单位和监理单位长期保存并送城建档案管理部门保存的是( )。

  A. 监理会议纪要中有关质量问题的部分

  B. 工程开工/复工暂停令

  C. 设计变更、洽商费用报审与签认表

  D. 工程竣工总结

  E. 工程竣工决算审核意见书

答案：A、B、D

【解析】 由建设单位和监理单位长期保存并送城建档案管理部门保存的资料包括：(1)监理月报(有关质量问题)；(2)监理会议纪要(有关质量问题)；(3)进度控制(工程开工/复工审批表、工程开工/复工暂停令)；(4)质量控制(不合格项目通知、质量事故报告及处理意见)；(5)合同与其他事项管理(合同变更材料)；(6)监理工作总结(工程竣工总结、质量评估报告)。由建设单位永久保存、监理单位长期保存并送城建档案管理部门保存的资料包括：合同与其他事项管理中的"工程延期报告及审批与合同争议、违约报告及处理意见"。

37. 监理单位在设计阶段要收集的信息包括( )等。
   A. 项目相关市场方面的信息　　　B. 可行性研究报告
   C. 同类工程相关信息　　　　　　D. 当地施工单位管理水平
   E. 拟建工程所在地相关信息

答案：B、C、E

【解析】 监理单位在设计阶段要收集的信息包括：(1)项目前期资料信息，如可行性研究报告，前期相关文件资料。(2)同类工程相关信息，如建筑规模，结构形式，工艺设备的选型，地质处理情况等。(3)工程当地相关信息，如地质、水文情况，地形地貌、地下埋设和人防设施情况。(4)勘察设计相关信息，如同类工程完成情况，人员构成，设备投入等。(5)当地政府相关信息，如政策法规、规范规程、环保政策、政府服务情况和限制等。(6)设计信息，如设计中的设计进度计划，设计质量保证体系等。

38. 反映项目实施阶段的原材料实际消耗量、机械台班数和人工工日数的信息为( )。
   A. 流动信息　　　　　　　　　　B. 固定信息
   C. 项目外部信息　　　　　　　　D. 管理型信息

答案：A

【解析】 流动信息是指在不断变化的动态信息，反映项目实施阶段的原材料实际消耗量、机械台班数和人工工日数的信息符合该概念。

实战练习题

一、单项选择题

1. 下列属于建设工程项目施工招标投标阶段信息收集的是( )。
   A. 监理大纲　　　　　　　　　　B. 施工图设计及施工图预算
   C. 施工图编制　　　　　　　　　D. 自然环境相关方面的信息

2. 下列属于项目决策阶段信息收集的是( )。
   A. 可行性研究报告　　　　　　　B. 施工图预算
   C. 社会需求量　　　　　　　　　D. 施工资料

3. 在施工招投标阶段监理未介入时，施工阶段监理信息收集的关键阶段是( )。
   A. 施工准备期　　　　　　　　　B. 施工期
   C. 初步设计期　　　　　　　　　D. 竣工保修期

4. 将信息分为战略性信息、管理型信息、业务性信息是按建设工程项目的（　　）进行分类的。
    A. 信息稳定程度　　　　　　　　B. 信息层次
    C. 信息性质　　　　　　　　　　D. 信息来源

5. 项目信息分类体系必须考虑到项目各参与方所应用的编码体系的情况，还应能满足不同项目参与方高效信息交换的需要。这体现了信息分类的（　　）原则。
    A. 稳定性　　　　　　　　　　　B. 兼容性
    C. 可扩展性　　　　　　　　　　D. 逻辑性

6. 按信息范围的不同，可以把建设工程项目信息分为（　　）。
    A. 精细信息和摘要信息
    B. 文字信息和网络信息
    C. 计划的、作业的、核算的和报告的信息
    D. 历史性信息、即时信息和预测性信息

7. 在下列监理文件档案中，需要建设单位、监理单位、城建档案管理部门均保存的文件是（　　）。
    A. 预付款报审与支付凭证　　　　B. 供货单位资质材料
    C. 有关造价控制监理通知　　　　D. 监理实施细则

8. 建设单位按照现行《建设工程文件归档整理规范》要求，将汇总的该建设工程文件档案向（　　）移交。
    A. 建设单位档案管理机构　　　　B. 企业单位档案管理机构
    C. 地方城建档案管理部门　　　　D. 施工单位档案管理部门

9. 在监理文件档案中的合同与其他事项管理中，不需送城建档案管理部门保存的档案文件是（　　）。
    A. 工程延期报告及审批　　　　　B. 费用索赔报告及审批
    C. 合同争议、违约报告及处理意见　D. 合同变更材料

10. 按照现行《建设工程文件归档整理规范》，监理规划在不同单位的归档保存情况是（　　）。
    A. 建设单位长期保存，监理单位长期保存
    B. 建设单位短期保存，监理单位长期保存
    C. 建设单位长期保存，监理单位短期保存
    D. 建设单位短期保存，监理单位不保存

11. 在《建设工程监理规范》中的建设工程监理表格体系包括3类表式，其中B类表是（　　）。
    A. 承包单位用表　　　　　　　　B. 建设单位用表
    C. 监理单位用表　　　　　　　　D. 各方通用表

12. 案卷的保管期限分为永久、长期、短期三种期限。若在同一案卷内有永久、短期两种不同保管期限的文件，该案卷的保管期限为（　　）。
    A. 永久保存　　B. 50年　　C. 20年　　D. 10年

13. 负责接收和保管所辖范围应当永久和长期保存的工程档案和有关资料的单位是

（　　）。
A. 建设单位　　　　　　　　　　B. 监理单位
C. 地方城建档案管理部门　　　　D. 施工单位

14. 在监理文件中的造价控制类文件档案应送城建档案管理部门保存的是（　　）。
A. 预付款报审与支付　　　　　　B. 月付款报审与支付
C. 工程竣工决算审核意见书　　　D. 设计变更、洽商费用报审与签认

15. 归档文件的质量要求规定，不同幅面的工程图纸应按《技术制图复制图的折叠方法》统一折叠成（　　）幅面图标栏露在外面。
A. A3　　　　B. A4　　　　C. B4　　　　D. B5

16. 下列属于归档文件立卷原则的是（　　）。
A. 一个建设工程有多个单位工程组成，工程文件应该按照单位工程组卷
B. 工程准备文件可以按照单位工程、分部工程、专业、形成单位等组卷
C. 竣工图可以按照单位工程、专业等组卷
D. 立卷不宜过厚，一般不超过 40mm

17. （　　）是指在工程建设过程中形成的各种形式的信息记录。
A. 建设工程文件　　　　　　　　B. 建设工程档案
C. 建设工程资料　　　　　　　　D. 建设工程报告

18. 监理文件档案换发新版时，应由（　　）负责将原版本收回作废。
A. 信息管理部门　　　　　　　　B. 原制定部门
C. 档案管理部门　　　　　　　　D. 资料管理部门

19. 下列关于工程建设不同阶段信息收集的表述中，正确的是（　　）。
A. 施工实施期的信息来源比较稳定、单纯，容易实现规范化
B. 施工准备阶段的信息收集最为关键
C. 设计阶段信息收集范围广泛，但内容比较确定
D. 施工招投标阶段的信息收集由建设单位负责

二、多项选择题

1. 项目信息分类的基本方法有（　　）。
A. 点分类法　　　　　　　　　　B. 线分类法
C. 组分类法　　　　　　　　　　D. 面分类法
E. 群分类法

2. 施工准备阶段收集的信息有（　　）。
A. 监理大纲　　　　　　　　　　B. 监理规划
C. 施工图的会审和交底记录　　　D. 施工合同执行情况
E. 本工程需遵循的相关建筑法律法规

3. 在监理文件档案中，下列文件需要建设单位永久保存的有（　　）。
A. 工程延期报告及审批　　　　　B. 费用索赔报告及审批
C. 合同争议、违约报告及处理意见　D. 合同变更材料
E. 工程竣工总结

4. 下列关于信息与数据关系的叙述中，正确的有（　　）。

A. 信息和数据是不可分割的
B. 信息来源于数据，又高于数据
C. 信息是数据的灵魂，数据是信息的载体
D. 数据是对信息的解释，反映了事物的客观规律
E. 数据来源于信息，又高于信息

5. 按照信息的层次划分，可将建设工程信息分为(　　)。
   A. 技术类信息　　　　　　　B. 组织类信息
   C. 战略性信息　　　　　　　D. 管理类信息
   E. 业务性信息

6. 建设工程信息按照目标分类可分为(　　)。
   A. 监理范围信息　　　　　　B. 投资控制信息
   C. 质量控制信息　　　　　　D. 合同管理信息
   E. 施工技术信息

7. 下列为施工组织设计方案报审表中应审核的主要内容的有(　　)。
   A. 施工现场道路、水、电、通讯足以满足开工要求
   B. 施工组织方案是否符合施工合同要求
   C. 施工组织设计方案是否有承包单位负责人签字
   D. 征地拆迁工作已获总监理工程师批准
   E. 安全、环保、消防和文明施工措施是否符合有关规定

8. 监理单位在设计阶段的信息收集要从(　　)方面进行。
   A. 不同类工程相关信息
   B. 在建工程所在地相关信息
   C. 设计中的设计进度计划，设计质量保证体系
   D. 勘察、测量、设计单位相关信息
   E. 工程所在地政府相关信息

9. 归档工程文件的组卷要求中规定，竣工图可按(　　)等组卷。
   A. 单位工程　　　　　　　　B. 分部工程
   C. 工程专业　　　　　　　　D. 形成单位
   E. 建设阶段

10. 关于归档文件的质量要求，下列说法正确的是(　　)。
    A. 归档的工程文件一般应为原件
    B. 工程文件的内容必须真实、准确，与工程实际相符合
    C. 工程文件可采用碳素墨水、红色墨水等耐久性强的书写材料
    D. 凡施工图结构、工艺、平面布置等有重大改变，或变更部分超过图面1/4时，应当重新绘制竣工图
    E. 工程文件中文字材料幅面尺寸规格宜为A4幅面(297mm×210mm)

11. 建设工程项目信息的分类原则有(　　)。
    A. 稳定性原则　　　　　　　B. 兼容性原则
    C. 可扩展性原则　　　　　　D. 逻辑性原则

E. 全面性原则

12. 施工招投标阶段信息可从( )方面进行收集。
    A. 工程地质、水文地质勘察报告，施工图设计及施工图预算、设计概算，设计、地质勘察、测绘的审批报告等
    B. 本工程适用的规范、规程、标准，特别是强制性规范
    C. 所在地关于招投标有关法规、规定，国际招标、国际贷款指定适用的范本，本工程适用的建筑施工合同范本及特殊条款精髓所在
    D. 该建设工程采用的新技术、新设备、新材料、新工艺，投标单位对"四新"的处理能力和了解程度、经验、措施
    E. 可行性研究报告，前期相关文件资料

13. 建设工程文件档案载体有( )。
    A. 纸质载体   B. 缩微品载体
    C. 光盘载体   D. 磁性载体
    E. 信息载体

14. 在监理用表中的各方通用表类中，有权签发监理工作联系单的负责人包括( )。
    A. 承包单位的项目经理   B. 监理单位的项目监理工程师
    C. 设计单位的本工程设计负责人   D. 建设单位的现场代表
    E. 政府质量监督部门的负责监督该建设工程的监督师

15. 建设工程档案验收必须送由城建档案管理部门进行的是( )。
    A. 国家、省市重点工程项目或一些特大型、大型的工程项目的预验收和验收
    B. 工程档案的最后验收
    C. 工程档案的验收
    D. 列入城建档案管理部门档案接收范围的工程验收
    E. 首次验收不合格，再次报送验收的工程档案

16. 总监理工程师可以签发工程暂停令的是( )。
    A. 承包单位拒绝项目监理部管理
    B. 施工单位要求暂停施工
    C. 发生了必须暂停施工的紧急事件
    D. 出现了工程质量问题
    E. 出现质量或安全隐患

17. 在监理文件档案中只需建设单位短期保存的是( )。
    A. 不合格项目通知   B. 预付款报审与支付
    C. 月付款报审与支付   D. 分包单位资质材料
    E. 工程延期报告与审批

18. 建设工程文件档案的资料特征有( )。
    A. 复杂性   B. 周期性   C. 真实性   D. 随机性
    E. 不稳定性

19. ( )属于施工实施期监理人员应当收集的信息。
    A. 建筑原材料信息

B. 地基验槽及处理记录
C. 有关质量检验、控制的技术法规和质量验收标准
D. 施工索赔相关信息
E. 工程准备阶段文件

20. 竣工保修期阶段要收集的信息有（   ）。
    A. 监理大纲　　　　　　　　　B. 竣工验收资料
    C. 监理文件　　　　　　　　　D. 竣工图
    E. 施工资料

21. 建设工程文件的内容不同，组卷方法也不尽相同，但都可以按（   ）组卷。
    A. 单位工程　　　　　　　　　B. 分部工程
    C. 专业　　　　　　　　　　　D. 文件的形成单位
    E. 工程进展阶段

22. 项目监理机构接收文件时，均应在收文登记表上进行登记，登记内容包括（   ）。
    A. 文件名称　　　　　　　　　B. 文件摘要信息
    C. 文件的签发人　　　　　　　D. 文件的发放单位
    E. 收文日期

📖 实战练习题答案

一、单项选择题

1. B；　2. C；　3. A；　4. B；　5. B；　6. A；　7. D；　8. C；　9. B；　10. C；
11. C；　12. A；　13. C；　14. C；　15. B；　16. A；　17. A；　18. A；　19. A

二、多项选择题

1. B、D；　　　　　2. A、C、E；　　　3. A、C；　　　　4. A、B、C；
5. C、D、E；　　　6. B、C、D；　　　7. B、C、E；　　　8. C、D、E；
9. A、C；　　　　　10. A、B、E；　　　11. A、B、C、D；　12. A、B、C、D；
13. A、B、C、D；　14. A、C、D、E；　15. A、B、D；　　　16. A、C、D、E；
17. B、C；　　　　　18. A、C、D；　　　19. A、B、D；　　　20. B、C、D、E；
21. A、C；　　　　　22. A、B、D、E

第九章 相 关 法 规

📖 考纲分解

熟悉：建设工程监理范围和规模标准规定；注册监理工程师管理规定；建设工程监理与相关服务收费管理规定；国务院关于加快服务业发展的若干意见；工程监理企业资质管理规定。

掌握：《中华人民共和国建筑法》；《建设工程质量管理条例》；《建设工程安全生产管理条例》；《建设工程监理规范》；《汶川地震灾后恢复重建条例》、《民用建筑节能条例》。

📖 答疑解析

1. 哪些工程项目不需要办理施工许可证？

答：工程投资额在 30 万元以下或建筑面积在 $300m^2$ 以下的建筑工程，不需要申请办理施工许可证。按国务院规定的权限批准开工报告的建筑工程，不再领取施工许可证。

2. 如何理解《建设工程监理与相关服务收费标准》中，"对设备购置费和联合试运转费占工程概算投资额 40% 以上的工程项目，其建筑安装工程费全部计入计费额，设备购置费和联合试运转费按 40% 的比例计入计费额。但其计费额不应小于建筑安装工程费与其相同且设备购置费和联合试运转费等于工程概算投资额 40% 的工程项目的计费额"的含义？

答：对设备购置费和联合试运转费占工程概算投资额 40% 以上的工程项目，需计算：

$$计费额1 = 建筑安装工程费 + (设备购置费 + 联合试运转费) \times 40\%$$

$$计费额2 = 建筑安装工程费 / 60\%$$

如计费额 1 < 计费额 2，则计费额 = 计费额 2，否则计费额 = 计费额 1。

3. 如何用最简便的形式记忆《建设工程监理与相关服务收费管理规定》中施工监理的主要内容？

答：可通过"监理费用计算表"进行记忆，详见下表。

监理收费实行方式	政府指导价		市场调节价			
监理收费计费额 A( ) 万元	铁路、水运、公路、水电、水库工程施工监理，以建筑安装工程费为计费额					
	其他工程施工监理，以工程概算投资额为计费额	计算：(设备购置费+联合试运转费)/工程概算投资额	< 40%	A = 建筑安装工程费 + 设备购置费 + 联合试运转费		
			≥ 40%	A_1 = 建筑安装工程费 + (设备购置费 + 联合试运转费) × 40%； A_2 = 建筑安装工程费/60%	$A_1 < A_2$	$A = A_2$
					$A_1 \geq A_2$	$A = A_1$

续表

监理收费基价(采用直线内插法计算)：$B=Y_1+(Y_2-Y_1)\div(X_2-X_1)\times(A-X_1)=($　　$)$万元
专业调整系数 $C=($　　$)$；工程复杂程度调整系数 $D=($　　$)$；高程调整系数 $E=($　　$)$
监理收费基准价 $F=B\times C\times D\times E=($　　$)$万元
浮动幅度 $G=($　　$)\%$
本项目监理费用总额 $H=F\times(1+G\%)=($　　$)$万元

📖 例题解析

1. 《建设工程监理规范》规定，(　　)属施工阶段的监理资料。
   A. 施工组织设计　　　　　　　　B. 勘察设计文件
   C. 工程定位测量资料　　　　　　D. 建筑物沉降观测记录

   答案：B

   【解析】《建设工程监理规范》7.1.1 施工阶段的监理资料应包括下列内容：

施工阶段的监理资料			
1. 施工合同文件及委托监理合同	8. 工程开工/复工报审表及工程暂停令	15. 工程计量单和工程款支付证书	22. 监理月报
2. 勘察设计文件	9. 测量核验资料	16. 监理工程师通知单	23. 质量缺陷与事故的处理文件
3. 监理规划	10. 工程进度计划	17. 监理工作联系单	24. 分部工程、单位工程等验收资料
4. 监理实施细则	11. 工程材料、构配件、设备的质量证明文件	18. 报验申请表	25. 索赔文件资料
5. 分包单位资格报审表	12. 检查试验资料	19. 会议纪要	26 竣工结算审核意见书
6. 设计交底与图纸会审会议纪要	13. 工程变更资料	20. 来往函件	27. 工程项目施工阶段质量评估报告等专题报告
7. 施工组织设计(方案)报审表	14. 隐蔽工程验收资料	21. 监理日记	28. 监理工作总结

2. 《建筑法》规定，建设单位应当自领取施工许可证之日起 3 个月内开工，因故不能按期开工的，应当向发证机关申请延期，且延期以(　　)为限，每次不超过 3 个月。
   A. 1 次　　　　B. 2 次　　　　C. 3 次　　　　D. 4 次

   答案：B

   【解析】《建筑法》第九条　建设单位应当自领取施工许可证之日起 3 个月内开工。因故不能按期开工的，应当向发证机关申请延期；延期以两次为限，每次不超过 3 个月。既不开工又不申请延期或者超过延期时限的，施工许可证自行废止。

3. 《建设工程质量管理条例》规定，施工单位的质量责任和义务有(　　)。
   A. 总承包单位与分包单位对分包工程的质量承担连带责任
   B. 施工单位有权改正施工过程中发现的设计图纸差错
   C. 施工单位可以将工程转包给符合资质条件的其他单位

D. 施工单位可以将主体工程分包给具有资质的分包单位

答案：A

【解析】《建设工程质量管理条例》第四章 施工单位的质量责任和义务

第二十五条 施工单位应当依法取得相应等级的资质证书，并在其资质等级许可的范围内承揽工程。

禁止施工单位超越本单位资质等级许可的业务范围或者以其他施工单位的名义承揽工程。禁止施工单位允许其他单位或者个人以本单位的名义承揽工程。

施工单位不得转包或者违法分包工程。

第二十六条 施工单位对建设工程的施工质量负责。

施工单位应当建立质量责任制，确定工程项目的项目经理、技术负责人和施工管理负责人。

建设工程实行总承包的，总承包单位应当对全部建设工程质量负责；建设工程勘察、设计、施工、设备采购的一项或者多项实行总承包的，总承包单位应当对其承包的建设工程或者采购的设备的质量负责。

第二十七条 总承包单位依法将建设工程分包给其他单位的，分包单位应当按照分包合同的约定对其分包工程的质量向总承包单位负责，总承包单位与分包单位对分包工程的质量承担连带责任。

4.《建设工程安全生产管理条例》规定，注册执业人员未执行法律、法规和工程建设强制性标准，造成重大安全事故的，（　　）。

  A. 责令停止执业 3 个月以上 1 年以下　　B. 吊销执业资格证书，5 年内不予注册

  C. 终身不予注册　　D. 对造成的损失依法承担赔偿责任

答案：C

【解析】《建设工程安全生产管理条例》第五十八条 注册执业人员未执行法律、法规和工程建设强制性标准的，责令停止执业 3 个月以上 1 年以下；情节严重的，吊销执业资格证书，5 年内不予注册；造成重大安全事故的，终身不予注册；构成犯罪的，依照刑法有关规定追究刑事责任。

5. 依据《建设工程安全生产管理条例》的规定，下列关于分包工程的安全生产责任的表述中，正确的是（　　）。

  A. 分包单位承担全部责任　　B. 总包单位承担全部责任

  C. 分包单位承担主要责任　　D. 总承包单位和分包单位承担连带责任

答案：D

【解析】《建设工程安全生产管理条例》第二十四条 建设工程实行施工总承包的，由总承包单位对施工现场的安全生产负总责。

总承包单位应当自行完成建设工程主体结构的施工。

总承包单位依法将建设工程分包给其他单位的，分包合同中应当明确各自的安全生产方面的权利、义务。总承包单位和分包单位对分包工程的安全生产承担连带责任。

分包单位应当服从总承包单位的安全生产管理，分包单位不服从管理导致生产安全事故的，由分包单位承担主要责任。

6. 某工业项目工程概算中的建筑安装工程费为 6000 万元，设备购置费为 3500 万元，

联合试运转费为 200 万元，某监理单位与建设单位签订该项目施工委托监理合同，双方约定监理费浮动幅度为下浮 15%。已知专业调整系数为 0.9，工程复杂程度调整系数为 1.0，高程调整系数为 1.2，施工监理服务收费标准如下表所示。按照《建设工程监理与相关服务收费标准》，该工程施工监理服务收费应为（　　）万元。

序号	计费额（万元）	收费基价（万元）
1	5000	120.8
2	8000	181.0
3	10000	218.6

A. 129.32　　　　B. 156.58　　　　C. 193.18　　　　D. 195.50

答案：D

【解析】　工程概算投资额＝6000＋3500＋200＝9700 万元

3500＋200＝3700 万元＜9700×40%＝3880 万元

施工阶段计费额＝9700 万元

采用直线内插法，施工监理服务收费基价＝218.6－(218.6－181.0)/(10000－8000)×300＝212.96 万元

施工监理服务收费基准价＝施工监理服务收费基价×专业调整系数×工程复杂程度调整系数×高程调整系数＝212.96×0.9×1.0×1.2＝229.9968 万元

施工监理服务收费＝施工监理服务收费基准价×(1±浮动幅度值)＝229.9968×(1－15%)＝195.49728 万元

7. 依据《工程监理企业资质管理规定》，具有专业乙级资质的工程监理企业，可以承担（　　）建设工程项目的监理业务。

A. 所有专业类别三级以下（含三级）　　B. 相应专业类别三级以下（含三级）
C. 相应专业类别二级以下（含二级）　　D. 所有专业类别二级以下（含二级）

答案：C

【解析】《工程监理企业资质管理规定》第八条　工程监理企业资质相应许可的业务范围如下：

（一）综合资质

可以承担所有专业工程类别建设工程项目的工程监理业务。

（二）专业资质

1. 专业甲级资质

可承担相应专业工程类别建设工程项目的工程监理业务。

2. 专业乙级资质：

可承担相应专业工程类别二级以下（含二级）建设工程项目的工程监理业务。

3. 专业丙级资质：

可承担相应专业工程类别三级建设工程项目的工程监理业务。

（三）事务所资质

可承担三级建设工程项目的工程监理业务，但是，国家规定必须实行强制监理的工程

除外。

工程监理企业可以开展相应类别建设工程的项目管理、技术咨询等业务。

8. 下列关于监理工程师注册规定的表述中，正确的是（　　）。

　　A. 初始注册者，可自资格证书签发之日起 3 年内提出申请

　　B. 注册有效期满需继续执业的，应在有效期满 1 周前，提出延续注册申请

　　C. 在注册有效期内变更执业单位时，应办理变更注册手续，变更注册有效期为 3 年

　　D. 每次申请注册均需提供达到继续教育要求的证明材料

答案：A

【解析】《注册监理工程师管理规定》第十条　初始注册者，可自资格证书签发之日起 3 年内提出申请。逾期未申请者，须符合继续教育的要求后方可申请初始注册。

第十一条　注册监理工程师每一注册有效期为 3 年，注册有效期满需继续执业的，应当在注册有效期满 30 日前，按照本规定第七条规定的程序申请延续注册。延续注册有效期 3 年。

第十二条　在注册有效期内，注册监理工程师变更执业单位，应当与原聘用单位解除劳动关系，并按本规定第七条规定的程序办理变更注册手续，变更注册后仍延续原注册有效期。

9. 《建设工程监理规范》规定，工程材料/构配件/设备报审表的附件是（　　）。

　　A. 质量证明文件和数量清单　　　　B. 数量清单、质量证明文件和自检结果

　　C. 试验报告和数量清单　　　　　　D. 数量清单和拟用部位说明

答案：B

【解析】《建设工程监理规范》工程材料/构配件/设备报审表样。

10. 《建设工程监理规范》规定，（　　）应对承包单位报送的分项工程质量验评资料进行审核，符合要求后予以签认。

　　A. 总监理工程师　　　　　　　　　B. 专业监理工程师

　　C. 总监理工程师代表　　　　　　　D. 监理员

答案：B

【解析】《建设工程监理规范》5.4.10 专业监理工程师应对承包单位报送的分项工程质量验评资料进行审核，符合要求后予以签认；总监理工程师应组织监理人员对承包单位报送的分部工程和单位工程质量验评资料进行审核和现场检查，符合要求后予以签认。

11. 《建设工程安全生产管理条例》规定，施工单位专职安全生产管理人员发现安全事故隐患，应当及时向项目负责人和（　　）报告。

　　A. 监理机构　　　　　　　　　　　B. 安全生产管理机构

　　C. 建设单位　　　　　　　　　　　D. 建设主管部门

答案：B

【解析】《建设工程安全生产管理条例》第二十三条　施工单位应当设立安全生产管理机构，配备专职安全生产管理人员。

专职安全生产管理人员负责对安全生产进行现场监督检查。发现安全事故隐患，应当及时向项目负责人和安全生产管理机构报告；对违章指挥、违章操作的，应当立即制止。

专职安全生产管理人员的配备办法由国务院建设行政主管部门会同国务院其他有关部

门制定。

12.《建设工程监理规范》规定,总监理工程师代表应由具有( )年以上同类工程监理工作经验的人员担任。

  A. 4   B. 3   C. 2   D. 1

答案：C

【解析】《建设工程监理规范》3.1.3 监理人员应包括总监理工程师、专业监理工程师和监理员，必要时可配备总监理工程师代表。

总监理工程师应由具有3年以上同类工程监理工作经验的人员担任；总监理工程师代表应由具有2年以上同类工程监理工作经验的人员担任；专业监理工程师应由具有1年以上同类工程监理工作经验的人员担任。

项目监理机构的监理人员应专业配套、数量满足工程项目监理工作的需要。

13. 因故中止施工的建筑工程恢复施工时，应当向发证机关报告，中止施工满1年的工程恢复施工前，建设单位应当( )。

  A. 重新申请领取施工许可证 B. 向发证机关申请延期施工许可证
  C. 报发证机关核验施工许可证 D. 重新办理开工报告的批准手续

答案：C

【解析】《建筑法》第十条 在建的建筑工程因故中止施工的，建设单位应当自中止施工之日起1个月内，向发证机关报告，并按照规定做好建筑工程的维护管理工作。

建筑工程恢复施工时，应当向发证机关报告；中止施工满1年的工程恢复施工前，建设单位应当报发证机关核验施工许可证。

14.《建筑法》规定，从事建筑活动的专业技术人员，应当依法取得( )的范围内从事建筑活动。

  A. 相应的专业毕业证书，并在其专业领域涉及
  B. 相应的职称证书，并在其职称等级对应
  C. 相应的执业资格证书，并在执业资格证书许可
  D. 相应的继续教育证明，并在其接受继续教育

答案：C

【解析】《建筑法》第十四条 从事建筑活动的专业技术人员，应当依法取得相应的执业资格证书，并在执业资格证书许可的范围内从事建筑活动。

15.《建筑法》规定，交付竣工验收的建筑工程，必须符合规定的建筑工程质量标准，有完整的( )，并具备国家规定的其他竣工条件。

  A. 工程设计文件、施工文件和监理文件
  B. 工程建设文件、竣工图和竣工验收文件
  C. 监理文件和经签署的工程质量保证书
  D. 工程技术经济资料和经签署的工程保修书

答案：D

【解析】《建筑法》第六十一条 交付竣工验收的建筑工程，必须符合规定的建筑工程质量标准，有完整的工程技术经济资料和经签署的工程保修书，并具备国家规定的其他竣工条件。

建筑工程竣工经验收合格后，方可交付使用；未经验收或者验收不合格的，不得交付使用。

16.《建设工程质量管理条例》规定，在正常使用条件下，电气管线、给排水管道、设备安装和装修工程的最低保修期限为（　　）年。

  A. 5   B. 3   C. 2   D. 1

答案：C

【解析】《建设工程质量管理条例》第四十条　在正常使用条件下，建设工程的最低保修期限为：

（一）基础设施工程、房屋建筑的地基基础工程和主体结构工程，为设计文件规定的该工程的合理使用年限；

（二）屋面防水工程、有防水要求的卫生间、房间和外墙面的防渗漏，为5年；

（三）供热与供冷系统，为2个采暖期、供冷期；

（四）电气管线、给排水管道、设备安装和装修工程，为2年。

其他项目的保修期限由发包方与承包方约定。

建设工程的保修期，自竣工验收合格之日起计算。

17.《建设工程质量管理条例》规定，监理工程师应当按照监理规范的要求，采取（　　）等形式，对建设工程实施监理。

  A. 旁站、巡视和平行检验   B. 检查、验收和工地会议

  C. 检查、验收和主动控制   D. 目标控制、合同管理和组织协调

答案：A

【解析】《建设工程质量管理条例》第三十八条　监理工程师应当按照工程监理规范的要求，采取旁站、巡视和平行检验等形式，对建设工程实施监理。

18. 对建设工程实施监理时，负责检查进场材料、设备、构配件的原始凭证和检测报告等质量证明文件的人员是（　　）。

  A. 专业监理工程师   B. 材料试验员

  C. 质量监理员   D. 材料监理员

答案：A

【解析】《建设工程监理规范》3.2.5 专业监理工程师应履行以下职责：

核查进场材料、设备、构配件的原始凭证、检测报告等质量证明文件及其质量情况，根据实际情况认为有必要时对进场材料、设备、构配件进行平行检验，合格时予以签认。

19.《建设工程监理规范》规定，总监理工程师不得委托总监理工程师代表的工作是（　　）。

  A. 审查分包单位的资质   B. 主持整理工程项目的监理资料

  C. 审查和处理工程变更   D. 审批项目监理实施细则

答案：D

【解析】《建设工程监理规范》3.2.4 总监理工程师不得将下列工作委托总监理工程师代表：

（1）主持编写项目监理规划、审批项目监理实施细则；

（2）签发工程开工/复工报审表、工程暂停令、工程款支付证书、工程竣工报验单；

(3) 审核签认竣工结算；
(4) 调解建设单位与承包单位的合同争议、处理索赔、审批工程延期；
(5) 根据工程项目的进展情况进行监理人员的调配，调换不称职的监理人员。

20.《建设工程监理规范》规定，总监理工程师应由具有( )年以上同类工程监理工作经验的人员承担。

  A. 1   B. 2   C. 3   D. 5

答案：C

【解析】《建设工程监理规范》3.1.3 监理人员应包括总监理工程师、专业监理工程师和监理员，必要时可配备总监理工程师代表。

总监理工程师应由具有 3 年以上同类工程监理工作经验的人员担任；总监理工程师代表应由具有 2 年以上同类工程监理工作经验的人员担任；专业监理工程师应由具有 1 年以上同类工程监理工作经验的人员担任。

项目监理机构的监理人员应专业配套、数量满足工程项目监理工作的需要。

21.《建设工程监理规范》规定，在施工过程中，工地例会的会议纪要由( )负责起草，并经与会各方代表会签。

  A. 建设单位   B. 施工单位
  C. 项目监理机构   D. 专业监理工程师

答案：C

【解析】《建设工程监理规范》5.3.1 在施工过程中，总监理工程师应定期主持召开工地例会。会议纪要应由项目监理机构负责起草，并经与会各方代表会签。

22. 对达到一定规模的危险性较大的分部分项工程，施工单位应编制专项施工方案，并附具安全验算结果，该方案经( )后实施。

  A. 专业监理工程师审核、总监理工程师签字
  B. 施工单位技术负责人、总监理工程师签字
  C. 建设单位、施工单位、监理单位签字
  D. 专家论证、施工单位技术负责人签字

答案：B

【解析】《建设工程安全生产管理条例》第二十六条 施工单位应当在施工组织设计中编制安全技术措施和施工现场临时用电方案，对下列达到一定规模的危险性较大的分部分项工程编制专项施工方案，并附具安全验算结果，经施工单位技术负责人、总监理工程师签字后实施，由专职安全生产管理人员进行现场监督：

（一）基坑支护与降水工程；
（二）土方开挖工程；
（三）模板工程；
（四）起重吊装工程；
（五）脚手架工程；
（六）拆除、爆破工程；
（七）国务院建设行政主管部门或者其他有关部门规定的其他危险性较大的工程。

对前款所列工程中涉及深基坑、地下暗挖工程、高大模板工程的专项施工方案，施工

单位还应当组织专家进行论证、审查。

本条第一款规定的达到一定规模的危险性较大工程的标准，由国务院建设行政主管部门会同国务院其他有关部门制定。

23. 根据《建设工程安全生产管理条例》规定，下列工程中，需要由施工单位组织专家对其专项施工方案进行论证、审查的有（ ）。

  A. 深基坑工程   B. 地下暗挖工程
  C. 脚手架工程   D. 高大模板工程
  E. 拆除工程

答案：A、B、D

【解析】 详见本章"例题解析"第22题的"解析"。

24. 《建筑法》规定，工程监理单位与被监理工程的（ ）不得有隶属关系或者其他利害关系。

  A. 设计单位   B. 承包单位
  C. 建筑材料供应单位   D. 设备供应单位
  E. 工程咨询单位

答案：B、C、D

【解析】《建筑法》第三十四条 工程监理单位应当在其资质等级许可的监理范围内，承担工程监理业务。

工程监理单位应当根据建设单位的委托，客观、公正地执行监理任务。

工程监理单位与被监理工程的承包单位以及建筑材料、建筑构配件和设备供应单位不得有隶属关系或者其他利害关系。

工程监理单位不得转让工程监理业务。

25. 《建设工程质量管理条例》关于施工单位对建筑材料、建筑构配件、设备和商品混凝土进行检验的具体规定有（ ）。

  A. 检验必须按照工程设计要求、施工技术标准和合同约定进行
  B. 检验结果未经监理工程师签字，不得使用
  C. 检验结果未经施工单位质量负责人签字，不得使用
  D. 未经检验或者检验不合格的，不得使用
  E. 检验应当有书面记录和专人签字

答案：A、D、E

【解析】《建设工程质量管理条例》第二十九条 施工单位必须按照工程设计要求、施工技术标准和合同约定，对建筑材料、建筑构配件、设备和商品混凝土进行检验，检验应当有书面记录和专人签字；未经检验或者检验不合格的，不得使用。

26. 《建设工程安全生产管理条例》规定，施工单位的（ ）等特种作业人员，必须按照国家规定经过专门的安全作业培训，并取得特种作业操作资格证书后，方可上岗作业。

  A. 垂直运输机械作业人员   B. 钢筋作业人员
  C. 爆破作业人员   D. 登高架设作业人员
  E. 起重信号工

答案：A、C、D、E

【解析】《建设工程安全生产管理条例》第二十五条　垂直运输机械作业人员、安装拆卸工、爆破作业人员、起重信号工、登高架设作业人员等特种作业人员，必须按照国家有关规定经过专门的安全作业培训，并取得特种作业操作资格证书后，方可上岗作业。

27. 依据《建设工程监理范围和规模标准规定》，（　　）必须实行监理。

    A. 使用国外政府援助资金的项目

    B. 投资额为2000万元的公路项目

    C. 建筑面积在4万m²的住宅小区项目

    D. 投资额为1000万元的学校项目

    E. 投资额为3500万元的医院项目

    答案：A、D、E

【解析】B项投资额不足3000万元，C项建筑面积不足5万m²，不符合必须实行监理的规定。医院属卫生、福利项目，且超过了3000万元必须实行监理；使用国外政府援助资金的项目、学校，不论额度多少均必须实行监理。

28. 依据《注册监理工程师管理规定》，注册监理工程师在执业活动中发生（　　）的行为，由县级以上地方人民政府建设主管部门作出相应处罚；造成损失的，依法承担赔偿责任；构成犯罪的依法追究刑事责任。

    A. 以个人名义承接业务

    B. 同时受聘于两个或两个以上单位从事执业活动

    C. 涂改、倒卖、出售营业执照

    D. 弄虚作假提供执业活动成果

    E. 超出规定执业范围从事执业活动

    答案：A、B、D、E

【解析】《注册监理工程师管理规定》第三十一条　注册监理工程师在执业活动中有下列行为之一的，由县级以上地方人民政府建设主管部门给予警告，责令其改正，没有违法所得的，处以1万元以下罚款，有违法所得的，处以违法所得3倍以下且不超过3万元的罚款；造成损失的，依法承担赔偿责任；构成犯罪的，依法追究刑事责任：（一）以个人名义承接业务的；（二）涂改、倒卖、出租、出借或者以其他形式非法转让注册证书或者执业印章的；（三）泄露执业中应当保守的秘密并造成严重后果的；（四）超出规定执业范围或者聘用单位业务范围从事执业活动的；（五）弄虚作假提供执业活动成果的；（六）同时受聘于两个或者两个以上的单位，从事执业活动的；（七）其他违反法律、法规、规章的行为。

29. 依据《工程监理企业资质管理规定》，我国工程监理企业资质等级划分为（　　）。

    A. 综合　　　　　　　　　　B. 专业

    C. 技术咨询　　　　　　　　D. 事务所

    E. 管理所

    答案：A、B、D

【解析】《工程监理企业资质管理规定》第六条　工程监理企业资质分为综合资质、专业资质和事务所资质。其中，专业资质按照工程性质和技术特点划分为若干工程类别。

综合资质、事务所资质不分级别。专业资质分为甲级、乙级；其中，房屋建筑、水利水电、公路和市政公用专业资质可设立丙级。

30.《建设工程监理规范》规定，专业监理工程师的职责有( )。
  A. 负责编制监理实施细则   B. 负责分项工程验收
  C. 审定施工组织设计   D. 监督指导监理员的工作
  E. 主持整理监理资料
  答案：A、B、D

【解析】 详见《建设工程监理规范》3.2.5 专业监理工程师应履行的职责。

31.《建设工程监理规范》规定，监理员应履行的职责有( )。
  A. 根据本专业监理工作实施情况做好监理日记
  B. 检查承包单位投入工程项目的主要设备使用、运行状况，并做好检查记录
  C. 核查进场材料的原始凭证、检测报告等质量证明文件及质量情况，合格时予以签认
  D. 负责监理资料的收集、汇总及整理
  E. 按设计图纸及有关标准对承包单位的施工工序进行检查和记录
  答案：B、E

【解析】《建设工程监理规范》3.2.6 监理员应履行以下职责：

1. 在专业监理工程师的指导下开展现场监理工作；
2. 检查承包单位投入工程项目的人力、材料、主要设备及其使用、运行状况，并做好检查记录；
3. 复核或从施工现场直接获取工程计量的有关数据并签署原始凭证；
4. 按设计图及有关标准，对承包单位的工艺过程或施工工序进行检查和记录，对加工制作及工序施工质量检查结果进行记录；
5. 担任旁站工作，发现问题及时指出并向专业监理工程师报告；
6. 做好监理日记和有关的监理记录。

32.《建设工程监理规范》规定，专业监理工程师应签发监理工程师通知单，要求承包单位整改的情况有( )。
  A. 施工存在重大质量隐患   B. 承包单位拒绝项目监理机构的管理
  C. 工程材料验收不合格   D. 工程实际进度滞后于计划进度
  E. 施工中出现重大安全隐患
  答案：C、D

【解析】《建设工程监理规范》5.4.6 专业监理工程师应对承包单位报送的拟进场工程材料、构配件和设备的工程材料/构配件/设备报审表及其质量证明资料进行审核，并对进场的实物按照委托监理合同约定或有关工程质量管理文件规定的比例采用平行检验或见证取样方式进行抽检。

对未经监理人员验收或验收不合格的工程材料、构配件、设备，监理人员应拒绝签认，并应签发监理工程师通知单，书面通知承包单位限期将不合格的工程材料、构配件、设备撤出现场。

5.6.3 专业监理工程师应检查进度计划的实施，并记录实际进度及其相关情况，当发现实际进度滞后于计划进度时，应签发监理工程师通知单指令承包单位采取调整措施。当

实际进度严重滞后于计划进度时应及时报总监理工程师,由总监理工程师与建设单位商定采取进一步措施。

33.《建筑法》规定,工程监理人员认为工程施工不符合( )的,有权要求建筑施工企业改正。

　　A. 工程设计规范　　　　　　　B. 工程设计要求
　　C. 施工技术标准　　　　　　　D. 施工成本计划
　　E. 承包合同约定

答案:B、C、E

【解析】《建筑法》第三十二条　建筑工程监理应当依照法律、行政法规及有关的技术标准、设计文件和建筑工程承包合同,对承包单位在施工质量、建设工期和建设资金使用等方面,代表建设单位实施监督。

工程监理人员认为工程施工不符合工程设计要求、施工技术标准和合同约定的,有权要求建筑施工企业改正。

工程监理人员发现工程设计不符合建筑工程质量标准或者合同约定的质量要求的,应当报告建设单位要求设计单位改正。

34.《建设工程质量管理条例》规定,必须实行监理的工程包括( )。

　　A. 国家重点建设工程
　　B. 大中型公用事业工程
　　C. 成片开发建设的住宅小区工程
　　D. 利用外国政府或者国际组织贷款、援助资金的工程
　　E. 总投资为2800万元的通信建设工程

答案:A、B、C、D

【解析】《建设工程质量管理条例》第十二条　实行监理的建设工程,建设单位应当委托具有相应资质等级的工程监理单位进行监理,也可以委托具有工程监理相应资质等级并与被监理工程的施工承包单位没有隶属关系或者其他利害关系的该工程的设计单位进行监理。

下列建设工程必须实行监理:
(一)国家重点建设工程;
(二)大中型公用事业工程;
(三)成片开发建设的住宅小区工程;
(四)利用外国政府或者国际组织贷款、援助资金的工程;
(五)国家规定必须实行监理的其他工程。

35.《建设工程安全生产管理条例》规定,施工单位应当编制专项施工方案的分部分项工程有( )。

　　A. 基坑支护与降水工程　　　　B. 土方开挖工程
　　C. 起重吊装工程　　　　　　　D. 主体结构工程
　　E. 模板工程和脚手架工程

答案:A、B、C、E

【解析】《建设工程安全生产管理条例》第二十六条　施工单位应当在施工组织设计

中编制安全技术措施和施工现场临时用电方案,对下列达到一定规模的危险性较大的分部分项工程编制专项施工方案,并附具安全验算结果,经施工单位技术负责人、总监理工程师签字后实施,由专职安全生产管理人员进行现场监督:

(一)基坑支护与降水工程;

(二)土方开挖工程;

(三)模板工程;

(四)起重吊装工程;

(五)脚手架工程;

(六)拆除、爆破工程;

(七)国务院建设行政主管部门或者其他有关部门规定的其他危险性较大的工程。

对前款所列工程中涉及深基坑、地下暗挖工程、高大模板工程的专项施工方案,施工单位还应当组织专家进行论证、审查。

本条第一款规定的达到一定规模的危险性较大工程的标准,由国务院建设行政主管部门会同国务院其他有关部门制定。

36. 专业监理工程师在监理工作中承担的职责有( )。

  A. 审查分包单位资质,并提出审查意见

  B. 参与工程质量事故调查

  C. 审核工程计量的数据和原始凭证

  D. 分项工程及隐蔽工程验收

  E. 参与工程项目的竣工预验收

答案:C、D

【解析】《建设工程监理规范》3.2.5 专业监理工程师应履行的职责。

37.《建设工程监理规范》规定,监理规划编写的依据包括( )。

  A. 建设工程项目审批文件   B. 施工组织设计文件

  C. 建设工程设计合同   D. 建设工程设计文件

  E. 监理大纲

答案:A、C、D、E

【解析】《建设工程监理规范》4.1.2 监理规划编制的程序与依据应符合下列规定:

1. 监理规划应在签订委托监理合同及收到设计文件后开始编制,完成后必须经监理单位技术负责人审核批准,并应在召开第一次工地会议前报送建设单位;

2. 监理规划应由总监理工程师主持、专业监理工程师参加编制;

3. 编制监理规划应依据:

——建设工程的相关法律、法规及项目审批文件;

——与建设工程项目有关的标准、设计文件、技术资料;

——监理大纲、委托监理合同文件以及与建设工程项目相关的合同文件。

38. 工程开工前,总监理工程师应审查承包单位现场项目管理机构的( )。

  A. 合同管理体系   B. 质量管理体系

  C. 技术管理体系   D. 组织管理体系

  E. 检查验收体系

答案：B、C

【解析】《建设工程监理规范》5.2.4 工程项目开工前，总监理工程师应审查承包单位现场项目管理机构的质量管理体系、技术管理体系和质量保证体系，确能保证工程项目施工质量时予以确认。对质量管理体系、技术管理体系和质量保证体系应审核以下内容：(1)质量管理、技术管理和质量保证的组织机构；(2)质量管理、技术管理制度；(3)专职管理人员和特种作业人员的资格证、上岗证。

39.《建设工程监理规范》规定，对隐蔽工程的隐蔽过程、下道工序施工完成后难以检查的重点部位，（　　）。

  A. 总监理工程师代表应安排监理员进行旁站
  B. 专业监理工程师应安排监理员进行旁站
  C. 总监理工程师应安排专业监理工程师进行巡视
  D. 总监理工程师代表应安排专业监理工程师进行巡视

答案：B

【解析】《建设工程监理规范》规定，总监理工程师应安排监理人员对施工过程进行巡视和检查。对隐蔽工程的隐蔽过程、下道工序施工完成后难以检查的重点部位，专业监理工程师应安排监理员旁站。

40.《建设工程质量管理条例》规定，建设工程质量保修书中应当明确建设工程的（　　）等。

  A. 保修义务、保修责任和免责条件　　B. 保修内容、保修期限和保修方法
  C. 保修责任、保修条件和保修标准　　D. 保修范围、保修期限和保修责任

答案：D

【解析】《建设工程质量管理条例》规定，质量保修书主要内容包括：工程质量保修范围和内容；质量保修期；质量保修责任；保修费用；其他约定等。

41.《建设工程监理规范》规定，分部工程的质量检验评定资料由（　　）负责签认。

  A. 总监理工程师　　　　　　　　　B. 专业监理工程师
  C. 监理员　　　　　　　　　　　　D. 总监理工程师代表

答案：A

【解析】《建设工程监理规范》规定，专业监理工程师应对承包单位报送的分项工程质量检验评定资料进行审核，符合要求后予以签认；总监理工程师应组织监理人员对承包单位报送的分部工程和单位工程质量检验评定资料进行审核和现场检查，符合要求后予以签认。

42.《建设工程监理规范》规定，监理规划应在签订委托监理合同及收到设计文件后开始编制，完成后必须经（　　）审核批准。

  A. 总监理工程师　　　　　　　　　B. 总监理工程师授权的专业监理工程师
  C. 监理单位技术负责人　　　　　　D. 建设单位负责人

答案：C

【解析】《建设工程监理规范》规定，监理规划应在签订委托监理合同及收到设计文件后开始编制，完成后必须经监理单位技术负责人审核批准，并应在召开第一次工地会议前报送建设单位。

43.《建筑法》规定,按照国务院有关规定批准开工报告的建筑工程,因故不能按期开工或者中止施工的,应当及时向批准机关报告情况。因故不能按期开工超过( )个月的。应当重新办理开工报告的批准手续。

  A. 1   B. 3   C. 6   D. 12

答案:C

【解析】 按照国务院有关规定批准开工报告的建筑工程,因故不能按期开工或者中止施工的,应当及时向批准机关报告情况。因故不能按期开工超过6个月的,应当重新办理开工报告的批准手续。

44.《建设工程安全生产管理条例》规定,分包单位应当服从总承包单位的安全生产管理,分包单位不服从管理导致生产安全事故的,( )。

  A. 由总承包单位承担主要责任

  B. 由分包单位承担主要责任

  C. 由总承包单位和分包单位共同承担主要责任

  D. 由分包单位承担责任,总承包单位不承担责任

答案:B

【解析】《建设工程安全生产管理条例》规定,总承包单位依法将建设工程分包给其他单位的,分包合同中应当明确各自的安全生产方面的权利、义务。总承包单位和分包单位对分包工程的安全生产承担连带责任。分包单位应当接受总承包单位的安全生产管理,分包单位不服从管理导致生产安全事故的,由分包单位承担主要责任。

45.《建筑法》规定,建筑工程主体结构的施工( )。

  A. 经总监理工程师批准,可以由总承包单位分包给具有相应资质的其他施工单位

  B. 经建设单位批准,可以由总承包单位分包给具有相应资质的其他施工单位

  C. 可以由总承包单位分包给具有相应资质的其他施工单位

  D. 必须由总承包单位自行完成

答案:D

【解析】《建筑法》规定,建筑工程总承包单位可以将承包工程中的部分工程发包给具有相应资质条件的分包单位;但是,除总承包合同中约定的分包外,必须经建设单位认可。实行施工总承包的,建筑工程主体结构的施工必须由总承包单位自行完成。

46.《建设工程监理规范》规定,总监理工程师或专业监理工程师应( )专题会议,解决施工过程中的各种专项问题。

  A. 根据需要及时组织   B. 定期主持召开

  C. 每月组织召开一次   D. 按建设单位要求组织

答案:A

【解析】《建设工程监理规范》规定,总监理工程师或专业监理工程师应根据需要及时组织专题会议,解决施工过程中的各种专项问题。

47.《建设工程监理范围和规模标准规定》中要求建筑面积在( )m² 以上的住宅建设工程必须实行监理。

  A. 1万   B. 2万   C. 3万   D. 5万

答案:D

【解析】 根据《建设工程监理范围和规模标准规定》，成片开发建设的住宅小区工程建筑面积在5万 m² 以上的住宅建设工程必须实行监理；5万 m² 以下的住宅建设工程，可以实行监理，具体范围和规模标准，由省、自治区、直辖市人民政府建设行政主管部门规定。为了保证住宅质量，对高层住宅及地基、结构复杂的多层住宅应当实行监理。

48.《建筑法》规定，从事建筑活动的(   )，应当依法取得相应的执业资格证书，并在执业资格证书许可的范围内从事建筑活动。
　　A. 专业技术人员　　　　　　B. 监理工程师
　　C. 建设管理人员　　　　　　D. 建筑施工人员
答案：A

【解析】《建筑法》规定，从事建筑活动的专业技术人员，应当依法取得相应的执业资格证书，并在执业资格证书许可的范围内从事建筑活动。

49.《建设工程安全生产管理条例》规定，工程监理单位和监理工程师应当按照法律、法规和(   )实施监理，并对建设工程安全生产承担监理责任。
　　A. 施工合同　　　　　　　　B. 监理大纲
　　C. 项目管理规范　　　　　　D. 工程建设强制性标准
答案：D

【解析】《建设工程安全生产管理条例》规定，工程监理单位和监理工程师应当按照法律、法规和工程建设强制性标准实施监理，并对建设工程安全生产承担监理责任。

50. 由监理人员现场监督某工序全过程完成情况的活动称为(   )。
　　A. 旁站　　　B. 见证　　　C. 巡视　　　D. 施工监理
答案：B

【解析】 见证是指由监理人员现场监督某工序全过程完成情况的活动。

51.《建设工程质量管理条例》规定，施工单位必须建立、健全(   )制度，严格工序管理，做好隐蔽工程的质量检查和记录。
　　A. 合同管理　　　　　　　　B. 施工技术交底
　　C. 质量的预控　　　　　　　D. 施工质量的检验
答案：D

【解析】《建设工程质量管理条例》规定，施工单位必须建立、健全施工质量的检验制度，严格工序管理，做好隐蔽工程的质量检查和记录。隐蔽工程在隐蔽前应当通知建设单位和建设工程质量监督机构。

52.《建设工程质量管理条例》规定，建设工程发包单位不得迫使承包方以(   )。
　　A. 低于市场的价格竞标，不得任意压缩合理工期
　　B. 低于成本的价格竞标，不得任意压缩合理工期
　　C. 低于市场的价格竞标，不得降低工程质量
　　D. 低于成本的价格竞标，不得降低工程质量
答案：B

【解析】《建设工程质量管理条例》规定，建设单位不得迫使承包人以低于成本的价格竞标，不得任意压缩合理工期。

53.《建设工程质量管理条例》规定，施工人员对涉及结构安全的试块、试件以及有

关材料,应当在( )监督下现场取样,并送具有相应资质等级的质量检测单位进行检验。

  A. 施工单位质检人员　　　　　　B. 建设单位或监理单位
  C. 监理单位和施工单位　　　　　　D. 工程质量监理机构

答案：B

【解析】《建设工程质量管理条例》规定,施工人员对涉及结构安全的试块、试件以及有关材料,应在建设单位或监理单位监督下现场取样,并送具有相应资质等级的质量检测单位进行检验。

54.《建筑法》规定,实施建筑工程监理前,建设单位应当将委托的( ),书面通知被监理的建筑施工企业。

  A. 监理单位　　　　　　　　　　　B. 监理内容
  C. 监理范围　　　　　　　　　　　D. 监理目标
  E. 监理权限

答案：A、B、E

【解析】《建筑法》规定,实施建筑工程监理前,建设单位应当将委托的工程监理单位、监理内容及监理权限,书面通知被监理的建筑施工企业。

55. 编制工程监理实施细则的依据有( )。

  A. 监理大纲　　　　　　　　　　　B. 监理规划
  C. 设计文件　　　　　　　　　　　D. 技术资料
  E. 施工组织设计

答案：B、C、D、E

【解析】 监理实施细则应在相应工程施工开始前编制完成,并必须经总监理工程师批准；监理实施细则应由专业监理工程师编制。编制监理实施细则的依据：已批准的监理规划；与专业工程相关的标准、设计文件和技术资料；施工组织设计。

56.《建设工程安全生产管理条例》规定,建设工程施工前,施工单位负责项目管理的技术人员应当对有关安全施工的技术要求向( )作出详细说明。

  A. 监理工程师　　　　　　　　　　B. 施工作业班组
  C. 施工作业人员　　　　　　　　　D. 现场安全员
  E. 现场技术员

答案：B、C

【解析】《建设工程安全生产管理条例》规定,建设工程施工前,施工单位负责项目管理的技术人员应当对有关安全施工的技术要求向施工作业班组和施工作业人员作出详细说明,并由双方签字确认。

57.《建设工程监理规范》规定,建设单位、设计单位、施工单位、监理单位各方共同使用的通用表有( )。

  A. 监理工作联系单　　　　　　　　B. 监理工程师通知单
  C. 监理工程师通知回复单　　　　　D. 工程变更单
  E. 会议通知单

答案：A、D

【解析】 根据《建设工程监理规范》(GB 50319—2000),规范中基本表式有3类18个,即:(1)A类表共10个表(A1～A10),为承包单位用表;(2)B类表共6个表(B1～B6),为监理单位用表;(3)C类表共2个表(监理工作联系单(C1)、工程变更单(C2)),为各方通用表。

58.《建设工程质量管理条例》规定,监理工程师应当按照工程监理规范的要求,采取( )等形式,对建设工程实施监理。

A. 巡视　　　　　　　　　　B. 工地例会
C. 设计与技术交底　　　　　D. 平行检验
E. 旁站

答案:A、D、E

【解析】 监理工程师应当按照工程监理规范的要求,采用旁站、巡视和平行检验等形式,对建设工程实施监理。

59.《建设工程质量管理条例》规定,建设工程承包单位的质量保修书中应当明确建设工程的保修( )等。

A. 主体　　　　　　　　　　B. 范围
C. 内容　　　　　　　　　　D. 期限
E. 责任

答案:B、C、D、E

【解析】 建设工程实行质量保修制度,具体的保修范围和最低保修期限由国务院规定,保修内容由当事人约定。质量保修书主要内容包括:工程质量保修范围和内容;质量保修期;质量保修责任;保修费用;其他约定等。

60.《建筑法》规定,从事建筑活动的建筑施工企业、勘察单位、设计单位和工程监理单位应当具备的条件包括( )。

A. 有已经完成的建筑工程业绩
B. 有符合国家规定的注册资本
C. 有从事相关建筑活动所应有的技术装备
D. 企业负责人或企业技术负责人应具有高级职称
E. 有与从事建筑活动相适应的具有法定执业资格的专业技术人员

答案:B、C、E

【解析】 《建筑法》规定,从事建筑活动的建筑施工企业、勘察单位、设计单位和工程监理单位,应当具备下列条件:(1)有符合国家规定的注册资本;(2)有与其从事建筑活动相适应的具有法定执业资格的专业技术人员;(3)有从事相关建筑活动所应有的技术装备等。

61.《建设工程安全生产管理条例》规定,施工单位的安全责任包括( )。

A. 设置安全生产管理机构
B. 施工单位负责人对工程项目的安全施工负责
C. 配备专职安全生产管理人员
D. 施工单位项目负责人在施工前应向作业人员作出安全施工说明
E. 及时、如实报告生产安全事故

答案：A、C、E

【解析】 根据《建设工程安全生产管理条例》的规定，施工单位主要负责人依法对本单位的安全生产工作全面负责。施工单位的项目负责人对建设工程项目的安全施工负责，落实安全生产责任制度、安全生产规章制度和操作规程，确保安全生产费用的有效使用，并根据工程的特点组织制定安全施工措施，消除安全事故隐患，及时、如实报告生产安全事故。施工单位应当设置安全生产管理机构，配备专职安全生产管理人员。建设工程施工前，施工单位负责项目管理的技术人员应当将有关安全施工的技术要求向施工作业班组、作业人员作出详细说明，并由双方签字确认。

62.《建设工程监理规范》规定，监理员的职责包括(　　)。

　　A. 复核工程计量的有关数据并签署原始凭证
　　B. 做好监理日记和有关的监理记录
　　C. 验收分项工程
　　D. 收集、汇总及整理监理资料
　　E. 核查进场材料、设备、构配件的原始凭证、检测报告等质量证明文件

答案：A、B

【解析】 监理员的职责包括：(1)在专业监理工程师的指导下开展现场监理工作；(2)检查承包单位投入工程项目的人力、材料、主要设备及其使用、运行状况，并做好检查记录；(3)复核或从施工现场直接获取工程计量的有关数据并签署原始凭证；(4)按设计图及有关标准，对承包单位的工艺过程或施工工序进行检查和记录，对加工制作及工序施工质量检查结果进行记录；(5)担任旁站工作，发现问题及时指出并向专业监理工程师报告；(6)做好监理日记和有关的监理记录。
"验收分项工程；收集、汇总及整理监理资料；核查进场材料、设备、构配件的原始凭证、检测报告等质量证明文件"属于专业监理工程师的职责。

63.《建设工程监理规范》规定，工程项目的重点部位、关键工序应由(　　)共同确认。

　　A. 建设单位　　B. 设计单位　　C. 项目监理机构　　D. 施工单位
　　E. 施工分包单位

答案：C、D

【解析】《建设工程监理规范》规定，工程项目的重点部位、关键工序应由项目监理机构和承包单位(施工单位)协商后共同确认。

64.《建设工程质量管理条例》中，关于工程监理单位的质量责任和义务包括(　　)。

　　A. 工程监理单位应当依法取得相应等级的资质证书，并在其资质等级许可的范围内承担工程监理业务
　　B. 禁止工程监理单位允许其他单位或者个人以本单位的名义承担工程监理业务
　　C. 工程监理单位应当依照建设单位的要求和建设工程承包合同，代表建设单位对施工质量实施监理
　　D. 未经监理工程师签字，建筑材料、建筑构配件和设备不得在工程上使用或者安装
　　E. 未经总监理工程师签字，建设单位不拨付工程款，不进行竣工验收

答案：A、B、D、E

【解析】 根据《建设工程质量管理条例》的规定，工程监理单位应当依法取得相应等

级的资质证书,并在其资质等级许可的范围内承担工程监理业务。禁止工程监理单位超越本单位资质等级许可的范围或者以其他工程监理单位的名义承担工程监理业务。禁止工程监理单位允许其他单位或者个人以本单位的名义承担工程监理业务。工程监理单位不得转让工程监理业务。工程监理单位应当依照法律、法规以及有关技术标准、设计文件和建设工程承包合同,代表建设单位对施工质量实施监理,并对施工质量承担监理责任。未经监理工程师签字,建筑材料、建筑构配件和设备不得在工程上使用或者安装,施工单位不得进行下一道工序的施工。未经总监理工程师签字,建设单位不拨付工程款,不进行竣工验收。

65. 专业监理工程师对施工单位的试验室应考核的内容包括(　　)。
　　A. 试验室的资质等级及其试验范围
　　B. 法定计量单位对试验设备出具的计量检定证明
　　C. 试验室的组织机构
　　D. 试验室的管理制度
　　E. 试验人员的资格证书
答案：A、B、D、E
【解析】 专业监理工程师应从以下5个方面对承包单位(施工单位)的试验室进行考核：(1)试验室的资质等级及其试验范围；(2)法定计量单位对试验设备出具的计量检定证明；(3)试验室的管理制度；(4)试验人员的资格证书；(5)土木工程的试验项目及其要求。

66. 《国务院关于加快发展服务业的若干意见》提出,要大力发展(　　)的服务业。
　　A. 面向生产　　　B. 面向社会　　　C. 面向民生　　　D. 面向未来
　　E. 面向现代化
答案：A、C
【解析】 《国务院关于加快发展服务业的若干意见》三、大力优化服务业发展结构：
大力发展面向生产的服务业,促进现代制造业与服务业有机融合、互动发展。
大力发展面向民生的服务业,积极拓展新型服务领域,不断培育形成服务业新的增长点。
大力培育服务业市场主体,优化服务业组织结构。

67. 依据《汶川地震灾后恢复重建条例》,对(　　)等工程,应当按照高于当地房屋建筑抗震设防要求进行设计。
　　A. 学校　　　　　B. 文化馆　　　C. 工业厂房　　　D. 医院
　　E. 商场
答案：A、B、D、E
【解析】 《汶川地震灾后恢复重建条例》第五十条　对学校、医院、体育场馆、博物馆、文化馆、图书馆、影剧院、商场、交通枢纽等人员密集的公共服务设施,应当按照高于当地房屋建筑的抗震设防要求进行设计,增强抗震设防能力。

68. 建设单位不得明示或者暗示设计单位、施工单位违反民用建筑节能强制性标准进行设计、施工,不得明示或者暗示施工单位使用不符合(　　)要求的墙体材料、保温材料、门窗、采暖制冷系统和照明设备。
　　A. 业主要求　　　　　　　　　　　B. 合同约定
　　C. 施工图设计文件　　　　　　　　D. 强制性标准规定

答案：C

【解析】《民用建筑节能条例》第十四条　建设单位不得明示或者暗示设计单位、施工单位违反民用建筑节能强制性标准进行设计、施工，不得明示或者暗示施工单位使用不符合施工图设计文件要求的墙体材料、保温材料、门窗、采暖制冷系统和照明设备。

按照合同约定由建设单位采购墙体材料、保温材料、门窗、采暖制冷系统和照明设备的，建设单位应当保证其符合施工图设计文件要求。

实战练习题

一、单项选择题

1. 某建设单位于 2000 年 3 月 1 日领取了施工许可证，但因故未能按期开工。根据《中华人民共和国建筑法》，该建设单位可向发证机关申请（　　）。

    A. 三次延期，每次不超过 2 个月　　B. 三次延期，每次不超过 3 个月
    C. 两次延期，每次不超过 2 个月　　D. 两次延期，每次不超过 3 个月

2. 依据《中华人民共和国建筑法》的规定，建设单位在领取了施工许可证后，在开工日期规定的时间内既不开工又不申请延期或者超过延期时限的，则（　　）。

    A. 可由委托单位申请办理延期
    B. 可向发证机关报告，使施工许可证继续生效
    C. 可再次重新领取施工许可证
    D. 施工许可证自行废止

3. 《中华人民共和国建筑法》规定，两个以上不同资质等级的单位实行联合共同承包的应当按照资质（　　）的单位的业务许可范围承揽工程。

    A. 高　　　　B. 低　　　　C. 各自　　　　D. 平均

4. 《建设工程质量管理条例》规定，在正常使用条件下，屋面防水工程和有防水要求的卫生间，最低保修期限为（　　）年。

    A. 1　　　　B. 2　　　　C. 3　　　　D. 5

5. 根据《建设工程质量管理条例》规定，（　　）和其他有关部门是建设工程质量监督管理的主体，应当加强对建设工程质量的监督管理。

    A. 建设单位　　　　　　　　B. 设计单位
    C. 勘察单位　　　　　　　　D. 县级以上人民政府建设行政主管部门

6. 《建设工程安全生产管理条例》规定，建设单位应当自开工报告批准之日起（　　）d 内，将保证安全施工的措施报送建设工程所在地的县级以上人民政府建设行政主管部门或者其他有关部门备案。

    A. 7　　　　B. 15　　　　C. 20　　　　D. 30

7. 《建设工程监理规范》中所称的巡视是指监理人员对正在施工的部位或工序在现场进行的（　　）的监督活动。

    A. 临时　　　B. 随机　　　C. 不定期　　　D. 定期或不定期

8. 依据《中华人民共和国建筑法》规定，建筑工程总承包单位可以将承包工程中的部分工程发包给具有相应资质条件的分包单位；但是，除总承包合同中约定的分包外，必

须经( )认可。
   A. 国务院建设行政主管部门   B. 建设单位主管部门
   C. 监理单位   D. 建设单位

9. 根据《建设工程质量管理条例》规定，监理单位代表建设单位对施工质量实施监理，并对施工质量承担( )责任。
   A. 赔偿   B. 监理   C. 连带   D. 法律

10. 依据《建设工程监理规范》，监理单位应于委托监理合同签订后( )d内，将项目监理机构的组织形式、人员构成及总监理工程师的任命书面通知建设单位。
    A. 7   B. 10   C. 15   D. 20

11. 依据《中华人民共和国建筑法》规定，因故中止施工的建筑工程恢复施工时，应当向发证机关报告；中止施工满1年的工程恢复施工前，建设单位应当报( )核验施工许可证。
    A. 国务院行政主管部门   B. 工商行政管理部门
    C. 建筑单位主管部门   D. 发证机关

12. 《建设工程质量管理条例》规定，设计文件应当符合国家规定的设计深度要求，并注明工程( )使用年限。
    A. 最短   B. 最长   C. 合理   D. 法定

13. 《建设工程安全生产管理条例》规定，( )应当为施工现场从事危险作业的人员办理意外伤害保险。
    A. 监理单位   B. 建设单位   C. 安全单位   D. 施工单位

14. 《建设工程安全生产管理条例》规定，( )负责对安全生产进行现场监督检查。发现安全事故隐患，应当及时向项目负责人和安全生产管理机构报告；对违章指挥、违章操作的，应当立即制止。
    A. 施工单位   B. 生产技术管理人员
    C. 监理单位   D. 专职安全生产管理人员

15. 《建设工程安全生产管理条例》规定，( )有权对施工现场的作业条件、作业程序和作业方式中存在的安全问题提出批评、检举和控告，有权拒绝违章指挥和强令冒险作业。
    A. 施工单位   B. 专职安全生产管理人员
    C. 监理单位   D. 作业人员

16. 《建设工程安全生产管理条例》规定，施工起重机械和整体提升脚手架、模板等自升式架设设施的使用达到国家规定的检验检测期限的，必须经( )的检验检测机构检测。经检测不合格的，不得继续使用。
    A. 国家权威认证   B. 拥有专业检测工程师
    C. 具有专业资质   D. 注册监理工程师指定

17. 《中华人民共和国建筑法》规定，建筑工程施工现场安全由( )负责。
    A. 建设单位   B. 监理单位
    C. 建筑施工企业   D. 建设行政主管部门

18. 《建设工程监理规范》规定，未经( )审查同意而实施的工程变更，项目监理机构不得予以计量。
A. 专业监理工程师　　　　　B. 设计代表
C. 总监理工程师　　　　　　D. 业主

19.《中华人民共和国建筑法》规定,建筑工程主体结构的施工( )。
A. 必须由总承包单位自行完成
B. 可以由总承包单位分包给具有相应资质的其他施工单位
C. 经总监理工程师批准,可以由总承包单位分包给具有相应资质的其他施工单位
D. 经业主批准,可以由总承包单位分包给具有相应资质的其他施工单位

20.《建设工程安全生产管理条例》规定,( )对检测合格的施工起重机械和整体提升脚手架、模板等自升式架设设施,应当出具安全合格证明文件,并对检测结果负责。
A. 监理机构　　　　　　　　B. 检验检测机构
C. 施工单位　　　　　　　　D. 建设单位

21.《建设工程安全生产管理条例》规定,总承包单位依法将建设工程分包给其他单位的,分包合同中应当明确各自的安全生产方面的权利、义务。由( )对分包工程的安全生产承担连带责任。
A. 分包单位和建设单位　　　B. 总承包单位和分包单位
C. 总承包单位和监理单位　　D. 分包单位和监理单位

22.《建设工程安全生产管理条例》规定,建设单位在编制( )时,应当确定建设工程安全作业环境及安全施工措施所需费用。
A. 投资预算　　B. 工程概算　　C. 投资收益　　D. 项目清单

23. 根据《建设工程质量管理条例》规定,( )应建立健全教育培训制度。
A. 施工单位　　B. 监理单位　　C. 勘察单位　　D. 设计单位

24. 依据《建设工程安全生产管理条例》规定,( )应当制定本单位生产安全事故应急救援预案,建立应急救援组织或者配备应急救援人员,配备必要的应急救援器材、设备,并定期组织演练。
A. 监理单位　　B. 安全单位　　C. 施工单位　　D. 领导单位

25. 根据《工程监理企业资质管理规定》,监理单位应当拥有的资质条件不包括( )。
A. 监理人员数量　　　　　　B. 注册资本
C. 监理业绩　　　　　　　　D. 专业技术人员

26. 除了铁路、水运、公路、水电、水库工程以外,其他工程的施工监理服务收费按照建设项目工程( )额计费方式计算收费。
A. 概算投资　　B. 总算投资　　C. 预算投资　　D. 估算投资

27. 发包人委托其中一个监理人对建设工程项目施工监理服务总负责的,该监理人按照各监理人合计监理服务收费额的( )向发包人收取总体协调费。
A. 2%～4%　　B. 4%～6%　　C. 5%～6%　　D. 3%～5%

28. 发包人将施工监理服务中的某一部分工作单独发包给监理人,其中质量控制和安全生产监督管理服务收费不宜低于施工监理服务收费额的( )。
A. 70%　　　B. 55%　　　C. 70%　　　D. 55%

29. 依据《建筑法》,当施工不符合工程设计要求、施工技术标准和合同约定时,工

211

程监理人员应当（　　）。

　　A. 报告建设单位

　　B. 要求建筑施工企业改正

　　C. 报告建设单位要求建筑施工企业改正

　　D. 立即要求建筑施工企业暂时停止施工

30. 依据《建设工程质量管理条例》，施工单位在进行下一道工序的施工前需经（　　）签字。

　　A. 项目负责人　　　　　　　　B. 建造师
　　C. 监理工程师　　　　　　　　D. 监理员

31. 依据《建设工程监理规范》，项目监理机构在审查工程延期时，应依据影响工期事件（　　）确定批准工程延期的时间。

　　A. 是否具有持续性　　　　　　B. 是否涉及费用
　　C. 对工期影响的量化程度　　　D. 对建设单位的影响程度

二、多项选择题

1. 根据《中华人民共和国建筑法》规定，在施工单位超越本单位资质等级承揽工程的情况下，（　　）。

　　A. 责令停止违法行为，处以罚款　　B. 可以责令停业整顿，降低资质等级
　　C. 情节严重的，吊销资质证书　　　D. 予以取缔
　　E. 有违法所得的，予以没收

2. 《中华人民共和国建筑法》规定，从事建筑活动的建筑施工企业、勘察单位、设计单位和工程监理单位，应当具备的条件有（　　）。

　　A. 符合要求的业绩及信誉
　　B. 有从事相关建筑活动所应具备的技术装备
　　C. 有符合国家规定的注册资本
　　D. 有与其从事的建筑活动相适应的具有法定执业资格的专业技术人员
　　E. 法律、行政法规规定的其他有关条件

3. 根据《建设工程质量管理条例》的有关规定，有下列行为之一的，责令改正，处10万元以上30万元以下的罚款，这些行为包括（　　）。

　　A. 建设单位未按照国家规定办理工程质量监督手续
　　B. 勘察设计单位未按照工程建设强制性标准进行勘察
　　C. 设计单位未根据勘察成果文件进行工程设计
　　D. 设计单位指定建筑材料、建筑构配件的生产厂、供应商
　　E. 设计单位未按照工程建设强制性标准进行设计

4. 依据《工程监理企业资质管理规定》，乙级工程监理企业的资质标准有（　　）。

　　A. 企业负责人和技术负责人具有10年以上从事工程建设工作的经历，并取得监理工程师注册证书
　　B. 取得监理工程师注册证书的人员不少于15人
　　C. 注册资本不少于50万元
　　D. 承担过2个以上房屋建筑工程项目或者1个以上专业工程项目

E. 近3年内监理过5个以上三等房屋建筑工程

5. 根据《建设工程监理规范》的规定,对承包单位项目现场监理的试验室,专业监理工程师进行考核的内容有(　　)。

　　A. 试验室的资质等级及其试验范围
　　B. 法定计量部门对试验设备出具的计量检定证明
　　C. 试验室的管理制度与试验人员的资格证书
　　D. 试验室设备的新旧程度
　　E. 试验室设备性能与价格是否符合投标书的要求

6. 根据《建设工程监理规范》规定,监理实施细则的主要内容有(　　)。

　　A. 专业工程的特点　　　　　　B. 监理工作方法及措施
　　C. 监理工作的流程　　　　　　D. 监理工作的控制要点及目标值
　　E. 监理工作制度

7. 《建设工程质量管理条例》规定,县级以上人民政府建设行政主管部门和其他有关部门履行监督检查职责时,有权采取的措施有(　　)。

　　A. 要求被检查的单位提供有关工程质量的文件和资料
　　B. 进入被检查单位的施工现场进行检查
　　C. 发现有影响工程质量的问题时,责令改正
　　D. 对超越本单位资质等级承揽工程的施工单位,责令停止整顿
　　E. 对以欺骗手段取得资质证书承揽工程的,吊销资质证书

8. 《建设工程安全生产管理条例》规定,施工单位从事建设工程的新建、扩建、改建和拆除等活动,应当具备国家规定的(　　)等条件。

　　A. 技术装配　　　　　　　　　B. 专业监理人员
　　C. 注册资本　　　　　　　　　D. 专业技术人员
　　E. 安全生产

9. 注册监理工程师的权利有(　　)。

　　A. 使用注册监理工程师称谓
　　B. 接受继续教育,努力提高执业水准
　　C. 获得相应的劳动报酬
　　D. 执行技术标准规范
　　E. 使用本人的注册证书

10. 根据《建设工程监理规范》规定,工程项目开工前,总监理工程师应对质量管理体系、技术管理体系和质量保证体系加以审核,审核的主要内容有(　　)。

　　A. 质量管理、技术管理和质量保证的组织机构
　　B. 质量管理、技术管理制度
　　C. 专职管理人员和特种作业人员的资格证、上岗证
　　D. 技术管理方案
　　E. 质量管理、技术管理的程序

11. 《建设工程质量管理条例》规定,建设工程承包单位在向建设单位提交竣工验收报告时,应当向建设单位出具质量保修书。质量保修书中应当明确建设工程的保修(　　)等。

A. 方式　　　　　　　　　　　B. 范围
C. 期限　　　　　　　　　　　D. 责任
E. 制度

12. 《建设工程监理规范》规定，总监理工程师应履行的职责有（　　）。
   A. 确定项目监理机构人员的分工和岗位职责
   B. 审查分包单位的资质，并提出审查意见
   C. 主持整理工程项目的监理资料
   D. 根据本专业监理工作实施情况做好监理日记
   E. 做好监理日记和有关的监理记录

13. 《建设工程监理规范》规定，监理规划的主要内容有（　　）。
   A. 工程项目概况　　　　　　B. 监理工作范围
   C. 监理工作目标　　　　　　D. 监理工作依据
   E. 监理大纲

14. 《建设工程监理规范》规定，总监理工程师不得将（　　）等工作委托总监理工程师代表。
   A. 主持编写项目监理规划　　B. 审核工程款支付证书
   C. 签发工程暂停令　　　　　D. 审批工程延期
   E. 调换不称职的监理人员

15. 根据《中华人民共和国建筑法》规定，建设单位申请领取施工许可证，应当具备的条件有（　　）。
   A. 已经办理了该建筑工程用地批准手续
   B. 在城市规划区的建筑工程，正在申请规划许可证
   C. 已经确定了建筑施工企业
   D. 有保证工程质量和安全的具体措施
   E. 建设资金正在落实

16. 《建设工程监理规范》规定，按照施工合同和委托监理合同的约定，当发生（　　）情况时，总监理工程师可签发工程暂停令。
   A. 建设单位要求暂停施工，且工程需要暂停施工
   B. 施工出现了安全隐患，总监理工程师认为有必要停工以消除隐患
   C. 承包单位未经许可擅自施工，或拒绝项目监理机构管理
   D. 施工单位与建设单位发生争执
   E. 设计变更

17. 依据《建设工程质量管理条例》规定，建设单位收到建设工程竣工报告后，应当组织有关单位进行竣工验收。建设工程竣工验收应当具备的条件有（　　）。
   A. 完成建设工程设计和合同约定的各项内容
   B. 有完整的技术档案
   C. 有施工单位签署的工程保修书
   D. 施工图设计文件
   E. 有监理单位签署的工程保修书

18.《中华人民共和国建筑法》规定,工程监理单位( ),给建设单位造成损失的,应当承担相应的赔偿责任。

   A. 不按照委托监理合同的约定履行监理义务

   B. 不按照监理规划实施监理

   C. 对应当监督检查的项目不检查

   D. 对应当监督检查的项目不按照规定检查

   E. 应当查出的质量问题而没有查出

19. 根据《建设工程监理规范》规定,下列属于专业监理工程师职责的是( )。

   A. 审查和处罚工程变更

   B. 负责本专业分项工程验收及隐蔽工程验收

   C. 做好监理日记和有关的监理记录

   D. 负责本专业的工程计量工作,审核工程计量的数据和原始凭证

   E. 负责本专业监理工作的具体实施

20. 工程监理企业资质分为( )。

   A. 甲级资质　　　　　　　　　B. 综合资质

   C. 乙级资质　　　　　　　　　D. 专业资质

   E. 事务所资质

21. 根据《建设工程监理范围和规模标准规定》的要求,下列必须实行监理的项目有( )。

   A. 项目总投资为2800万元的卫生项目

   B. 成片开发建设的4万 m² 的住宅小区工程

   C. 使用外国政府援助资金,项目总投资为300万美元的水资源保护项目

   D. 项目总投资额为4600万元的公路项目

   E. 项目总投资额为1800万元的体育场馆项目

22. 综合资质标准所具备的条件有( )。

   A. 具有独立法人资格且注册资本不少于600万元

   B. 具有独立法人资格且注册资本不少于100万元

   C. 具有独立法人资格且注册资本不少于50万元

   D. 企业技术负责人应为注册监理工程师,并具有15年以上从事工程建设工作的经历或者具有工程类高级职称

   E. 具有5个以上工程类别的专业甲级工程监理资质

23. 依据《建设工程监理范围和规模标准规定》,利用外国政府或者国际组织贷款、援助资金的工程范围包括( )。

   A. 使用世界银行、亚洲开发银行等国际组织贷款资金的项目

   B. 使用国外政府及其机构贷款资金的项目

   C. 使用国标组织或者国外政府援助资金的项目

   D. 使用我国驻外大使馆组织援助资金的项目

   E. 使用国际红十字会组织援助资金的项目

24. 事务所资质标准所具备的条件有( )。

215

A. 取得合伙企业营业执照，具有书面合作协议书
B. 合伙人中有 1 名以上注册监理工程师，合伙人均有 3 年以上从事建设工程监理的工作经历
C. 有固定的工作场所
D. 有必要的质量管理体系和规章制度
E. 有必要的工程试验检测设备

25. 工程监理企业不得有（　　）行为。
   A. 与建设单位串通投标或者与其他工程监理企业串通投标，以行贿手段谋取中标
   B. 与建设单位或者施工单位串通弄虚作假、降低工程质量
   C. 将合格的建设工程、建筑材料、建筑构配件和设备按照合格签字
   D. 超越本企业资质等级或以其他企业名义承揽监理业务
   E. 不允许其他单位或个人以本企业的名义承揽工程

26. 施工监理服务收费调整系数主要有（　　）。
   A. 专业调整系数　　　　　　　　B. 工程复杂程度调整系数
   C. 高程调整系数　　　　　　　　D. 保修调整系数
   E. 安装调试系数

27. 施工监理服务收费以建设项目工程概算投资额分档定额计费方式收费的，其计费额为工程概算中的（　　）。
   A. 建筑安装工程费　　　　　　　B. 设备预置费
   C. 联合试运转费　　　　　　　　D. 建筑设计实施费
   E. 设备保修安检费

📖 实战练习题答案

一、单项选择题

1. D；2. D；3. B；4. D；5. D；6. B；7. D；8. D；9. B；10. B；
11. D；12. C；13. D；14. D；15. D；16. C；17. C；18. C；19. A；20. B；
21. B；22. B；23. A；24. C；25. A；26. A；27. B；28. A；29. B；30. C；
31. C

二、多项选择题

1. A、B、C、E；　　2. B、C、D、E；　　3. B、C、D、E；　　4. A、B、C、E；
5. A、B、C；　　　6. A、B、C、D；　　7. A、B、C；　　　8. A、C、D、E；
9. A、C、E；　　　10. A、B、C；　　　11. B、C、D；　　　12. A、B、C；
13. A、B、C；　　 14. A、C、D、E；　　15. A、C、D；　　　16. A、B、C；
17. A、B、C；　　 18. A、C、D；　　　19. B、D、E；　　　20. B、D、E；
21. C、D、E；　　 22. A、D、E；　　　23. A、B、C；　　　24. A、C、D、E；
25. A、B、D；　　 26. A、B、C；　　　27. A、C

模拟试题(一)

一、单项选择题(共50题,每题1分。每题的备选项中,只有1个最符合题意)

1. 项目监理机构中总监理工程师办公室行政人员的工资列入工程监理费中的( )。
   A. 直接成本　　B. 间接成本　　C. 成本　　D. 利润

2. 建设工程的风险识别往往要采用两种以上的方法,但不论采用何种风险识别方法的组合,都必须采用( )。
   A. 初始清单法　　B. 财务报表法　　C. 经验数据法　　D. 风险调查法

3. 与费用相比,损失是( )经济价值的减少。
   A. 故意的、计划的、预期的　　　　B. 非故意的、非计划的、非预期的
   C. 长期起作用的　　　　　　　　　D. 短期内起作用的

4. 咨询工程师是指以从事( )业务为职业的工程技术人员和其他专业人员的统称。
   A. 咨询　　B. 工程咨询　　C. 工程投资咨询　　D. 工程管理

5. 竣工图是( )。
   A. 工程竣工后,由建设单位完成的建设工程项目的图样
   B. 工程竣工时,在验收前由施工单位完成的竣工图纸和文件
   C. 工程竣工验收后,真实反映建设工程项目施工结果的图样
   D. 工程实施过程中,设计单位提供的经过不断修改的最终图纸

6. 承包商进行合同转让或工程分包,这属于( )。
   A. 风险回避　　B. 损失控制　　C. 非保险转移　　D. 风险自留

7. 由于建设工程实施过程中的每个变化都会对目标和计划的实现带来一定的影响,所以,控制人员需全面、及时、准确地了解计划的执行情况及其结果,这就需要通过( )来实现。
   A. 转换　　B. 反馈　　C. 对比　　D. 纠正

8. 具有合同效力的监理组织协调方法是( )。
   A. 会议协调法　　B. 书面协调法　　C. 情况介绍法　　D. 交谈协调法

9. 经由谈判确定的( )应当纳入监理合同的附件之中,成为监理合同文件的组成部分。
   A. 监理大纲　　　　　　　　　B. 监理规划
   C. 监理实施细则　　　　　　　D. 承包合同

10. 建设单位应提供委托监理合同约定满足监理工作需要的( )设施。项目管理机构应妥善保护和使用,并在完成监理工作后移交建设单位。
    A. 办公、交通、通信、生活　　　　　B. 办公、生活、通信、检测设备
    C. 办公、生活、仪器、工具　　　　　D. 办公、生活、通信、交通检测仪器

11. 下列监理单位用表中,可由专业监理工程师签发的是( )。
    A. 工程临时延期审批表　　　　B. 工程最终延期审批表

C. 监理工作联系单　　　　　　　D. 工程变更单

12. 关于监理单位的工程文件档案资料管理职责的说法中，不正确的是（　　）。
    A. 在项目监理部，由总监理工程师负责，并指定技术负责人具体实施
    B. 监理单位对工程档案资料进行分级管理
    C. 监理单位的技术负责人负责本单位工程档案资料的全过程组织工作并负责审核
    D. 监理单位的档案管理员负责工程档案资料的收集、整理工作

13. 按照国家有关规定，项目总投资在（　　）万元以上的供水、供电、供气、供热等市政工程项目必须实行监理。
    A. 1000　　　　B. 2000　　　　C. 3000　　　　D. 5000

14. 对由于业主原因所导致的目标偏差，可能成为首选措施的是（　　）。
    A. 组织措施　　B. 技术措施　　C. 经济措施　　D. 合同措施

15. 在项目监理机构中，应明确划分职责、权力范围，不同的岗位职务应有不同的权责，这体现了组织设计的（　　）的原则。
    A. 集权与分权统一　　　　　　　B. 专业分工与协作统一
    C. 权责一致　　　　　　　　　　D. 经济效率

16. 按 FIDIC 道德准则，监理咨询工程师的正直性表现在（　　）。
    A. 在任何时候均为委托人的合法权益行使其职责，并且正直和忠诚地进行各种职业性的服务，给予相应的衡量标准和操作方式
    B. 在任何时候均为委托人的合法权益行使其职责，并且正直和忠诚地进行职业服务
    C. 在任何时候均为委托人的合法权益履行其义务，并且正直和忠诚地进行职业服务
    D. 在任何时候均为委托人的合法权益履行其权利，并且正直和忠诚地进行职业服务

17. 国有工程监理企业改制为有限责任公司，企业改制筹备委员会在提出改制申请后，应顺序进行（　　）、认缴出资额等工作。
    A. 申请设立登记、股权设置、签发出资证明
    B. 产权界定、资产评估、形成公司文件
    C. 形成公司文件、设立登记、申请设立登记
    D. 资产评估、产权界定、股权设置

18. （　　）阶段的信息收集工作更应该注重组建工程信息合理的流程，确定合理的信息源，规范各方的信息行为，建立必要的信息秩序。
    A. 设计　　　　　　　　　　　　B. 施工招投标
    C. 施工准备期　　　　　　　　　D. 施工实施期

19. 监理单位应当按照合同的规定认真履行自己的职责，这一要求体现了监理单位经营活动应遵循（　　）的准则。
    A. 守法　　　　B. 诚信　　　　C. 公正　　　　D. 科学

20. 在工程建设程序中，建设单位进行工具、器具、备品、备件等的制造或订货是（　　）阶段的工作。
    A. 建设准备　　B. 施工安装　　C. 生产准备　　D. 竣工验收

21. 与平行承发包模式相比，设计或施工总分包模式的缺点是（　　）。
    A. 建设周期较长　　　　　　　　B. 不利于投资控制

C. 不利于质量控制　　　　　　　　D. 不利于工期控制

22. 按照现行《建设工程文件归档整理规范》，属于建设单位短期保存的文件是（　　）。
    A. 监理实施细则　　　　　　　　B. 不合格项目通知
    C. 供货单位资质材料　　　　　　D. 月付款报审与支付凭证

23. 《建设工程监理规范》规定，监理单位派驻施工现场项目监理机构的总监理工程师应由具有（　　）以上同类工程监理工作经验的人员担任。
    A. 1年　　　　　B. 2年　　　　　C. 3年　　　　　D. 5年

24. 《建设工程监理范围和规模标准规定》中要求建筑面积在（　　）平方米以上的住宅建设工程必须实行监理。
    A. 1万　　　　　B. 2万　　　　　C. 3万　　　　　D. 5万

25. 《建设工程监理规范》规定，对隐蔽工程的隐蔽过程、下道工序施工完成后难以检查的重点部位，（　　）
    A. 总监理工程师代表应安排监理员进行旁站
    B. 专业监理工程师应安排监理员进行旁站
    C. 总监理工程师应安排专业监理工程师进行巡视
    D. 总监理工程师代表应安排专业监理工程师进行巡视

26. 建设工程监理模式的选择与建设工程组织管理模式密切相关，以下关于监理模式的表述中正确的是（　　）。
    A. 平行承发包模式条件下，业主委托一个监理单位监理时，要求被委托的监理单位的总监理工程师有较高的工程技术能力
    B. 平行承发包模式条件下，业主委托多个监理单位监理时，各监理单位之间的相互协作与配合需业主进行协调
    C. 设计或施工总分包模式条件下，业主分别按设计阶段和施工阶段委托监理单位，有利于监理单位对设计阶段和施工阶段的工程投资、进度、质量控制统筹考虑
    D. 在项目总承包模式下，业主宜委托一家监理单位监理，也可按分包合同分别委托多家监理单位监理

27. 我国建设工程监理制中，吸收了FIDIC合同条件的有关内容，对工程监理企业和监理工程师提出了（　　）的要求。
    A. 维护施工单位利益　　　　　　B. 代表政府监理
    C. 独立、公正　　　　　　　　　D. 承担法律责任

28. 建设工程监理工作由不同专业、不同层次的专家群体共同来完成，（　　）体现了监理工作的规范化，是进行监理工作的前提和实现监理目标的重要保证。
    A. 目标控制的动态性　　　　　　B. 职责分工的严密性
    C. 监理指令的及时性　　　　　　D. 监理资料的完整性

29. 《建设工程文件归档整理规范》规定，建设单位应短期保存的监理文件是（　　）。
    A. 预付款报审与支付　　　　　　B. 分包单位资质材料
    C. 有关进度控制的监理通知　　　D. 工程开工/复工审批表

30. 对整个经济而言，（　　）的影响范围大，其后果严重。
    A. 基本风险　　　B. 特殊风险　　　C. 盗窃风险　　　D. 火灾

31. 下列建设工程组织管理模式中，不能独立存在的模式是（　　）。
   A. CM 模式　　　　B. D+B 模式　　　　C. EPC 模式　　　　D. Partnering 模式
32. 在项目竣工验收阶段，监理机构应（　　）。
   A. 组织竣工预验收　　　　　　　　　B. 参与竣工预验收
   C. 组织竣工验收　　　　　　　　　　D. 参与竣工验收
33. 某监理单位承担了某项目设备安装工程的监理任务，已知该项目相关资料如下表所示：

内　容	计划工期	合同价格	合　计
土建工程	16 个月	8000 万元	13200 万元
设备安装	8 个月（与土建工程搭接 1 个月）	5200 万元	

该监理单位配备监理人员时所依据的工程建设强度应为（　　）万元/月。
   A. 750　　　　B. 650　　　　C. 600　　　　D. 500
34. 项目总承包管理模式与项目总承包模式的不同之处在于（　　）。
   A. 其不直接进行设计与施工，而是将其全部分包出去，专心致力于建设工程管理
   B. 其不算是总分包关系
   C. 可以委托多家监理单位实施监理
   D. 对设计或施工单位没有指令权
35. 对于工程项目总承包管理模式，监理工程师对（　　）工作就成了十分关键的问题。
   A. 审查总包承包资质　　　　　　　　B. 确认分包单位
   C. 组织协调　　　　　　　　　　　　D. 合同管理
36. 监理规划是开展监理工作的重要文件，它对业主的作用是（　　）。
   A. 指导开展项目管理工作　　　　　　B. 确认监理单位全面履行合同
   C. 监督管理监理单位的活动　　　　　D. 提供工程竣工的档案资料
37. 在下列内容中，属于 Project Controlling 与建设项目管理共同点的是（　　）。
   A. 服务对象相同　　　　　　　　　　B. 工作属性相同
   C. 地位相同　　　　　　　　　　　　D. 工作内容相同
38. 建设工程监理规划的审核应侧重于（　　）是否与合同要求和业主建设意图一致。
   A. 监理范围、工作内容及监理目标
   B. 项目监理机构结构
   C. 投资、进度、质量目标控制方法和措施
   D. 监理工作制度
39. 建设工程采用 Partnering 模式的出发点是（　　）。
   A. 参与各方相互信任
   B. 信息共享、效益共享
   C. 参与各方有合作精神
   D. 实现建设工程的共同目标以使参与各方都能获益
40. 建设工程数据库对建设工程目标确定的作用，在很大程度上取决于（　　）。
   A. 数据库的结构

B. 数据库中数据的详细程度
C. 数据库中分类与编码体系的合理性
D. 数据库中与拟建工程相似的同类工程的数量

41. 发包人将施工监理服务中的某一部分工作单独发包给监理人，按照其占施工监理服务工作量的比例计算施工监理服务收费，其中质量控制和安全生产监督管理服务收费不宜低于施工监理服务收费额的( )。
    A. 30%   B. 50%   C. 70%   D. 90%

42. 系统外部协调分为近外层和远外层协调，它们不同之处在于( )。
    A. 控制关系不同   B. 隶属关系不同
    C. 合同关系不同   D. 利益关系不同

43. 某厂新建一套大型炼油项目，工程规模包括 1000 万吨/年常减压蒸馏装置、320 万吨/年加氢处理装置、290 万吨/年催化裂化装置等 15 套工艺生产装置组成。工程概算 1242234.16 万元，其中：建筑安装工程费 301726.13 万元，设备购置费 569040.81 万元，联合试运转费未列。发包人委托监理人对该建设工程项目进行施工阶段的监理服务。该建设工程项目的施工监理服务收费基价为( )万元。
    A. 8939.20   B. 8893.78   C. 7976.86   D. 7773.22

44. 《中华人民共和国建筑法》规定，交付竣工验收的建筑工程，必须符合规定的建筑工程质量标准，有( )，并具备国家规定的其他竣工条件。
    A. 完整的工程技术经济资料和竣工文件
    B. 完整的工程质量文件和经签署的工程保修书
    C. 完整的工程技术经济资料和经签署的工程保修书
    D. 经签署的工程保修书和完整的监理资料

45. 在 EPC 模式下，业主或业主代表不能过分地干预承包商的工作，进行质量控制时要突出( )。
    A. 审核承包商提交的文件   B. 对工程材料、工程设备的检验
    C. 承包商质量保证体系的审查 D. 审查承包商过去业绩

46. 在采用( )模式时，业主对工程费用不能直接控制，因而在这方面存在很大的风险。
    A. 非代理型 CM   B. 代理型 CM
    C. EPC 模式   D. 项目总承包模式

47. 《建设工程安全生产管理条例》规定，工程监理单位应当审查施工组织设计中的安全技术措施或专项施工方案是否符合( )。
    A. 施工技术标准   B. 施工图设计要求
    C. 工程建设强制性标准   D. 建设工程承包合同要求

48. 对于肯定不能排除，但又不能肯定予以确认的风险按( )考虑。
    A. 排除   B. 排除与确认并重
    C. 确认   D. 先怀疑，后排除

49. 在改建、扩建和维修工程中，对改建的部位应当重新编写工程档案，并在工程竣工验收后( )个月内向城建部门移交。

A. 1　　　　　　B. 2　　　　　　C. 3　　　　　　D. 4

50.《建设工程质量管理条例》规定，施工人员对涉及结构安全的试块、试件以及有关材料，应当在( )监督下现场取样，并送具有相应资质等级的质量检测单位进行检测。

　　A. 施工单位质检人员　　　　　　B. 建设单位或监理单位
　　C. 监理单位和施工单位　　　　　　D. 工程质量监理机构

二、**多项选择题**（共 30 题，每题 2 分。每题的备选项中，有 2 个或 2 个以上符合题意，至少有 1 个错项。错选，本题不得分；少选，所选的每个选项得 0.5 分）

51. 目标规划和计划是目标控制的前提工作，在下列表述中正确的是( )。
　　A. 目标规划和计划越明确、越具体、越全面，目标控制的效果越好
　　B. 随着建设工程的进展，目标规划需要反复进行多次
　　C. 目标控制的效果在很大程度上取决于目标规划和计划的质量
　　D. 对计划的优化实际上是保证建设工程的实施有足够的投入资源
　　E. 对计划的优化实际上是作多方案的技术经济分析和比较

52. 设计阶段的投资控制效果好，就表现出节约投资的可能性。所谓节约投资，是从( )角度来理解的。
　　A. 价值工程　　　　　　B. 风险管理
　　C. 工程建设费用　　　　D. 全寿命费用
　　E. 设计费用

53. 项目组织结构形式选择的基本原则是：( )。
　　A. 有利于工程合同管理　　　　B. 有利于监理目标控制
　　C. 有利于专业人员才能发挥　　D. 有利于决策指挥
　　E. 有利于信息沟通

54. 在编制监理规划时，对投资控制、进度控制和质量控制都应包括( )等内容。
　　A. 目标分解　　　　　　B. 工作流程及措施
　　C. 风险分析　　　　　　D. 动态比较或分析
　　E. 控制表格

55. 根据《建设工程监理范围和规模标准规定》的要求，为了保证住宅质量，对( )应当实行监理。
　　A. 高档别墅　　　　　　B. 多层住宅
　　C. 小高层住宅　　　　　D. 高层住宅
　　E. 地基、结构复杂的多层住宅

56. 按照建设工程监理独立性要求，( )。
　　A. 工程监理企业必须是自主经营、自负盈亏的经济实体
　　B. 工程监理单位应当严格按照规定的依据实施监理
　　C. 在委托监理的工程中，工程监理单位与承建单位不得有隶属关系或者其他利害关系
　　D. 在开展工程监理的过程中，必须建立自己的组织，按照自己的工作计划、程序、流程、方法、手段，根据自己的判断，独立地开展工作
　　E. 在委托监理的工程中，工程监理单位与建设项目主管部门不得有隶属关系和

其他利害关系

57. 按照建设工程的内在规律,投资建设一项工程应当经过( )的发展时期。
   A. 投资决策   B. 前期准备
   C. 建设实施   D. 交付使用
   E. 工程验收

58. 《中华人民共和国建筑法》规定,工程监理单位( ),给建设单位造成损失的,应当承担相应的赔偿责任。
   A. 不按照委托监理合同的约定履行监理义务
   B. 不按照监理规划实施监理
   C. 对应当监督检查的项目不检查时
   D. 对应当监督检查的项目不按照规定检查
   E. 应当查出而没有查出质量问题

59. 《建设工程质量管理条例》规定,建设工程承包单位的质量保修书中应当明确建设工程的保修( )等。
   A. 主体   B. 范围
   C. 内容   D. 期限
   E. 责任

60. 如果监理工程师有下列( )行为之一,则应当与质量、安全事故责任主体承担连带责任。
   A. 与建设单位或施工单位串通,弄虚作假、降低工程质量,从而引发安全事故
   B. 违章指挥或发生错误指令,引发安全事故的
   C. 将不合格的建筑材料按照合格签字,造成工程质量事故的
   D. 由于自然灾害和不可抗力等客观原因造成的事故
   E. 收受被监理单位的任何礼金

61. 下列关于监理规划的说法中,正确的有( )。
   A. 监理规划的表述方式不应该格式化、标准化
   B. 监理规划具有针对性才能真正起到指导具体监理工作的作用
   C. 监理规划要随着建设工程的展开不断地补充、修改和完善
   D. 监理规划编写阶段不能按工程实施的各阶段来划分
   E. 监理规划在编写完成后需进行审核并经批准后方可实施

62. 为完成施工阶段投资控制的任务,监理工程师应做好的工作有( )。
   A. 制定本阶段资金使用计划,并严格进行付款控制,做到不多付、不少付、不重复付
   B. 严格控制工程变更,力求减少变更费用
   C. 及时处理费用索赔,并协助业主进行反索赔
   D. 根据有关合同的要求,协助做好应由业主方完成的,与工程进展密切相关的各项工作及审核施工单位提交的工程结算书
   E. 按合同要求及时、准确、完整地提供设计所需要的基础资料和数据

63. 对建设工程的总目标进行分解时,是否分解到分部工程和分项工程,取决于( )。

A. 工程进度所处的阶段 B. 资料的详细程度
C. 设计所达到的深度 D. 目标控制工作的需要
E. 合理的目标分解方式

64. 被动控制具有( )特点。
A. 事前控制 B. 事后控制
C. 纠正偏差 D. 防止偏差
E. 反馈控制

65. 监理工程师应采取综合性控制措施进行目标控制,其中合同控制措施包括( )。
A. 分析比较各种承发包模式与目标控制的关系
B. 进行设计优化,节约投资
C. 选派适当人员担当重要监理工作
D. 参加合同谈判,注意风险合理转移
E. 制定目标控制流程

66. 下列内容中,监理工程师应严格遵守的职业道德包括( )。
A. 不同时在两个或两个以上监理单位注册和从事监理活动
B. 坚持独立自主地开展工作
C. 不出借《监理工程师执业资格证书》
D. 不泄露所监理工程各方认为需要保密的事项
E. 通知建设单位在监理工作过程中可能发生的任何潜在的利益冲突

67. 为了能够依据合同,公平合理地处理建设单位与施工单位之间的争议,工程监理单位必须( )。
A. 采用科学的方案、方法和手段 B. 坚持实事求是
C. 熟悉有关建设工程合同条款 D. 提高专业技术能力
E. 提高综合分析判断问题的能力

68. 下列关于风险损失控制系统的表述中,正确的有( )。
A. 预防计划的主要作用是降低损失发生的概率
B. 风险分隔措施属于组织措施
C. 风险分散措施属于管理措施
D. 最大限度地减少资产和环境损害属于应急计划
E. 技术措施必须付出费用和时间两方面的代价

69. 工程保险合同的内容较为复杂,工程保险合同谈判常常耗费较多的时间和精力,尤以保险费的谈判为甚,这是因为保险费( )。
A. 没有统一固定的费率 B. 与特定建设工程的类型有关
C. 与建设地点的自然条件有关 D. 与免赔额的数额成正相关
E. 与免赔额的数额成负相关

70. 建设工程风险的分解是根据工程风险的相互关系将其分解成若干个子系统,其分解的程度要足以使人们容易地识别出建设工程的风险,使风险识别具有较好的( )。
A. 完整性 B. 系统性
C. 准确性 D. 客观性

E. 针对性

71. 建设工程风险损失包括( )。
    A. 投资风险
    B. 进度风险
    C. 质量风险
    D. 安全风险
    E. 合同风险

72. 保险这一风险对策的缺点表现在( )。
    A. 因保险公司无力承担实际发生的重大损失而导致仍然由投保人来承担损失
    B. 非计划性的风险转移
    C. 机会成本增加
    D. 投保人可能产生心理麻痹而疏于损失控制计划
    E. 保险谈判常常耗费较多的时间和精力

73. 建设工程质量的系统控制应当考虑( )。
    A. 实现建设工程的共性和个性质量目标
    B. 确保建设工程安全可靠、质量合格
    C. 确保实现建设工程预定的功能
    D. 对影响建设工程质量目标的所有因素进行控制
    E. 避免不断提高质量目标的倾向

74. 以下风险转移的情况属于非保险转移的有( )。
    A. 建立非基金储备
    B. 第三方担保
    C. 业主将合同责任和风险转移给对方当事人
    D. 承包商进行合同转让或工程分包
    E. 制定损失控制措施

75. 非代理型CM模式中CM单位与施工单位之间的关系与总分包模式中总分包关系的根本区别在于( )。
    A. CM单位介入工程时间较早且不承担设计任务
    B. CM单位对各分包商的资格预审、招标、议标和签约都对业主公开并必须经过业主的确认
    C. CM单位在施工阶段才介入
    D. CM单位对各分包商的资格预审、招标、议标和签约不需要对业主公开
    E. CM单位并不向业主直接报出具体数额的价格，而是报CM费

76. 总监理工程师在项目监理工作中的职责包括( )。
    A. 审查和处理工程变更
    B. 审批项目监理实施细则
    C. 负责隐蔽工程验收
    D. 主持整理工程项目的监理资料
    E. 当人员需要调整时，向监理公司提出建议

77. 工程咨询公司可以为国际金融机构或国际援助机构提供( )服务。
    A. 合同咨询和技术咨询
    B. 对申请贷款的项目进行评估
    C. 协助进行工程和设备招标

D. 对已接受贷款项目的执行情况进行检查和监督

E. 对已完成项目进行后评估

78. 归档文件的质量要求有（ ）。

A. 归档的工程文件一般应为原件

B. 图纸按专业排列，同专业图纸按图号顺序排列

C. 所有竣工图均应加盖竣工图章

D. 工程文件要标出保管期限和保密级别

E. 工程文件中的文字材料幅面宜为 A4 幅面

79.《建设工程监理规范》规定，总监理工程师或项目监理机构在（ ）等方面均需与建设单位和承包单位协商。

A. 确定工程变更的价款　　　　　B. 确定竣工结算的价款总额

C. 作出临时的工程延期批准　　　D. 确定费用索赔的额度

E. 确认工程项目的重点部位、关键工序

80.《建设工程安全生产管理条例》中关于施工单位的安全责任的规定，表述正确的是（ ）。

A. 施工单位主要负责人依法对本单位的安全生产工作全面负责

B. 施工单位的项目负责人对建设工程项目的安全施工负责

C. 建设工程实行施工总承包的，由总承包单位、分包单位分别对施工现场的安全生产负责

D. 总承包单位和分包单位对分包工程的安全生产承担连带责任

E. 分包单位不服从管理导致生产安全事故的，由总承包单位承担主要责任

📖 参考答案

一、单项选择题

1. A； 2. D； 3. B； 4. B； 5. C； 6. C； 7. B； 8. B； 9. A； 10. A；
11. C； 12. A； 13. C； 14. A； 15. C； 16. B； 17. D； 18. C； 19. A； 20. C；
21. A； 22. D； 23. C； 24. D； 25. B； 26. B； 27. C； 28. B； 29. C； 30. A；
31. D； 32. A； 33. B； 34. A； 35. B； 36. B； 37. B； 38. A； 39. D； 40. D；
41. C； 42. C； 43. D； 44. C； 45. C； 46. A； 47. C； 48. C； 49. C； 50. B

二、多项选择题

51. A、B、C、E； 52. A、D； 53. A、B、D、E； 54. B、C、D、E；
55. D、E； 56. B、C、D； 57. A、C、D； 58. A、C、D；
59. B、D、E； 60. A、B、C； 61. B、C、E； 62. A、B、C、D；
63. A、B、C、D； 64. B、C、E； 65. A、D； 66. A、B、D；
67. C、D、E； 68. B、C、E； 69. A、B、C、E； 70. A、B、E；
71. A、B、C、D； 72. C、D、E； 73. B、C、E； 74. B、C、D；
75. A、B、E； 76. B、D； 77. B、D； 78. A、C、E；
79. A、B、C、D； 80. A、B、D

模拟试题(二)

一、单项选择题(共50题,每题1分。每题的备选项中,只有1个最符合题意)

1. 新上项目应在( )之后,正式成立项目法人。
   A. 项目建议书被批准　　　　　　B. 可行性研究报告经批准
   C. 初步设计被批准　　　　　　　D. 施工图设计完成

2. 工程监理企业建立健全信用管理制度,是遵循企业经营活动基本准则中的( )。
   A. 守法　　　B. 诚信　　　C. 公正　　　D. 科学

3. 建设工程风险评价的结果主要在于( )。
   A. 系统而全面地识别出影响建设工程目标实现的风险事件并加以适当归类
   B. 确定各种风险事件发生的概率及其对建设工程目标影响的严重程度
   C. 确定建设工程风险事件最佳对策组合
   D. 评价各项风险对策的执行效果

4. 通常施工单位都具有实施项目管理的水平和能力,当遇到( )问题时,可能委托专业化建设项目管理公司为其提供相应的服务。
   A. 使用特大型建设工程设备系统　　B. 设计任务采用总分包模式
   C. 复杂的工程技术要求　　　　　　D. 复杂的工程合同争议和索赔

5. 在下列内容中,属于Project Controlling与建设项目管理共同点的是( )。
   A. 服务对象相同　　　　　　　　B. 工作属性相同
   C. 地位相同　　　　　　　　　　D. 工作内容相同

6. 分包商在施工中发生的问题,由( )负责协同处理,必要时,( )帮助协调。
   A. 总包商,监理工程师　　　　　B. 总包商,业主
   C. 分包商,总包商　　　　　　　D. 分包商,监理工程师

7. 《中华人民共和国建筑法》指出,工程监理人员发现工程设计不符合建筑工程质量标准或者合同约定的质量要求的,应当( )。
   A. 报告建设行政主管部门责令设计单位改正
   B. 报告建设单位要求设计单位改正
   C. 报告总监理工程师要求设计单位改正
   D. 报告设计单位总工程师要求设计单位改正

8. 建设工程项目信息的分类原则是( )。
   A. 稳定性、兼容性、真实性、可扩展性、逻辑性、综合实用性
   B. 稳定性、兼容性、可扩展性、逻辑性、综合实用性
   C. 真实性、系统性、时效性、不完全性、层次性
   D. 真实性、稳定性、系统性、时效性、不完全、层次性

9. 竣工验收文件是( )。

A. 建设工程项目竣工验收活动中形成的文件
B. 建设工程项目施工中最终形成结果的文件
C. 建设工程项目施工中真实反映施工结果的文件
D. 建设工程项目竣工后的所有工程文件

10. 由于建设工程实施过程中的每个变化都会对目标和计划的实现带来一定的影响，所以，控制人员需全面、及时、准确地了解计划的执行情况及其结果，这就需要通过（　　）来实现。
    A. 转换　　　　B. 反馈　　　　C. 对比　　　　D. 纠正

11. 如果对建设工程的功能和质量要求较高，就需要投入较多的资金和需要较长的建设时间，这说明建设工程质量目标与投资和进度目标存在（　　）关系。
    A. 既对立又统一　　　　　　　　B. 既不对立又不统一
    C. 统一　　　　　　　　　　　　D. 对立

12. 在投资控制的过程中，做到三大目标控制的有机配合和相互平衡体现了投资控制的（　　）。
    A. 系统控制　　B. 全过程控制　　C. 全方位控制　　D. 目标

13. 国有工程监理企业改制为有限责任公司，企业改制筹备委员会在提出改制申请后，应顺序进行（　　）、认缴出资额等工作。
    A. 申请设立登记、股权设置、签发出资证明
    B. 产权界定、资产评估、形成公司文件
    C. 形成公司文件、设立登记、申请设立登记
    D. 资产评估、产权界定、股权设置

14. 具有合同效力的监理组织协调方法是（　　）。
    A. 会议协调法　　B. 书面协调法　　C. 情况介绍法　　D. 交谈协调法

15. 《建设工程文件归档整理规范》规定，建设单位应短期保存的监理文件是（　　）。
    A. 月付款报审与支付　　　　　B. 分包单位资质材料
    C. 有关进度控制的监理通知　　D. 工程开工/复工审批表

16. 监理单位对总监理工程师和专业监理工程师的工作进行考核的主要依据就是经监理单位主管负责人审批的（　　）。
    A. 监理大纲　　B. 委托监理合同　　C. 监理规划　　D. 监理实施细则

17. 某在建的建筑工程，因建设单位资金的原因于2000年4月15日中止施工，该建设单位应在（　　）之前向发证机关报告。
    A. 2000年4月30日　　　　　　B. 2000年5月15日
    C. 2000年6月15日　　　　　　D. 2000年7月15日

18. 项目总承包管理模式与项目总承包模式的不同之处在于（　　）。
    A. 其不直接进行设计与施工，而是将其全部分包出去，专心致力于建设工程管理
    B. 其不算是总分包关系
    C. 可以委托多家监理单位实施监理
    D. 对设计或施工单位没有指令权

19. （　　）在工程建设中拥有确定建设工程规模、标准、功能等工程建设中重大问题

的决定权。

  A. 工程监理企业   B. 建设单位
  C. 设计单位   D. 建设行政主管部门

20. FIDIC道德准则中,"加强按照能力进行选择的观念",应列为( )方面的道德要求。

  A. 能力   B. 正直性   C. 对他人的公正   D. 公正性

21. 建设工程监理具有( ),是从它的业务性质方面定性的。

  A. 服务性   B. 科学性   C. 独立性   D. 公正性

22. 目标分解结构与组织分解结构之间存在对应关系,因此目标分解结构( )。

  A. 必须与组织分解结构完全一致
  B. 在较粗的层次上应当与组织分解结构一致
  C. 在较细的层次上应当与组织分解结构一致
  D. 应在各个层次应当与组织分解结构基本一致

23. 《建设工程安全生产管理条例》规定,工程监理单位应当审查施工组织设计中的安全技术措施或专项施工方案是否符合( )。

  A. 施工技术标准   B. 施工图设计要求
  C. 工程建设强制性标准   D. 建设工程承包合同要求

24. 功能好、质量优的工程投入使用后的收益往往较高,这表明( )。

  A. 质量目标与进度目标之间存在统一关系
  B. 质量目标与进度目标之间存在对立关系
  C. 质量目标与投资目标之间存在统一关系
  D. 质量目标与投资目标之间存在对立关系

25. 监理机构的组织活动效应并不等于机构内单个监理人员工作效应的简单相加,这体现了组织机构活动的( )原理。

  A. 动态相关性   B. 要素有用性   C. 主观能动性   D. 规律效应性

26. 监理工作要求规范化,为了能对监理工作及其效果进行检查和考核,要求( )。

  A. 工作有时序性   B. 职责分工要严密
  C. 工作目标要明确   D. 职能划分要合理

27. 在建设工程实施过程中,要避免不断提高质量目标的倾向,是质量控制( )的要求。

  A. 全过程控制   B. 全方位控制   C. 系统控制   D. 动态控制

28. 《建设工程质量管理条例》规定,监理工程师因过错造成质量事故的,责令停止执业( )年。

  A. 1   B. 2   C. 3   D. 5

29. 对技术难度高、监理风险大的项目,监理单位较好的对策是( )。

  A. 由技术等级高的资深监理人员组成监理班子
  B. 与其他监理单位组成联合体进行监理
  C. 将部分监理业务转让其他监理单位
  D. 聘请专家参与监理

30. 在工程监理行业，能承担全过程、全方位监理任务的综合性监理企业与能承担某一专业监理任务的监理企业应当协调发展，这体现的是建设工程监理（　　）的发展趋势。
   A. 适应市场需求，优化工程监理企业结构
   B. 以市场需求为导向，向全方位、全过程监理转化
   C. 与国际惯例接轨
   D. 加强培训工作，不断提高从业人员素质

31. 应用建设工程数据库确定拟建工程的目标时，宜（　　）。
   A. 分析拟建工程特点，找出拟建与已建类似工程之间的共同点，以此确定拟建建工程的各项目标
   B. 明确拟建工程的基本技术要求，检索相近工程目标以确定拟建工程目标，适当进行数据调整
   C. 明确拟建工程的基本技术要求以检索相近工程分析拟建工程与已建类似工程差异及对工程目标的影响，采取适当方式调整后确定拟建工程各项目标
   D. 完善数据库结构，数据宜有综合性，按建设工程基本特征确定目标

32. 与传统模式相比，快速路径法的优点在于（　　）。
   A. 可以减少建设费用　　　　　　　B. 可以缩短建设周期
   C. 可以提高建设工程的质量　　　　D. 可以降低建筑施工的难度

33. CM模式应用的局部效果可能较好，而总体效果可能不理想的是（　　）的工程。
   A. 设计变更可能性较大
   B. 时间因素最为重要
   C. 质量因素最为重要
   D. 因总的范围和规模不确定而无法准确定价

34. 《建设工程监理规范》规定，当承包单位对已批准的施工组织设计进行调整、补充或变动时，应由（　　）签认。
   A. 总监理工程师　　　　　　　　　B. 专业监理工程师
   C. 监理单位技术负责人　　　　　　D. 建设单位

35. （　　）是以一定的方式中断风险源，使其不发生或不再发展，从而避免可能产生的潜在损失。
   A. 风险回避　　　B. 风险自留　　　C. 损失控制　　　D. 风险转移

36. 不属于风险识别特点的是（　　）。
   A. 个别性　　　　B. 主观性　　　　C. 复杂性　　　　D. 可行性

37. 可能在职能部门与指挥部门之间产生矛盾的监理组织形式是（　　）监理组织。
   A. 职能制　　　　B. 直线职能制　　C. 直线制　　　　D. 矩阵制

38. 组织中各构成部分和各部分间所确定的较为稳定的（　　）称为组织结构。
   A. 职务体系　　　　　　　　　　　B. 等级层次
   C. 人际联系　　　　　　　　　　　D. 相互关系和联系方式

39. 监理规划是在项目（　　）充分分析和研究建设工程的目标、技术、管理、环境以及参与工程建设的各方面的情况后制定的。
   A. 项目总监理工程师和项目监理机构　B. 监理投标文件中的监理方案

C. 经与业主协商确定的监理大纲　　　　D. 建设工程监理合同

40. 不能体现计划性风险自留的"计划性"的损失支付方式是（　　）。
    A. 从现金净收入中支出　　　　B. 建立非基金储备
    C. 自我基金　　　　　　　　　D. 母公司保险

41. 以下各项中，属于监理规划编写依据的是（　　）。
    A. 监理合同　　　　　　　　　B. 监理招标文件
    C. 项目监理组织建立的原则　　D. 施工组织设计

42. CM模式中的GMP是指（　　）。
    A. 实际工程费
    B. 合同价
    C. 在CM合同中预先确定的一个具体数额的保证最大价格
    D. CM费

43. 在项目监理机构中，应明确划分职责、权力范围，不同的岗位职务应有不同的权责，这体现了组织设计的（　　）的原则。
    A. 集权与分权统一　　　　　　B. 专业分工与协作统一
    C. 权责一致　　　　　　　　　D. 经济效率

44. 建筑施工企业必须依法加强对建筑安全生产的管理，（　　）对本企业的安全生产负责。
    A. 施工企业的法定代表人　　　B. 企业中的各项目经理
    C. 企业中负责安全的技术员　　D. 企业中的各包工头

45. 工程监理企业的资质按照等级分为（　　）。
    A. 甲级、乙级　　　　　　　　B. 甲级、乙级和丙级
    C. 14个专业工程类别　　　　　D. 综合资质、专业资质和事务所资质

46. 建设工程数据库对建设工程目标确定的作用，在很大程度上取决于（　　）。
    A. 数据库的结构
    B. 数据库中数据的详细程度
    C. 数据库中分类与编码体系的合理性
    D. 数据库中与拟建工程相似的同类工程的数量

47. 组织机构既要有相对的稳定性，又要随组织内部和外部条件的变化，作出相应的调整，这体现了组织设计中（　　）原则。
    A. 权责一致　　B. 才职相称　　C. 经济效益　　D. 弹性

48. 《中华人民共和国建筑法》规定，建筑施工企业的（　　）违章指挥、强令职工冒险作业，因而发生重大伤亡事故或者造成其他严重后果的，依法追究刑事责任。
    A. 设计人员　　B. 施工人员　　C. 管理人员　　D. 项目经理

49. 我国对建设工程监理的市场准入采取了（　　）的双重控制。
    A. 企业资质和人员资格　　　　B. 企业资质和人员数量
    C. 企业规模和人员数量　　　　D. 企业性质和人员素质

50. 在EPC模式中，采购主要是指（　　）。
    A. 工程采购　　B. 货物采购　　C. 服务采购　　D. 招标采购

二、**多项选择题**(共 30 题,每题 2 分。每题的备选项中,有 2 个或 2 个以上符合题意,至少有 1 个错项。错选,本题不得分;少选,所选的每个选项得 0.5 分)

51. 以下(   )属于工程建设文件。
    A. 建设项目选址意见书　　　　　B. 批准的可行性研究报告
    C. 施工许可证　　　　　　　　　D. 批准的施工图设计文件
    E. 工程建设标准强制性条文

52. 现阶段,我国建设工程监理的特点主要有(   )。
    A. 工程监理企业只为建设单位提供管理服务
    B. 工程监理企业既可以为建设单位服务,又可以为承建单位服务
    C. 建设工程监理属于国家强制推行的制度
    D. 建设工程监理具有监督功能,尤其对保证工程质量起了很好的作用
    E. 国家对监理从业人员的执业资格提出要求,没有对工程监理企业的资质管理作出规定

53. 为了提高目标规划和计划的质量,监理工程师必须做好以下(   )工作。
    A. 设置目标控制机构　　　　　　B. 合理确定并分解目标
    C. 配备合适的目标控制人员　　　D. 制定可行且优化的计划
    E. 落实目标控制机构和人员的任务和职能分工

54. 在编制监理规划时,对投资控制、进度控制和质量控制都应包括(   )等内容。
    A. 目标分解　　　　　　　　　　B. 工作流程及措施
    C. 风险分析　　　　　　　　　　D. 动态比较或分析
    E. 控制表格

55. 监理工程师应采取综合性控制措施进行目标控制,其中合同控制措施包括(   )。
    A. 分析比较各种承发包模式与目标控制的关系
    B. 进行设计优化,节约投资
    C. 选派适当人员担当重要监理工作
    D. 参加合同谈判,注意风险合理转移
    E. 制定目标控制流程

56. 在建设工程文件档案资料管理时,参建各方均需遵循的通用职责有(   )。
    A. 建设工程档案应以施工及验收规范、合同、设计文件、施工质量验收统一标准等为依据
    B. 在工程招标、签订协议、合同时,应对工程文件套数、费用、质量、移交时间提出明确要求
    C. 工程档案资料应随工程进度及时收集、整理,并按专业归类,认真书写,字迹清楚,项目齐全、准确、真实、无未了事项
    D. 工程档案实行分级管理,项目各单位技术负责人负责本单位工程档案全过程组织和审核,各单位档案管理员负责收集、整理工作
    E. 工程文件的内容及深度必须符合国家有关技术规范、规定、标准和规程

57. 根据《建设工程监理范围和规模标准规定》的要求,为了保证住宅质量,对(   )应当实行监理。

A. 高档别墅 B. 多层住宅
C. 小高层住宅 D. 高层住宅
E. 地基、结构复杂的多层住宅

58. 生产准备阶段建设单位的主要工作有（ ）。
   A. 组建项目法人
   B. 组织设备、材料订货
   C. 培训生产管理人员
   D. 组织有关人员参加设备安装、调试、工程验收
   E. 签订供货及运输协议

59. 在确定拟建工程的工期目标时，需要在考虑（ ）的基础上，对建设工程数据库中的数据加以调整。
   A. 强制性标准的提高 B. 技术规范的发展对投资的影响
   C. 施工技术和方法的发展 D. 施工机械的发展
   E. 法规变化对施工时间的限制

60. 《建设工程质量管理条例》规定，未经总监理工程师签字，（ ）。
   A. 建设单位不拨付工程款
   B. 施工单位不得进行下一道工序的施工
   C. 不进行竣工验收
   D. 建筑材料、设备不得在工程上使用或安装
   E. 不进行工程保修

61. 监理工程师从事监理工作时应严格遵循的职业道德守则是（ ）。
   A. 维护国家的荣誉和利益，按照"守法、诚信、公正、科学"的准则执业
   B. 可以个人名义承揽监理业务
   C. 不同时在两个及以上监理单位注册和从事监理活动
   D. 尽量为所监理项目指定施工方法
   E. 坚持独立自主地开展工作

62. 下列内容中，不属于监理股份有限公司特点的是（ ）。
   A. 应当有5个以上发起人 B. 公司的管理者通常是公司的所有者
   C. 公司管理实行两权分离 D. 公司账目必须公开
   E. 公司账目可以不公开

63. 按照建设工程监理独立性要求，（ ）。
   A. 工程监理企业必须是自主经营、自负盈亏的经济实体
   B. 工程监理单位应当严格按照规定的依据实施监理
   C. 在委托监理的工程中，工程监理单位与承建单位不得有隶属关系或者其他利害关系
   D. 在开展工程监理的过程中，必须建立自己的组织，按照自己的工作计划、程序、流程、方法、手段，根据自己的判断，独立地开展工作
   E. 在委托监理的工程中，工程监理单位与建设项目主管部门不得有隶属关系和其他利害关系

64.《中华人民共和国建筑法》规定，工程监理单位（   ），给建设单位造成损失的，应当承担相应的赔偿责任。
    A. 不按照委托监理合同的约定履行监理义务
    B. 不按照监理规划实施监理
    C. 对应当监督检查的项目不检查时
    D. 对应当监督检查的项目不按照规定检查
    E. 应当查出而没有查出质量问题

65. 归档文件的质量要求有（   ）。
    A. 归档的工程文件一般应为原件
    B. 图纸按专业排列，同专业图纸按图号顺序排列
    C. 所有竣工图均应加盖竣工图章
    D. 工程文件要标出保管期限和保密级别
    E. 工程文件中的文字材料幅面宜为 A4 幅面

66. 组织构成一般是上小下大的形式，由（   ）等密切相关、相互制约的因素组成。
    A. 管理部门   B. 管理层次
    C. 管理跨度   D. 管理制度
    E. 指挥协调

67. 下列关于非代理型 CM 模式的表述中，正确的是（   ）。
    A. CM 单位对设计单位有指令权
    B. 业主可能与少数施工单位和材料、设备供应单位签订合同
    C. CM 单位在设计阶段就参与工程实施
    D. 业主与 CM 单位签订咨询服务合同
    E. GMP 的具体数额是 CM 合同谈判中的焦点和难点

68. 以下风险转移的情况属于非保险转移的有（   ）。
    A. 建立非基金储备
    B. 第三方担保
    C. 业主将合同责任和风险转移给对方当事人
    D. 承包商进行合同转让或工程分包
    E. 制定损失控制措施

69. 控制的基本环节工作包括（   ）。
    A. 检查、计划   B. 投入、转换
    C. 反馈、对比   D. 纠正
    E. 检查、总结

70. 专业监理工程师对施工单位的试验室应考核的内容包括（   ）。
    A. 试验室的资质等级及其试验范围
    B. 法定计量单位对试验设备出具的计量检定证明
    C. 试验室的组织机构
    D. 试验室的管理制度
    E. 试验人员的资格证书

71. 总监理工程师负责制的内涵包括( )。
    A. 总监理工程师是项目监理的责任主体
    B. 总监理工程师是项目监理的权力主体
    C. 总监理工程师是项目监理的利益主体
    D. 总监理工程师是项目监理的总策划
    E. 总监理工程师是项目监理的客体

72. 平行承发包模式的缺点之一是投资控制难度大,主要表现在( )。
    A. 总合同价较高   B. 总合同价不易确定
    C. 需控制多个合同价格   D. 施工过程中设计变更和修改较多
    E. 承建单位之间竞争不激烈

73. 对建设工程的总目标进行分解时,是否分解到分部工程和分项工程,取决于( )。
    A. 工程进度所处的阶段   B. 资料的详细程度
    C. 设计所达到的深度   D. 目标控制工作的需要
    E. 合理的目标分解方式

74. 工程咨询公司为业主提供建设工程全过程服务中的工程设计服务主要包括( )。
    A. 概念设计   B. 初步设计
    C. 基本设计   D. 详细设计
    E. 施工图设计

75. 按管理主体分,建设项目管理可以分为( )。
    A. 业主方的项目管理   B. 监理方的项目管理
    C. 施工单位的项目管理   D. 设计单位的项目管理
    E. 材料、设备供应单位的项目管理

76. 建设工程监理与相关服务收费根据建设项目性质不同情况,分别实行( )。
    A. 市场价   B. 政府指导价
    C. 市场调节价   D. 政府调节价
    E. 市场指导价

77. 《中华人民共和国建筑法》规定,从事建筑活动的建筑施工企业、勘察单位、设计单位和工程监理单位应当具备的条件包括( )。
    A. 有符合国家规定的注册资本
    B. 有与其从事的建筑活动相适应的具有法定执业资格的专业技术人员
    C. 有从事相关建筑活动所应有的技术装备
    D. 有已完成的建筑工程业绩
    E. 企业负责人或技术负责人应具有高级职称

78. 《建设工程监理规范》规定,按照施工合同和委托监理合同的约定,当发生( )情况时,总监理工程师可签发工程暂停令。
    A. 建设单位要求暂停施工,且工程需要暂停施工
    B. 施工出现了安全隐患,总监理工程师认为有必要停工以消除隐患

C. 承包单位未经许可擅自施工，或拒绝项目监理机构管理
D. 施工单位与建设单位发生争执
E. 设计变更

79. 影响项目监理机构人员数量的主要因素有（　　）。
A. 监理单位的已有监理工程师人数　　B. 工程建设强度
C. 建设工程复杂程度　　　　　　　　D. 监理单位的业务水平
E. 项目监理机构的组织结构和任务职能分工

80. 项目总承包模式具有的缺点包括（　　）。
A. 建设周期较长　　　　　　　　　　B. 质量控制难度大
C. 招标发包工作难度大　　　　　　　D. 业主择优选择承包方范围小
E. 合同关系复杂，组织协调工作量大

参考答案

一、单项选择题

1. B；　2. B；　3. B；　4. D；　5. B；　6. A；　7. B；　8. B；　9. A；　10. B；
11. D；　12. A；　13. D；　14. B；　15. A；　16. C；　17. B；　18. A；　19. B；　20. C；
21. A；　22. B；　23. C；　24. C；　25. A；　26. C；　27. C；　28. A；　29. B；　30. A；
31. C；　32. B；　33. D；　34. A；　35. A；　36. D；　37. B；　38. D；　39. A；　40. A；
41. A；　42. C；　43. C；　44. A；　45. D；　46. D；　47. D；　48. C；　49. A；　50. B

二、多项选择题

51. A、B、C、D；　　52. A、C、D；　　53. B、D；　　　　54. B、C、D、E；
55. A、D；　　　　　56. A、C、D；　　57. D、E；　　　　58. C、E；
59. C、D、E；　　　60. A、C；　　　　61. A、C、E；　　62. B、E；
63. B、C、D；　　　64. A、C、D；　　65. A、C、E；　　66. A、B、C；
67. B、C、E；　　　68. B、C、D；　　69. B、C、D；　　70. A、B、D、E；
71. A、B；　　　　　72. B、C、D；　　73. A、B、C、D；　74. A、B、C、D；
75. A、C、D、E；　　76. B、C；　　　　77. A、B、C；　　78. A、B、C；
79. B、C、D、E；　　80. B、C、D

模拟试题（三）

一、单项选择题（共50题，每题1分。每题的备选项中，只有1个最符合题意）

1. 建立严格的岗位责任制度，是工程监理企业规章制度中（　　）管理制度方面的内容。
   A. 组织　　　　　B. 劳动合同　　　　C. 人事　　　　　D. 经营

2. 在风险坐标图上，等风险量曲线离原点的距离越远，则说明风险量（　　）。
   A. 越小　　　　　B. 越大　　　　　　C. 为零　　　　　D. 不能判断

3. 与其他模式相比，（　　）合同更接近于固定总价合同。
   A. CM　　　　　　　　　　　　　　　B. EPC
   C. Partnering　　　　　　　　　　　D. Project Controlling

4. 对实行强制性监理的工程范围作出原则性规定的法规是（　　）。
   A.《中华人民共和国建筑法》　　　　B.《建设工程质量管理条例》
   C.《建设工程监理范围和规模标准规定》　D.《国家重点建设项目管理办法》

5. 根据公正性的要求，工程监理企业在处理建设单位与承建单位之间的矛盾时，应当（　　）。
   A. 既要维护建设单位的合法权益，又要维护承建单位的合法权益
   B. 既要维护建设单位的合法权益，又要不损害承建单位的合法权益
   C. 维护承建单位合法权益的同时，不损害建设单位的合法权益
   D. 既不损害建设单位的合法权益，又不损害承建单位的合法权益

6. 建设工程监理工作文件中的监理大纲是（　　）时编制的。
   A. 监理单位在投标　　　　　　　　　B. 建设单位在招标
   C. 监理单位在签订合同　　　　　　　D. 监理单位在实施监理

7. 经由谈判确定的（　　）应当纳入监理合同的附件之中，成为监理合同文件的组成部分。
   A. 监理大纲　　　B. 监理规划　　　C. 监理实施细则　　D. 承包合同

8. 在监理工作过程中，工程监理企业一般不具有（　　）。
   A. 工程建设重大问题的决策权　　　　B. 工程建设重大问题的建议权
   C. 工程建设有关问题的决策权　　　　D. 工程建设有关问题的建议权

9. 建设工程法律、行政法规、部门规章的效力从高到低依次为（　　）。
   A. 法律、行政法规、部门规章　　　　B. 法律、部门规章、行政法规
   C. 行政法规、法律、部门规章　　　　D. 部门规章、行政法规、法律

10. 建设项目董事会的职权不包括（　　）。
    A. 负责筹措建设资金
    B. 组织编制项目初步设计文件
    C. 研究解决建设过程中出现的重大问题

D. 提出项目开工报告
11. 专业监理工程师在项目监理中承担（   ）职责。
    A. 调解合同争议
    B. 审核施工组织设计
    C. 审核工程计量原始凭证
    D. 检查承包单位人力、材料、机构投入及运行情况
12. 实施建设工程监理的基本目的是（   ）。
    A. 对建设工程的实施进行规划、控制、协调
    B. 控制建设工程的投资、进度和质量
    C. 保证在计划的目标内将建设工程建成投入使用
    D. 协助建设单位在计划的目标内将建设工程建成投入使用
13. 建设监理业务完成后，监理单位应向（   ）提交建设工程监理档案资料。
    A. 监理机构   B. 项目法人   C. 主管部门   D. 承建单位
14. 《建设工程质量管理条例》规定，实行监理的建设工程，建设单位也可以委托具有工程监理相应资质等级并与监理工程的施工承包单位没有隶属关系或者其他利害关系的该工程的（   ）进行监理。
    A. 咨询单位   B. 监理单位   C. 设计单位   D. 施工单位
15. 我国的建设工程监理是指具有相应资质的工程监理企业，接受建设单位的委托并代表建设单位对承建单位的（   ）。
    A. 建设行为进行监控的专业化服务活动
    B. 工程质量进行严格的检验与验收
    C. 建设活动进行全过程、全方位的系统控制
    D. 施工过程进行监督与管理
16. 在确定建设工程数据库的结构之后，建立建设工程数据库的主要任务是数据的（   ）。
    A. 积累和分析   B. 分类和分析   C. 编码和分析   D. 整理和分析
17. 建设工程监理的基本程序宜按（   ）实施。
    A. 编制建设工程监理大纲、监理规划、监理细则，开展监理工作
    B. 编制监理规划，成立项目监理机构，编制监理细则，开展监理工作
    C. 编制监理规划，成立项目监理机构，开展监理工作，参加工程竣工验收
    D. 成立项目监理机构，编制监理规划，开展监理工作，向业主提交工程监理档案资料
18. 对于监理例会上意见不一致的重大问题，应（   ）。
    A. 不记入会议纪要
    B. 不形成会议纪要
    C. 将各方主要观点记入会议纪要中的会议主要内容
    D. 将各方主要观点记入会议纪要中的其他事项
19. 不属于监理工程师的职业道德内容的是（   ）。
    A. 不以个人名义承揽监理业务

B. 不收受被监理单位的任何礼金
C. 坚持公正的立场，公平地处理有关各方面的争议
D. 不同时在两个或两个以上监理单位注册和从事监理活动，不在政府部门和施工、材料设备的生产供应等单位兼职

20. 仅在有能力从事服务时方才进行是一项监理工程师（　　）方面的职业道德。
A. 对社会和职业的责任　　　　B. 能力
C. 正直性　　　　　　　　　　D. 对他人的公正

21. 国有工程监理企业的改制过程中，介于提出改制申请与产权界定之间的工作是（　　）。
A. 资产评估　　B. 股权设置　　C. 认缴出资额　　D. 制定公司章程

22. 是否采用计划性风险自留对策，应从费用、期望损失、（　　）等方面与工程保险比较后能得出结论。
A. 风险概率、机会成本、服务质量　　B. 风险概率、机会成本、税收
C. 机会成本、服务质量、税收　　　　D. 服务质量、税收、风险概率

23. 《建设工程监理规范》规定，监理资料的管理应由（　　）。
A. 总监理工程师负责，并指定专人具体实施
B. 专业监理工程师负责
C. 专业监理工程师指定的专人负责实施
D. 资料员负责

24. 不改变总目标的计划值，调整后期实施计划，这是在目标实际值与计划值之间发生（　　）情况下所采取的对策。
A. 轻度偏离　　B. 中度偏离　　C. 重度偏离　　D. 负偏差

25. 下面各项监理活动，（　　）属于控制的合同措施。
A. 确定并采取防止索赔措施　　　　B. 落实目标控制的部门和人员
C. 对工程变更方案进行可行性分析　　D. 收集已建工程目标数据

26. 下列不属于建设工程目标分解原则的是按（　　）的原则。
A. 工程部位分解
B. 自上而下逐层分解，自下而上逐层综合
C. 区别对待，有粗有细
D. 工种分解

27. 建设工程监理工作由不同专业、不同层次的专家群体共同来完成，（　　）体现了监理工作的规范化，是进行监理工作的前提和实现监理目标的重要保证。
A. 目标控制的动态性　　　　B. 职责分工的严密性
C. 监理指令的及时性　　　　D. 监理资料的完整性

28. （　　）是指既可能造成损失也可能创造额外收益的风险。
A. 纯风险　　B. 投机风险　　C. 基本风险　　D. 特殊风险

29. 监理人员应当采用旁站、巡视和平行检验等方式作好（　　）控制环节工作。
A. 投入　　B. 转换　　C. 反馈　　D. 纠正

30. 主观风险和客观风险是依据（　　）划分的。

A. 风险分析依据　　　　　　　　B. 风险潜在损失形态
C. 风险造成的后果　　　　　　　D. 风险产生的原因

31. （　　）是根据建设工程风险的性质分析大量的统计数据，当损失值符合一定的理论概率分布或与其近似吻合时，可由特定的几个参数来确定损失值的概率分布。
A. 相对比较法　　B. 绝对比较法　　C. 概率分布法　　D. 理论概率分布法

32. 工程监理的责任主体是（　　）。
A. 专业监理工程师　　　　　　　B. 监理员
C. 总监理工程师　　　　　　　　D. 监理单位技术负责人

33. 根据工程项目监理机构的建立步骤，应当在确定工作内容之后接着进行的步骤是（　　）。
A. 确定建设监理目标　　　　　　B. 制定工作流程
C. 制定考核标准　　　　　　　　D. 完成组织结构设计

34. 可能在职能部门与指挥部门之间产生矛盾的监理组织形式是（　　）监理组织。
A. 职能制　　B. 直线职能制　　C. 直线制　　D. 矩阵制

35. （　　）的基本原则是：有利于工程合同管理，有利于监理目标控制，有利于决策指挥，有利于信息沟通。
A. 监理工作开展　　　　　　　　B. 监理企业经营服务
C. 组织结构形式选择　　　　　　D. 组织设计

36. 组织设计的"才职相称"原则，体现了组织活动的（　　）原理。
A. 要素有用性　　B. 主观能动性　　C. 动态相关性　　D. 规律效应性

37. 在风险对策中，非保险转移的优点之一是（　　）。
A. 被转移者处于主导地位　　　　B. 可转移所有的风险
C. 被转移者能较好地进行损失控制　D. 转移代价小

38. 施工准备阶段，监理工作应包括（　　）。
A. 审批施工单位提交的开工申请　B. 审查施工方案
C. 进行设计交底　　　　　　　　D. 制定监理组织的分工表

39. （　　）有以下两个作用：一是使业主认可监理大纲中的监理方案，从而承揽到监理业务；二是为项目监理机构今后开展监理工作制定基本的方案。
A. 监理大纲　　B. 监理合同　　C. 监理规划　　D. 监理细则

40. （　　）组织形式要求总监理工程师通晓各种业务，通晓多种知识技能。
A. 直线制　　B. 职能制　　C. 直线职能制　　D. 矩阵制

41. 建设项目管理按服务阶段分，可分为施工阶段的项目管理、实施阶段全过程的项目管理和（　　）。
A. 工程建设全过程的项目管理　　B. 为设计单位服务的项目管理
C. 设计单位的项目管理　　　　　D. 为业主服务的项目管理

42. 监理规划应在签订委托监理合同及收到设计文件后开始编制，完成后必须经（　　）审核批准。
A. 总监理工程师　　　　　　　　B. 总监理工程师代表
C. 当地建设行政部门领导　　　　D. 监理单位技术负责人

43. 总监理工程师应履行的职责是( )。
    A. 签署工程计量原始凭证
    B. 负责建设单位和承包单位合同争议的调解
    C. 编制本专业的监理实施细则
    D. 负责资料收集、汇总及整理,参与编写监理月报
44. 落实进度控制的责任,建立进度控制协调制度,这属于监理规划中的( )。
    A. 进度控制的组织措施   B. 进度控制的技术措施
    C. 进度控制的动态比较   D. 组织协调的方法与措施
45. 某沿江炼油企业对规模为 300 万吨/年的常减压生产装置进行改造,该项目工程概算 14421.7 万元。其中,建筑安装工程费 6303.77 万元,设备购置费 6248.83 万元,联合试运转费未列。发包人委托监理人对该建设工程项目进行施工阶段的监理服务。该建设工程项目的施工监理服务收费基价为( )万元。
    A. 212.35   B. 227.45   C. 257.66   D. 300.78
46. 《建设工程安全生产管理条例》规定,建设工程施工前,施工单位负责项目管理的技术人员应当对( )向施工作业班组、作业人员作出详细说明,并由双方签字确认。
    A. 施工组织设计   B. 有关安全施工的技术要求
    C. 各种专项防护措施   D. 安全生产规章制度和操作规程
47. 依据《建设工程质量管理条例》的规定,供暖系统的最低保修期限为( )个采暖期。
    A. 1   B. 2   C. 3   D. 4
48. 工程监理人员发现工程设计不符合建筑工程质量标准或者合同约定的质量要求的,( )。
    A. 有权要求设计单位改正   B. 有权自行改正后通知设计单位
    C. 应当报告建设单位后自行改正   D. 应当报告建设单位要求设计单位改正
49. 通常施工单位都具有实施项目管理的水平和能力,当遇到( )问题时,可委托专业化建设项目管理公司为其提供相应的服务。
    A. 使用特大型建设工程设备系统   B. 设计任务采用总分包模式
    C. 复杂的工程技术要求   D. 复杂的工程合同争议和索赔
50. 对建设工程实施全过程进行监理时,拟建工程有别于其他同类工程的技术要求、材料、设备、工艺、质量要求有关信息应在( )阶段收集。
    A. 项目决策   B. 设计   C. 施工招投标   D. 施工准备期

二、多项选择题(共 30 题,每题 2 分。每题的备选项中,有 2 个或 2 个以上符合题意,至少有 1 个错项。错选,本题不得分;少选,所选的每个选项得 0.5 分)

51. 对建设工程总目标进行适当分解时,应遵循的原则有( )。
    A. 应用建设工程数据库
    B. 数据来源必须可靠
    C. 总目标既能自上而下逐层分解,又能自下而上逐层综合
    D. 按工程部位分解,而不按工种分解
    E. 目标分解结构与组织分解结构相对应

52. 相对施工阶段而言，设计阶段的特点主要有（　　）。
   A. 是决定建设工程价值和使用价值的主要阶段
   B. 是实现建设工程价值和使用价值的主要阶段
   C. 是资金投入量最大的阶段
   D. 是节约投资可能性最大的阶段
   E. 对建设工程总体质量起保证作用

53. 如果仅委托施工阶段的监理，工程监理企业进行工程监理的依据是（　　）。
   A. 工程建设文件
   B. 有关法律、法规、规章和标准、规范
   C. 施工合同
   D. 勘察、设计合同
   E. 建设工程委托监理合同

54. 建设工程项目信息分类时，按项目管理功能可分为（　　）等几类。
   A. 战略性信息
   B. 组织类信息
   C. 管理类信息
   D. 业务性信息
   E. 经济类信息

55. 出现（　　）情况时，总监理工程师应签发《工程暂停令》。
   A. 建设单位要求且工程需要暂停施工
   B. 施工单位要求暂停施工
   C. 出现工程质量问题，必须停工的
   D. 承包单位未经许可擅自施工
   E. 发生必须暂停施工的紧急事件

56. 《中华人民共和国建筑法》规定，实施建筑工程监理前，建设单位应当将委托（　　），书面通知被监理的建筑施工企业。
   A. 监理单位
   B. 监理内容
   C. 监理范围
   D. 监理目标
   E. 监理权限

57. 总监理工程师应对项目监理机构内的每一个岗位都订立明确的工作目标和岗位责任，使（　　）。
   A. 管理职能不重不漏
   B. 事事有人管
   C. 人人有专责
   D. 人员能力互补
   E. 人员性格互补

58. 监理咨询工程师对社会和职业的责任是（　　）。
   A. 接受对社会的职业责任
   B. 寻找与确认的发展原则相适应的解决办法
   C. 维护工程监理单位的利益
   D. 在任何时候，维护职业的尊严、名誉和荣誉
   E. 在任何时候，维护本单位的利益

59. 《建设工程质量管理条例》规定设计单位应承担的责任包括（　　）。
   A. 在设计文件上注明工程合理使用年限
   B. 指定专用设备的供应商

C. 就审查合格的施工图设计文件向施工单位作详细说明
D. 参与建设工程质量事故分析
E. 参与建筑材料、构配件和设备的检验

60. 根据我国现阶段管理体制，我国工程监理企业的资质管理确定的原则是(　　)。
    A. 分工管理   B. 分级管理
    C. 统分结合   D. 统一标准
    E. 自下而上

61. 下列关于建设工程进度控制的表述中，正确的是(　　)。
    A. 局部工期延误的严重程度与其对进度目标的影响程度之间不存在某种等值关系
    B. 在工程建设早期由于资料详细程度不够而无法编制进度计划
    C. 合理确定具体的搭接工作内容和搭接时间，是进度计划优化的重要内容
    D. 进度控制的重点对象是关键线路上的各项工作
    E. 组织协调对进度控制的作用最为突出且最为直接

62. 下列关于Project Controlling模式的表述中，正确的是(　　)。
    A. Project Controlling方是业主的决策支持机构
    B. Project Controlling模式的核心是以工程的信息流指导和控制工程的物质流
    C. 业主可以向Project Controlling方的具体工作人员下达指令
    D. 采用Project Controlling模式时，不再需要建设项目管理咨询单位的信息管理工作
    E. Project Controlling模式是工程咨询与信息技术相结合的产物

63. 组织构成一般是上小下大的形式，由(　　)等因素组成。
    A. 管理层次   B. 管理制度
    C. 管理程序   D. 管理部门
    E. 管理职能

64. 下列关于代理型CM模式的表述中，正确的有(　　)。
    A. GMP数额的谈判是CM合同谈判的焦点和难点
    B. CM单位对设计单位没有指令权
    C. 业主与少数施工单位和材料、设备供应单位签订合同
    D. CM单位是业主的咨询单位
    E. 代理型CM模式的管理效果没有非代理型CM模式的管理效果好

65. 衡量建设工程风险概率的方法有(　　)。
    A. 相对比较法   B. 绝对比较法
    C. 概率分布法   D. 函数法
    E. 线性回归法

66. 组织活动基本原理含有(　　)几个方面。
    A. 要素有用性原理   B. 动态相关性原理
    C. 主观能动性原理   D. 规律效应性原理
    E. 计划可行性原理

67. 施工阶段与承包商的协调工作的主要内容有（　　）。
    A. 与承包商项目经理关系的协调
    B. 进度问题、质量问题的协调
    C. 坚持原则，实事求是，严格按规范、规程办事，讲究科学态度
    D. 合同争议的协调
    E. 处理好人际关系

68. 工程监理企业资质分为综合资质和（　　）资质。
    A. 公路   B. 专业
    C. 事务所   D. 房屋建筑
    E. 水利水电

69. 根据《建设工程监理范围和规模标准规定》，（　　）必须实行监理。
    A. 项目总投资额为 4000 万元的旅游项目
    B. 成片开发建设的 3 万平方米的住宅小区工程
    C. 外国政府援助的总投资额为 350 万美元的滩涂治理项目
    D. 项目总投资额为 2800 万元的农村村村通公路项目
    E. 项目总投资额为 2500 万元的某市体育馆项目

70. 专业监理工程师的职责包括（　　）。
    A. 审核签署支付证书
    B. 负责编制本专业的监理实施细则
    C. 复核工程计量的有关数据并签署原始凭证
    D. 核查进场材料、设备、构配件的原始凭证
    E. 做好监理日记

71. 关于信息时代，下列说法正确的是（　　）。
    A. 科学技术高度发展
    B. 社会信息总量急剧增长
    C. 人们工作、生活越来越依赖信息
    D. 劳动工具以创造、革新代替体力劳动工具为主
    E. 追求生产产品的最大化

72. 《中华人民共和国建筑法》规定，工程监理人员认为工程施工不符合（　　）的，有权要求建筑施工企业改正。
    A. 工程设计规范   B. 工程设计要求
    C. 施工技术标准   D. 施工成本计划
    E. 承包合同约定

73. 建设工程信息管理系统广义组织体系由（　　）构成。
    A. 硬件、软件
    B. 组织件、教育件
    C. 投资控制、进度控制、质量控制子系统
    D. 合同管理、信息管理子系统
    E. 合同管理子系统

244

74.《中华人民共和国建筑法》中关于( )等的规定,也适用于其他专业建筑工程的建筑活动。
   A. 建筑许可
   B. 建筑工程发包、承包、禁止转包
   C. 建筑工程监理
   D. 建筑工程安全和质量管理
   E. 法律责任

75.《建设工程监理规范》适用于( )的监理工作。
   A. 工程勘察、设计阶段   B. 工程施工阶段
   C. 建设工程实施全过程   D. 设备采购
   E. 设备监造

76. 下列符合建设工程档案验收与移交要求的是( )。
   A. 建设单位未取得城建档案管理部门出具的认可文件,不得组织工程竣工验收
   B. 属于向地方城建档案管理部门报送工程档案的工程项目由建设单位会同地方城建档案管理部门共同验收
   C. 由建设单位负责工程档案的最后验收
   D. 对于停建、缓建工程的工程档案,暂由施工单位保管
   E. 对列入城建档案馆接受范围的工程,建设单位应在工程竣工验收前3个月内向当地城建档案馆移交一套符合规定的工程档案

77. 在建设工程风险事件发生后,风险管理的目标有( )。
   A. 使实际损失最小   B. 使潜在损失最小
   C. 减少忧虑及相应的忧虑价值   D. 承担社会责任
   E. 满足外部附加义务

78.《建设工程质量管理条例》规定,县级以上人民政府建设行政主管部门和其他有关部门履行监督检查职责时,有权采取的措施有( )。
   A. 要求被检查的单位提供有关工程质量的文件和资料
   B. 进入被检查单位的施工现场进行检查
   C. 发现有影响工程质量的问题时,责令改正
   D. 对超越本单位资质等级承揽工程的施工单位,责令停止整顿
   E. 对以欺骗手段取得资质证书承揽工程的,吊销资质证书

79. 建设工程平行承发包模式中,进行任务分解与确定合同数量、内容时要考虑的因素有( )。
   A. 工程情况   B. 市场情况
   C. 贷款协议要求   D. 业主对施工方要求
   E. 分包的实力

80. 在设计阶段信息的收集中,要求信息收集者具有( )。
   A. 较高的技术水平   B. 较多的交际面
   C. 较广的知识面   D. 较快的应变能力
   E. 较熟练的操作技能

参考答案

一、单项选择题

1. A； 2. B； 3. B； 4. B； 5. B； 6. A； 7. A； 8. A； 9. A； 10. B；
11. C； 12. D； 13. B； 14. C； 15. A； 16. A； 17. D； 18. D； 19. C； 20. B；
21. A； 22. C； 23. A； 24. B； 25. A； 26. D； 27. B； 28. B； 29. B； 30. A；
31. D； 32. C； 33. D； 34. B； 35. C； 36. A； 37. C； 38. B； 39. A； 40. A；
41. A； 42. D； 43. B； 44. A； 45. B； 46. B； 47. B； 48. D； 49. D； 50. C

二、多项选择题

51. B、C、D、E； 52. A、D； 53. A、B、C、E； 54. B、C、E；
55. A、C、D、E； 56. A、B、E； 57. A、B、C； 58. A、B、D；
59. A、C、D； 60. B、C； 61. A、C、D、E； 62. A、B、E；
63. A、D、E； 64. B、D； 65. A、C； 66. A、B、C、D；
67. A、B、D、E； 68. B、C； 69. A、C、E； 70. B、D、E；
71. A、B、C； 72. B、C、E； 73. A、B； 74. A、B、C、D；
75. B、D、E； 76. A、B； 77. A、D； 78. A、B、C；
79. A、B、C； 80. A、C

尊敬的读者：

感谢您选购我社图书！建工版图书按图书销售分类在卖场上架，共设22个一级分类及43个二级分类，根据图书销售分类选购建筑类图书会节省您的大量时间。现将建工版图书销售分类及与我社联系方式介绍给您，欢迎随时与我们联系。

★ 建工版图书销售分类表（详见下表）。

★ 欢迎登陆中国建筑工业出版社网站www.cabp.com.cn，本网站为您提供建工版图书信息查询、网上留言、购书服务，并邀请您加入网上读者俱乐部。

★ 中国建筑工业出版社总编室　电　话：010—58337016
　　　　　　　　　　　　　　　传　真：010—68321361

★ 中国建筑工业出版社发行部　电　话：010—58337346
　　　　　　　　　　　　　　　传　真：010—68325420
　　　　　　　　　　　　　　　E-mail：hbw@cabp.com.cn

建工版图书销售分类表

一级分类名称（代码）	二级分类名称（代码）	一级分类名称（代码）	二级分类名称（代码）
建筑学（A）	建筑历史与理论（A10）	园林景观（G）	园林史与园林景观理论（G10）
	建筑设计（A20）		园林景观规划与设计（G20）
	建筑技术（A30）		环境艺术设计（G30）
	建筑表现·建筑制图（A40）		园林景观施工（G40）
	建筑艺术（A50）		园林植物与应用（G50）
建筑设备·建筑材料（F）	暖通空调（F10）	城乡建设·市政工程·环境工程（B）	城镇与乡（村）建设（B10）
	建筑给水排水（F20）		道路桥梁工程（B20）
	建筑电气与建筑智能化技术（F30）		市政给水排水工程（B30）
	建筑节能·建筑防火（F40）		市政供热、供燃气工程（B40）
	建筑材料（F50）		环境工程（B50）
城市规划·城市设计（P）	城市史与城市规划理论（P10）	建筑结构与岩土工程（S）	建筑结构（S10）
	城市规划与城市设计（P20）		岩土工程（S20）
室内设计·装饰装修（D）	室内设计与表现（D10）	建筑施工·设备安装技术（C）	施工技术（C10）
	家具与装饰（D20）		设备安装技术（C20）
	装修材料与施工（D30）		工程质量与安全（C30）
建筑工程经济与管理（M）	施工管理（M10）	房地产开发管理（E）	房地产开发与经营（E10）
	工程管理（M20）		物业管理（E20）
	工程监理（M30）	辞典·连续出版物（Z）	辞典（Z10）
	工程经济与造价（M40）		连续出版物（Z20）
艺术·设计（K）	艺术（K10）	旅游·其他（Q）	旅游（Q10）
	工业设计（K20）		其他（Q20）
	平面设计（K30）	土木建筑计算机应用系列（J）	
执业资格考试用书（R）		法律法规与标准规范单行本（T）	
高校教材（V）		法律法规与标准规范汇编/大全（U）	
高职高专教材（X）		培训教材（Y）	
中职中专教材（W）		电子出版物（H）	

注：建工版图书销售分类已标注于图书封底。